イタリアン・ファッションの現在
Fashion and Culture in Contemporary Italy

現代イタリア社会学が語る
モード・消費文化・アイデンティティ

土屋淳二 編

学文社

まえがき

　ファッションは破壊と創造の力学的現象であり，ひとつの革新運動といってよい。それは，"永遠なる秩序"というものをつねに完全否定し，"普遍のスタイル"という千年王国の建設ではなく"時代遅れ"という地獄の破壊を希求する革命的エネルギーを糧に不老の生命を謳歌する。

　高邁な意志をもつ革命がしばしば些細な出来事から産み落とされるように，ファッションは日常のいっけん瑣末とも思える新奇な物事から発芽し，枯れゆく運命にある季節の花を咲かせる。つねに敗者に背を向け，勝者の主張のみを正当化する恐怖をファッションと革命は共有している。しかし，革命では正義が永遠の太陽であるのに対し，ファッションには正義など微塵もなく，純潔に捧げる久遠の賛辞もない。時代がつくりあげた固定概念と秩序を突き崩していくことのみに拍手をおくる。ファッションは遊びではなく，絶対的な正義を欠いた進歩のない闘いといってよい。そこになんらかの進歩をかりに認めるとしても，それは勝者による価値の置換によって生ずる仮初の錯覚という他はない。ファッションは普遍性や絶対性とは無縁であるどころか，それらを否定する。ファッションは儚い夢の世界，エフィーメラの帝国に君臨する"女神"といってよい。

　ファッションの女神が下すスタイルという命令は至上のものではなく，"気まぐれ"である。スタイルはひとたび権力を獲得するや否やすぐさま死滅の道へと一歩を踏みだす。スタイルの命令に従順な者は，希望に満ちた太陽の光を受けながら外出し，落胆の雨に濡れながら帰途につくことになる。女神による寵愛にはつねに裏切り

が潜んでいるものである。女神は冬の太陽のごとく，光を与えるが暖めはしない。

　ファッションの女神は自らの裏切りを秘匿しながら，神の光がいずこからくるのか知りえない者や女神の存在を否定する無神論者すらも等しく照らしだす。たとえ女神を利用しようと企てる邪悪な者にとってバターを恵む牝牛であるとしても。ファッションの女神を欲望の対象として飼い馴らしたつもりでいる無知なる者は，その背に乗って滅亡の谷底へと落ちることになろう。いったん欲望の快楽に引き込まれた者は，泥沼にはまった蟻のごとくもがき苦しむことになる。革命への盲目的な追従にはつねに危険がともなうものである。しかしながら，秩序の破壊と創造を目論むファッション革命においてもっと危険なのは，盲目的な保守主義である。反革命的な保守主義者や革命の論理に無知なる者は自己防衛の手段をもちあわせていない。

　ファッション革命において敗者の苦渋を舐めずにすませるには，そこに内在する論理を理解するよう努めることである。ファッションの観察者もファッションに生きる存在なのだから，気まぐれな女神とは距離をとりつつ，過去に受けた寵愛の記憶によってではなく，自己防御と未来への責任によって握手しておくのが得策であろう。

　ところでファッションやモードという言葉は，その語源からいってほんらい"物事（モノや事柄）"一般の"様子"や"あり方"，"型（形式的パターン）"を意味している。このことからもファッションやモードが目指す秩序の破壊と創造のプロセスは，旧来の秩序を構成する物事のあり方や存在様式をスタイル——女神の気まぐれな命令——の継起的な変更をつうじて次つぎと"時代遅れ"なも

のにし，新しいそれへと刷新していく不断の運動といいかえられることになる。もちろんここにいう"物事のあり方"には，衣服や歌，商品にみられる広義の"形"，考え方（思想や観念のパターン），着こなし方，身体のあり方から，余暇時間の過ごし方や都市空間の形態，生活様式（ライフスタイル）にいたるまで——つまり目に見えるものから見えないものまで——，我われの社会生活をある強度をもって秩序化している文化様式，すなわち文化秩序——制度化された文化的コードの体系——を構成するいっさいの要素が含まれている。そしてそれら構成要素は，表象的な物質文化——モノとしての商品，芸術作品，建築物など——のそれから，行動や思考の様式，価値観や信念の体系といったいわゆる精神文化のそれへと，すなわち文化秩序の位階構造において表層から基底へと多層的かつ連続的に配列されている。

日常のファッションにおいて観察される表象的な物質文化の百花繚乱な立ち現れ方（スタイル）は，文化秩序の根底にある精神文化のあり方を源泉として生まれ，不可視なそれを可視的な世界に投射する。だがまたそれは，いっけん瑣末で目まぐるしく動く束の間の戯れのようであっても，あたかも川の流れが川底を削り，いつしか川の形状そのものを変えてしまうごとく，それを根底で支える精神文化の姿形すら変えていく力を秘めている。ファッションとは目に見えるものを映すことではなく，見えざるものを見えるようにし，見えるものをつうじて見えざるものを変えていく集合的な企てといってよい。可視的なスタイルの変化は，不可視的な価値観や生き方の変化とつねに共鳴しあっている。

本書は，イタリアン・ファッションの可視的な変化をとおしてイタリア社会の不可視的な本質を照らしだすことを企図したものであ

り，イタリア社会学を代表する研究者たちがイタリアン・ファッションとは何かを自ら問いながら，イタリア社会の今日のあり方，イタリア人の考え方について日本の読者に直接語りかけるものである。

　第Ⅰ部では，"消費"をキーワードにイタリアにおけるファッションと社会変動とのあいだのダイナミックな関係について議論する。そこでは，イタリア社会の近代化と消費生活（第1章）およびイタリアン・ファッションと消費動向（第2章）の歴史的軌跡が辿られながら，そこでの社会的・政治経済的な要因群が摘出される。つづく各章では，現代のイタリア社会が直面するグローバル化とローカル化の今日的問題が考察の対象とされ，グローバル産業としてイタリアン・ファッションを支えるローカル生産体制としての産地システムの戦略（第3章），都市空間でのローカル文化の創造可能性とそのグローバル文化への対抗性（第4章），グローバル経済がもたらす消費問題に対するイタリアでの消費運動の理念と展開過程（第5章）について語られることになる。このセクションでの議論は，いずれも日本であまり知られてこなかったイタリア社会の実像を浮き彫りにしている点で，日本人の目からイタリアン・ファッションを再考するうえで大変興味深い内容となっている。

　第Ⅱ部では，イタリアにおける文化とコミュニケーション，アイデンティティと身体の問題に関して幅広く議論が展開される。アイデンティティの複数性と流動性（第6章）やアイデンティティと社会的カテゴリー（第7章）についての論考では，今日のイタリアの若者文化を中心とした衣服と身体をめぐるさまざまな問題点が浮き彫りにされ，イタリアにおけるメディアの発達とファッション産業との関係を歴史的に跡づけながらニューメディアのもたらす影響に

まえがき

ついて考察した論考（第 8 章）では，いかにイタリアにおいてファッション分野が社会生活において不可欠な存在であり続けているのかがわかる。また地中海文明に由来するイタリア人の社会的性格とコスモポリタニズム，審美的価値観との関係を議論した論考（第 9 章），流行の普及過程（第10章）に関する論考では，いずれも歴史主義ないし合理主義にみるイタリア的発想が開陳されており，これまでの流行理論が見落としてきた社会学的論点が独創的かつ批判的に抉りだされている。

なお本書は，すべて執筆者によるイタリア語の書き下ろし論文であり，編者が訳出したものである。執筆者であるイタリアの仲間たちはいつも笑顔に満ち，訳語の間違いにも過度に寛容的であるが，訳出にあたってはそれに甘えないよう最大限努めたつもりである。もちろん訳文中のあらゆる瑕疵の責任はすべて編者にあることはいうまでもない。

最後に，本書の企画の段階より刊行をお引き受け下さった学文社の田中千津子社長に心から感謝の念をもってお礼を申し上げます。また本書を刊行する機会を与えてくださった恩師の故秋元律郎先生，貴重なご意見やご教示を頂戴した多くの方々にも深く謝意を捧げたいと思います。とくに米国在外中にあった寺田絵美氏からは辛抱強く暖かい助言と励ましを頂きました。ありがとう。

2005年 2 月14日

編　者

【付記】　本書の刊行にあたり早稲田大学特定課題研究助成費［2003 A‒527］を活用した。

目　次

はじめに

第Ⅰ部

ファッションと消費社会

第1章　イタリア社会の近代化と消費 …………………………3
　　　　　　　　　　　　　　　　イタロ・ピッコリ

第2章　イタリアにおける社会的トレンド，
　　　　ファッション，消費 ……………………… 45
　　　　　　　　　　　　　　　　ヴァンニ・コデルッピ

第3章　グローバル・システムと
　　　　イタリア・ファッション産業 ……………………… 79
　　　　　　　　　　　　　　　　イタロ・ピッコリ

第4章　現代イタリアにおける都市文化とファッション ………121
　　　　　　　　　　　　　　　　ラウラ・ヴォボーネ

第5章　イタリアにおける消費者と消費者運動 ………………187
　　　　　　　　　　　　　　　　ドメーニコ・セコンドゥルフォ

第Ⅱ部

ファッションと文化・コミュニケーション

第6章　イタリア文化におけるアイデンティティ
　　　　とモードの複数性………………………………219
　　　　　　　　　　　　　　　　アンナ・マリーア・クルチョ

目 次

第7章 ファッション，社会，個人……………………………243
                マリセルダ・テッサローロ

第8章 イタリアン・ファッションと
       メディア／ニューメディア……………………………271
                ファウスト・コロンボ
                マッテーオ・ステファネッリ

第9章 永続する歴史的存在としての
       イタリアの地理的運命…………………………………311
       ──イタリアン・ファッションの審美的価値──
                ジョヴァンニ・ベケッローニ

第10章 《変則的雪崩現象》…………………………………331
       ─流行の普及分析─
                ジェラルド・ラゴーネ

【解説】《イタリアン・ファッション》へのまなざし……………367
【執筆者紹介】………………………………………………………382

凡　例

(1)　本書各章の引用箇所や強調表現に使用されている記号や文献表記方法等は，編者において適宜改変した。
(2)　イタリア語の固有名詞，人名，地名，企業名等は原則として原音どおりに表記し，あわせて原語を［　］内に記した。そのため一部の企業名や人名，地名については一般的な邦語表記とは異なっている。ただし，すでに慣例表記として邦語で定着している固有名詞や地名については，混乱を避けるためにそれに従うことにした。
(3)　著書・映画等の作品名については［　］内に原タイトルを記した。
(4)　訳注については本文中〔　〕内に記入した。

第I部
ファッションと消費社会

第1章 イタリア社会の近代化と消費

イタロ・ピッコリ
(ミラノ・カトリック大学)

1 はじめに

　本章では，経済的変数と社会文化的変動，消費行動とのあいだの関係を明らかにしつつ，第2次世界大戦後のイタリア社会の発展過程について概観する。ここで採用する時期区分は，イタリアにおける経済循環を参照したものであるが，このような区分の選択は，とりわけ繁栄の時期に生起するような社会文化的変動を十分に解明するものでないかもしれない。ただここで忘れてはならないことは，社会現象は突発的に発生するものでもなければ，過去との完全で急激な断絶によって瞬時に実現されるものでもない，ということである。異なる時期において，そしてまた，新しいものが広く社会に浸透するようになった時期においても，旧いものと新しいものとが共存し，新しい文化的基準や個人の行動がそれ以前の時期の価値や生活モデルをいまだ参照し続けるような広大な領域が持続している。

　ここでは，第2次世界大戦後から今日までの歴史的時期を考慮にいれるが，その理由は，たんにその時期からイタリアにおいて新たな政治的，経済的，社会的な生活局面が開始されたというだけでなく，まさにその時期以来，消費の発展に強く結びついた真の意味でのイタリアの〈近代化〉を語りうるからである。他国より遅れて開

始されたイタリアの近代化過程は，比較的迅速にその遅れを取り戻したが，その迅速さゆえに，そこでの社会的局面と集合的消費の局面とにおいて，より後遺症的な結果を生みだすこととなった。

2 戦後と復興期(1945-1955)

2.1 経済推移

　終戦直後のイタリアは，生産設備とインフラ（戦時中に破壊された道路や橋梁，鉄道）の復興という緊急課題に直面し，原材料資源の買い付けに障害となる急激なインフレと財政赤字をコントロールすることが必須であった。それよりさらに大きな問題としては，生産体制が残存していたイタリア北部地域の産業復興を要請することになる失業問題，農業部門の後進性，南部地域の貧困問題などがあった。

　政治経済上のもっとも重要な決断は，イタリア経済に商業的開放政策への道筋をつけ，外国貿易を促進させるために保護貿易政策を廃止することであった。原材料資源を欠き，その獲得のために輸出を拡大する必要のあったイタリアにとって，このような道は不可欠なものであった。このことは，より豊かで産業化された他国に対して高技術・高品質の輸出品をもたらすと同時に，その輸出品としての商品を生産する者に対して欲望の対象をあたえることになる。

　国際経済におけるイタリアの統合は，国際通貨基金や世界銀行(1946年)，欧州石炭鉄鋼共同体（1953年），欧州支払同盟（1950年）への加盟承認，そして，その後に欧州共同体や欧州連合へと発展することになる欧州経済共同体の誕生を導いたローマ条約（1957年）の締結をもって完遂されることになる。

2.2 文 化

　この時期における支配的な文化モデルは，地方の生活に典型的にみられるそれであった。すなわち，家族主義（堅牢な家族役割への志向性）や権威主義，地方主義や規範への執着を醸成する個人的閉塞であった。50年代初期のイタリアに浸透していたスローガンは，3つのm，つまり〈妻[moglie]，仕事[mestiere]，自動車[macchina]〉であった。

　地域間にみる文化の差異は，あいかわらず非常に強く残存していた。この点について，ロレダーナ・ショッラはつぎのように記している。「ファシズムによる近代化に対する見せかけだけの敬意の後に，50年代半ばのイタリアは，イタリア映画のネオ・ネアリズムが見いだし再評価したように，無知で貧しい昔の農村的な国であった頃とあまり変わっていない。明確に区分される特定地域において，幾世紀にもわたり沈殿されてきた民族言語的な違いが根強く残存していただけでなく，社会移動の乏しさや高い文盲率，近代化の不均等的発展が，いくつかの地域を対立する異なる下位文化に閉じ込めながら，北部と南部地域との格差を広げていた」[Sciolla, 1990: 42-43]。

　いずれにしても，マーシャル計画のおかげでイタリア人は，個人間の競争や人生上の成功を象徴する消費における成功物語に支えられたアメリカ的生活様式，すなわち戦勝国の生活モデルを羨望しはじめるようになる。しかし，そのような文化的態度は，当時のイタリアにみる支配的な二つの下位文化，つまりカトリックと世俗的マルクス主義とのそれをみるかぎり，認めがたいものとなる。というのも，ともに両者は，私生活や恋愛，気晴らし，地位，健康福祉を強調するアメリカ大衆文化とは関係ないものとして性格づけられる

からである［Alberoni, 1968:100］。

2.3　消　費

　終戦直後の消費は，戦前と比較すれば大きく拡大したものの，いまだ農産品にとりわけ依存し，自給や倹約，忍耐精神に支えられた貧困国経済に特徴的な水準にとどまっていた。産業労働者の消費も，伝統的な消費に替わるモデルが欠如していただけでなく，非常に低い賃金水準などによって限定されていた。この点について，ジェラルド・ラゴーネは，「当時の消費が限定されたものであったのは，一般的に賃金が極めて低い水準にあったというだけでなく，伝統に縛られた消費行動を解放しうるだけの準拠モデルが存在しなかったからである」と指摘している［Ragone, 1985:10-11］。このようなラゴーネの見解は，消費の発達を抑制する要因として，とくにイタリア人社会の社会的・文化的な伝統に由来する一種の倫理的側面を強調するものとみてよい。

　いずれにせよ，日常性からの離脱に対する強い欲望が拡大の一途をたどり，映画をはじめとする娯楽への需要の増大や，ファッションやモータリゼーションといった新しい消費が人びとを魅了していくことになる。1953年にはテレビ放送が登場し，画一的で細分割された消費と行動のモデルが全国にあまねく浸透していった。

　1953年以降に拡大した期待と幸福感に満ちた雰囲気は，次の時期での経済繁栄の前兆となる私的・公的な両領域での消費を爆発的に増大させていくことになる。この変化への過渡期において，伝統に根ざす過去の諸要素は国際的な文化状況に並置されるようになり，平均的な家族にみる家計支出はなおも質素なものであったが，生まれつつある消費主義について語られるようになっていた。顕示的な

商品は，アメリカの階層システムがもつ文化的準拠枠を参照しつつ，自らのシステム内部での優位性を顕示することによって地位を特徴づけるようになっていた。

この時期のイタリアの消費モデルは，すでに多くの歪みを示している。ドクサ［DOXA］〔イタリアの民間調査機関〕が1958年に実施した調査では，テレビ・冷蔵庫・電気洗濯機を所有していない世帯が84%であったが，その比率は，イタリア北部地域で81%に下がり，逆に南部地域では88.4%に上っていた。そして，この二つの地域間の格差は，必然的に拡大していく運命にあった。というのも，まさに公的領域より私的領域での消費を優先させ，商品生産を担う北部の産業地域の振興を企図した政治経済的な意思決定が採用されていたからである。

3 経済急成長期(1956-1967)

3.1 経済推移

50年代中葉以後の急激な経済発展は，その深層にある対抗的要素間による二極化的な発展として特徴づけられる。

この時代のイタリア経済は，ほとんどの場合には両立しえない三つの目的を同時に達成した。それら目的とは，高い設備投資，通貨安定，国際収支の均衡，である。イタリアは，インフレーションと対外債務の赤字を回避しつつ，急速な産業化を実現した。とくに，公的部門（鉄鋼，エネルギー，自動車，造船）の巨大企業群は，生産性を急激に伸ばし，経済の推進役を果たしていた。

またこの時期は，おおよそ5百万人ともいわれる南部から北部地域への，農村から都市への人口流入という否定的な諸要素によって

も特徴づけられ，中心部の巨大都市での過密状態がつくりだされた。近代的部門と前近代的部門間での産業構造の軋轢が深化し，南部地域の所得はつねに低いレヴェルで維持され，他の地域との格差を広げていった。また，家計消費は公共部門の支出と比較して極端に増加したが，公共サーヴィスは機能低下し，経済発展を維持するに耐えないものとなっていた。

イタリアの歴史において，この時期に起こった出来事を評価するときの問題は，より賢明な経済政策であったなら，急速な発展を実現しつつもこのような二極化や歪みを経験せずに，いったいどれほどネガティヴな側面を緩和することができたであろうか，ということを判断することである。この点に関しては，評価が分かれている。ひとつの解釈としては，とりわけ近代化された部門での生産コストの過度の上昇が経済的不均衡をもたらし，それが他の諸部門に影響をもたらしたというものであり，もうひとつの解釈は，歪みをもたらしたおもな原因を発展過程における公的管理やイタリアの政治階級の欠如に見いだそうとするものである。前者の見解は，近代的部門の賃金上昇が消費を喚起しつつ*1，まさに経済成長そのものを可能にしたという点を指摘することで反論されるだろうし，また後者の見解へは，当時の多数派与党であるキリスト教民主党が，組閣にあたり最大のコンセンサスを獲得し続けていた，という点において異議をとなえることができよう。

じっさい，経済全体の動きをみた場合，この時期にはある程度の

---

*1 当時，ヴァッレッタが社長をしていたフィアット［Fiat］社は，労働者の賃金政策をめぐって，イタリア工業連盟［Confindustria］の首脳陣と意見が対立し，当連盟を脱退している。フィアットは労働者の賃金引き上げに好意的であったが，そのおもな理由は，労働者の可処分所得の上昇が自動車の購入にとって好条件をもたらすと考えていたからであった。

不連続性が認められる。1956年から1964年の国内総生産は毎年いちじるしく上昇し，年5-6％に達する状態であったものの，1964-1967期においては，その上昇率は急激に減速していった。投資が減少し，基幹産業（化学，鉄鋼，機械，建設）部門の生産停滞，国内需要の減少，産業の生産性回復にむけた戦略の再構築，急激なインフレ，国際収支の悪化などに苦しめられることになる。経済政策に関する議論において，この時期最後の数年間は，合理化にともなう不均衡や顕在化する不平等を是正するために，政治的介入を経済発達過程において実現しようとした点で特徴的である。経済計画をめぐる激しい議論を経て，戦後の中道政治を担うキリスト教民主党とイタリア社会党とが手を結ぶことになり，初の中道左派政権が誕生することになる。そして70年代に，「絵に描いた餅」でしかない経済計画化によって示される国家の近代化にむけた激動期を迎えることとなった。

3.2 文　化

　この時期を特徴づける文化的要素は，発展への信奉というものであった。ネガティヴな局面も解消しうるほどの発展への楽観主義が蔓延していた。この時期，西洋全体で科学技術の時代へと突入し，科学的進歩が社会変動を左右する決定因とみなされていた。

　発展への信奉と並行して，前の時期にはまだ存在していた利他的な社会モラルを次第に凌駕していくことになる個人主義的な消費態度が市場に浸透していった。手形ないし分割支払いが新しい「貨幣」として流通し，テレビではバラエティやクイズ番組が不可欠な見世物となっていた。ジュークボックスが社会に増殖し，家電製品と自動車の購入がブームとなる。余暇は日曜散歩が中心となり，広

告とバカンスが消費の世界に侵入していた。

　文化の中心は，あきらかに地方から都市へと移り，低い就学率から大衆教育の時代へと突入することになる（1962年に中等教育の統合が導入され，義務教育が14歳にまで引き上げられた）。

　50年代初頭の経済的離陸期の基礎にあった価値，すなわち経済的犠牲や質素倹約，労働倫理などが経済的成功の影で危機に陥り，マス・メディアは，世俗化と消費者の個人主義化によって規定されるような価値に方向づけられていた。

　このような新しい消費態度の基底には，中間層ないし中間下位層への帰属人口の増大があった。このことは，商品という自己の社会的位置を誇示するための地位財の購入が増加したことを説明するであろう。それら商品の所有は，まさに個人の社会的地位の改善を示す証拠であった。

3.3　消　費

　経済発展と繁栄の広範な浸透は，あらゆる商品カテゴリーに対する消費という形で達成され，とりわけ，都市の新しい社会状況と密接に直結した衣服や家具調度品，住宅や交通サーヴィスの消費にあらわれていた。しかしながら，イタリアの家族にとっての垂涎の的は，幸福の達成を象徴するテレビ，冷蔵庫，電気洗濯機，自動車であった。この点について，コデルッピは次のように述べている。「この時期では，自動車とともに，冷蔵庫や電気洗濯機といった新しい家電製品が，非常に普及していった。家庭生活での経済的困難や，とくに50年代をつうじて根強く残っていた行動基準から脱して，それら製品は多くの家庭に浸透することとなった。それら家電製品は自動車より目立たない存在ではあったものの，それらを所有

することによって獲得される社会的地位は，豊かな社会にみられる行動や消費のあり方をまさに証言していた。ご多分にもれず，調度品での憧れのモデルは，アメリカのそれであった。アメリカ製の真っ白で無菌加工を施した大きなキッチン，当時の宇宙空間への到達という状況から強く影響をうけた人体的で流線型をした巨大な家電製品によって占領されていた。［……］とりわけハリウッド映画に登場する巨大な電気冷蔵庫は，憧れの経済的繁栄を達成したことを示す究極のシンボルとして，人びとの記憶に鮮明に残っている」［Codeluppi, 1992:23-24］。まさにその冷蔵庫こそ，イタリア映画のミケランジェロ・アントニオーニ監督が70年代の初頭に『砂丘［*Zabrinski Point*］』において，消費社会における批判対象の骨頂として描いたものに他ならない。

さらにテレビはというと，それは，たんに気晴らしの手段を提供するというだけでなく，文化伝達——標準イタリア語を普及させるという重要な機能がある——や消費教育の役割をも担っていた。すなわちテレビは，参照すべき新しいモデルや消費文化に固有の新しい社会的役割の浸透を図っていくことになった。

はじめて市場というものに直面するようになった商品は，近代的ないし都市的な新しい生活モデル，つまり各人にとって望ましいとされ，到達すべき最良の目的として理想化されたモデルへの社会化をもとめる消費者にとって，新しい意味の運搬者としての機能を果たしていた。消費対象となった新しい商品は，「市民権としての商品［beni di cittadinanza］」，すなわち「その所有が，コミュニティへの帰属を示す証となり，それを所有しないことや拒否することが，そこからの排除と疎外の証となるような商品」［Alberoni, 1968:89］という性格を示すようになる。

第Ⅰ部　ファッションと消費社会

　地方色が失われ，大いなる幻想が蔓延する時代として規定されるこの時期では，新しい生活様式が大規模に浸透していくことになるが，それは，テレビによって惹起された消費モデルに媒介されたものであったし，他の先進諸国と同じく，輸出によってイタリア製品の発展を促進しようとする工業生産の影響によるものであった。

　1964年から67年にかけての世界市場におけるイタリア産業の浸透は，「地位」のシンボル化という現象の拡大として読み取ることのできる大量消費型商品の普及において基本的に特徴づけることができる。そこでは，あらゆる商品が「位置」を示す要素を増大させることになる。ラゴーネは，次のように指摘している。「それ以前の時期での個人の中心的な関心事は，産業都市社会への統合にあり，それゆえ消費もこのような特定の目的の観点から選択されてきたが，いまや中心的な目的は，社会の流動性にあり，社会成層の新たなシステムの拡大において，より良き社会的地位に到達することであった。したがって消費も，これまでとは別の目的において選択されることになったのである。まさにこの意味において，これまで以前の『新しさ』と統合に基軸をおいた消費とは異なる，この時期（異議申し立てが噴出する以前の60年代）の『差異』に方向づけられた消費について語ることができるだろう」[Ragone, 1988:10]。

　いずれにしても，新しい文化的なモデルや準拠点は，海外のなかでもとくにアングロサクソン社会から提供されるものがほとんどであった。多くの模倣者を生み出したビートルズ音楽，シェイク・ダンス，ポップ・アートが大いなる成功をおさめた。ファッションでは，マリー・クワントのミニ・スカートが勝利を勝ち取り，ツイギーが若者の夢を駆りたて，多くの若い女性が彼女のような痩せこけた体型を求めて努力することとなった。ショーン・コネリー演じ

るジェームス・ボンドのスモーキングの装いはもちろんのこと，キャメル色のジャケットと青いズボンといったスタイルも憧れの対象であった。イタリア映画ですら，観客を動員したければ海外作品を模倣しなければならなかった。まさにそこにおいて，セルジオ・レオーネ監督の映画『荒野の用心棒［*Per un Pugno di Dollari*］』をはじめとするマカロニ・ウエスタン［spaghetti-western］が誕生したのである。

4 社会紛争期（1968-1973）

4.1 経済推移

　この時期は，前の時期とは対照的な性格をもち，後のイタリアにおける文化状況を変化させることになる労働争議や学園紛争によって特徴づけられる。経済発展による公共福祉の向上への期待が裏切られ，社会的インフラ（住宅，学校，病院など）整備すら量的にも十分達成されていなかったこともあり，これまで信奉されてきた発展モデルへの強い批判が沸き起こることとなった。とくに若者の異議申し立ては，雇用環境における社会成層システムの変容によって帰結したものであった。産業に基礎づけられる経済システムは，より高度な教育を受けた大量の学生たち——彼らの多くは職人ないし中産階級の家庭出身であった——を就業させるだけのポストを創出することができずにいた。さらに，前時期にみたような大企業の生産力の上昇率にもかかわらず，労働者の待遇は改善されておらず，労働者たちは，その利益配分を強く求めていた。そして1969年から70年代にかけて労働者（とりわけ鉄鋼労働者）たちは，新しい雇用契約において手当待遇を改善させ，1970年の「労働者憲章」におい

て規定された労働条件に関して幾多の是正を勝ち取ることになる。労働組合の強化に直面する産業システムは，人件費コストを抑制しつつ，同時に国際市場での競争力を維持していくために抜本的な構造改革に着手し，一方で，生産過程での労働集約化を実現させながら，他方で，中小企業の発展を促進することをつうじて，生産体制をそれら小規模企業へとシフトさせていった。さらに産業内部での組織構造や役割配置が変化し，「ホワイトカラー」が享受する優位性の多くが失われ，「中流階級のプロレタリア化」が，ますます盛んに語られるようになっていた。

　工業社会は低迷していくものの，第3次産業型社会やサーヴィス社会は，いまだ本格的に到来してはいなかった。

　国際情勢（世界経済の悪化とベトナム戦争など）は，イタリアの苦境を悪化させ，1971年以降の第1次産品の価格上昇は，1973年の石油危機において頂点に達することになる。

4.2　文　化

　イタリア人の文化的モデルの方向性に関して，1968年はまさに分水領であった。多岐にわたる若者の運動が噴出し，中産階級や消費社会としての生活様式が告発された。それらの反抗は，発展への信奉や近代化に対して直接むけられたのではなかった。むしろそれは，商品の蓄積と誇示に価値をおきながらも，望ましい生活の構成要素とされていた平等や連帯の価値を否定する，保守的で現状肯定志向の文化と権力に対してむけられていた。若者の異議申し立ては，一般に反資本主義的であり，言い換えるなら反消費主義であった。ここで忘れてはならないことは，当時はベトナム戦争や中国の文化大革命，フィデル・カストロ，チェ・ゲバラの時代であり，共

産主義という言葉が，これまでの社会とは異なる，より良き社会のモデルを惹起させていたことである。その数多い社会運動の流れの中からフェミニズム運動が出現し，社会や家族内部でのこれまでとは異なる女性の役割概念が提起されることになる。歴史上初めて女性が教育機会を享受することでフェミニズム運動が浸透しえたのであり，その結果として女性たちは，労働の世界においても重要な役職を要求するまでになった。とくにフェミニズムは，ヨガや東洋の瞑想から自然食品，精神分析からダンスや音楽にいたるまで，消費行動をつうじたさまざまな帰結として，身体や健康に密接に結びついた問題を再発見するのに大きな役割を果たしていくことになる。

イタリア文化の新時代は，カトリック文化やマルクス主義的イデオロギーの影響のために他国と比較して限定的であったとはいえだいに浸透していき，他方で第2ヴァティカン公会議による改革にもかかわらずカトリック伝統主義は，もはや現実味を失い，時代に適合しえなくなっていた。

当時のイタリア社会を貫いていた世俗主義の新しい潮流は，数年後の国民投票にみる女性票のおかげで成立した離婚法（1974年）や中絶法（1976年）において全面開花することになる。

4.3　消　費

若者を中心とする知的エリートによる消費社会批判は，消費や流行にみる行動様式の「細分化」として定義される新しい現象にいきつく。これらの行動は，ますます個人的ないし限定された集団としての性格を強め，自己定義や「スタイル」の指定に果たす役割を強化していった。音楽の聴取は，まさにその一例である。ビートルズとローリングストーンズのいずれかを選択することは，各人が置か

れた状況に決定的に依存していること，特定化されたモデルに自己の行動を方向づけることを意味している。じっさい，この時期にボードリヤールは，「スタイル・シンボル」，言い換えるなら，社会的-人口学的な属性にではなく，個人的態度や価値の共有化に基礎づけられた社会的差異としての行動という概念を精緻化していた。

文化的消費やマス・メディアに関していえば，テレビ番組（第2番目の放送局が開局していた）の機能が増大し，そこではますます「家庭・生活情報」への傾斜を強めながら社会性が低下していたが，漫画・コミックスを読む若者たちが優勢を占める一方で，出版界では評論も大きな成功を収めていた。

周知のとおり，1968年は闘争の時代であった。この反抗に参加した主人公は若者と知的エリートたちであったが，彼らは，イタリア国民に浸透していた行動様式や世論，社会的態度に大きな変化をもたらすことになる。

「このようなイデオロギーの危機の行く末は，おもに知的エリートと若者層において顕在化することになるが，そもそもそのような危機は彼らにおいて引き起こされたものであった。その他の社会層において消費への志向は，勢いこそは減速していたものの相変わらず不断に続いていた。労働者階級へと浸透するその志向での要求は，新しい商品に晒されることから惹起されるがゆえに，とりわけ所得レヴェルにおいて打ち出されることになる」（Codeluppi, 1992: 25）。このような主張は，たしかに当時の現実を反映してはいた。しかしながらイタリアにおける消費が，2つの集団，すなわち社会的地位や威光を表示する商品や市民権としての商品を追い求めることになんら問題を認めない無関心層と，ひたすらオルターナティヴな商品市場を志向する層とに完全に分断されていたかどうかについ

ては，なおも不確かである。

じっさい反抗的エリート層は，新しい消費行動の準拠モデルになりつつも，反消費主義の色彩を帯びる彼らの提案は，すぐさま生産・商業システムに取り込まれていくことになる。ただ，そこでは「自他を区別する」という傾向，この場合には「顕示的消費抑制」という傾向が優勢的にあらわれていた。このことについて，ラゴーネは次のように述べている。「社会的な行動様式としての蓄積と顕示という論理は，従来とは逆行する過少消費という行動論理に道を譲ることになる。1968年から1978年の消費動向は，いまだ差別化の時代ではあったが，その動向は，ライフ・スタイルや社会的地位のシンボル化に果たすコードや規則を根底から変化させることによって，これまでの消費とは異なる第3の消費のあり方，すなわち『生活の質』を求める土壌を培うことになった」[Ragone, 1987:13]。

5 危機の長期化と私生活への回帰(1973-1981)

5.1 経済推移

この時期は，原油価格の高騰による世界的な経済低迷により開幕し，イタリアのようなエネルギー供給を全面的に国外に依存している国の経済は，とりわけ大きな打撃を受けることになる。

1973年，イタリアの金融当局は，輸出促進のためにイタリア・リラの平価切下げを実施し，短期的ではあったが期待どおりの成果がもたらされた。自動車や機械産業での投資が増大し，とりわけ鉄鋼や自動車生産が激増した。しかしながらその後，緊縮財政と金融安定政策が打ち出されることによって，また石油危機が長期化していたこともあり，大きな景気後退と国際収支の悪化が表面化すること

となる。1975年は，すべての先進諸国で景気後退がみられたが，イタリアにおいては，戦後初めて国民所得が減少した。

大企業は生産体制を再編することによって生産の分散体制を強化し，また新たに小規模な工場生産が促進されることにともない，地下経済や不規則就労という現象が拡大していった。いわゆる，「地下の上に浮遊する経済」である。

70年代末葉のイタリア経済は，急激なインフレや国際収支の赤字，財政赤字の増大，ときに外国企業による買収をともなう国内大企業の再編*2，とくに若年層の失業率の激増など，まさに激動状態にあった。このことに加えて，1972年から激しいテロリズムの嵐が吹き荒れ，1978年のキリスト教民主党・党首アルド・モーロの誘拐と暗殺によって，それは頂点に達することになる。

中道のキリスト教民主党とイタリア共産党との連立政権（いわゆる「歴史的妥協」）の誕生は，政治・経済政策の正常化を部分的に導入することになったが，このような否定的な傾向を完全には転覆させることはできなかった。むしろ，その傾向を是正するのに決定的な役割を果たしたのは，欧州通貨システム（EMS）への加盟であり，他の欧州加盟国の通貨，とりわけドイツ・マルクとの為替レートは，一定の幅に制限されることとなった。

為替レートの固定化は，国内企業に対し，競合する外国企業との関係において輸出製品の価格を維持させ，所得と生産性の関係を安

---

*2 当時，深刻な財政危機に陥っていたフィアットの持ち株資産がガダフィ率いるリビアに売却されたことが，パレスチナのテロリズムを激化させた原因と考えられていた。この売却によって，イタリア産業システムの終焉を予見する者もいた。売却された株式は，10年後にフィアット自身により買い戻されたが，それは，レーガン政権のいわゆる「スターウォーズ計画」（技術的にも軍事的にも無意味で馬鹿げていたが，政治的には重要な意味をもっていた計画）に関連するアメリカの受注から排除されないためであった。

定させることを要請することになる。為替レートが流動的であった数年前には，高いインフレによって所得上昇率を上回る製品価格の上昇があり，その意味で労働コストが抑制されていたといえる。したがって，為替レートの固定化によるインフレは，海外市場における企業の競争力を削ぐ結果をまねき，企業に生産性を高める努力と労働コストの抑制維持を強いることになった。そのため企業は，インフレによる高い社会的コストのなか経営再編を断行し，世界経済の景気回復をねらい国際競争力の強化に備えていくことになる。その点では，経済・金融当局の目的はなかば達成されていたといえる。

5.2 文　化

　この時期は，「還流」ないし「私生活への回帰」の時代という言葉で語られることが多いが，そこで暗示される意味は否定的なものである。これまでの数年間にみられた政治的・社会的な緊張と目標が喪失し，新しい態度が公的生活への参加での「失望」に対する回答をみつけるであろう，と考えられていた。これらの言葉の意味に関してラゴーネは，ハーシュマンの論考［Hirschman, 1983］を次のように批判している。「この論考は，まったく無邪気なものである。なぜなら，じっさいこの2，30年間において起こったもっとも意味深い変動，すなわち私的消費における「公的」意味の変化を否定しているからである。70年代は，大規模な異議申し立ての時代であり，多くの公的参加をもたらしたことは疑いえないが，しかしながら，習慣や生活慣行を含む広い意味での消費は，誇示的性格を強く帯びる私的領域にとどまり続けていたのである。この時代の末期には，政治参画が低調となり，少なくとも『暑い秋』といわれた時

期での劇場的性格は失われていたものの、そのかわりに消費が、公的および集合的、そして市民的ともいってよい意味を獲得していた。そのような意味は、これまで消費に関するマルクス主義的およびカトリック的な批判がその欠落を嘆き続けていたものである。政治的参画は低下したが、その代わりにこれまでになかった事物、有益な商品、効果的なサーヴィス、汚染されていない環境などが要求されるようになった。このことは、これまで生産に対し消費のおかれていた従属的な位置がいちじるしく低下したことを意味している。まさにこのことから、（公的領域への参画から私的領域への復調という）『還流』理論の無邪気さや盲目さが、露呈することになる。そこでは、この時期を特徴づけるとされる（単数の）「私的領域」と、すでにイタリア文化の歴史的潮流において先取りされてきた（複数の）「私的領域」とがもつ大きな相違に気づいていないのである」[Ragone, 1983:13]。

　ラゴーネが指摘する社会的態度や行動様式が、イタリア人の態度の基底部分を構成するものであるなら、その表層において認識されるのは、社会投資研究センター[Censis]が「多極的」と表現したように、政治的・社会的に強固な準拠点をもたず、政治的不安や経済的困難によって特徴づけられるような社会であろう[Censis, 1990]。文化の多様化や政治・経済的な多極主義が、この時代を演じた「公認」の役者であったといってよい。

5.3　消　費

　多かれ少なかれ誇示的な性格をもつ過少消費や、画一的商品に対する消費行動への社会的承認は、人びとの新しい要求を説明するにはしだいに不適切なものとなっていった。システムに対する異議申

し立てへの疲労感もあり，そこでの言葉やスローガン，行動などを拒否する態度が，人びとの新しい要求と合流することになる。もはやシステムの意味は，ますます不確定的なものとなり，意味を欠落させていた。

　消費における選択は，個人の大いなる成熟を示すものとなり，そこにおいて商品は，質を基準に選択されるようになっていった。60年代の無垢で貪欲な消費者像は，このような成熟した消費者像によって消滅する傾向にある。この新しい消費者は，発展の限界をすでに認識し，また人間性に対する新しい価値観と前時期において結ばれた連帯から影響をうけることにより，誇示的で無意味な新奇性に惹かれるような消費から，ますます足を洗う方向へと向かっていた。

　このことは，社会的地位や差異化，過少消費などの顕在化にみる消費の別タイプの動機づけを無視するものではなく，たとえこの時期の消費行動や商品が以前より多様化されているにしても，ただ消費の優勢な傾向としては，生活の質という観点から商品の価値を読み取るべく注意し，私的な要求と公的なそれとの妥協を模索しようとする消費行動があらわれてきた，ということを示している。この点で，80年代に展開される個人間の差別化に着眼した「差異化」モデルを予見することができよう。

6　新たな急成長とナルシシズム(1982-1991)

6.1　経済推移

　この時期は，政治的には比較的安定した時代であり，キリスト教民主党以外の連立内閣が誕生し，テロリズムについても，完全に脱

するのが1985年以降だとしても、その規模は縮少傾向にあった。労働組合と最大野党であるイタリア共産党の影響力を限定する効果をもっていた「スカラ・モービレ」〔賃金の物価スライド制〕に対する国民投票後の1984年にはインフレが急激に沈静化し、経済成長率は、60年代の奇跡的な経済発展期には遥かに及ばないものの、いっそうの堅調さで推移していた。

　他の先進諸国とイタリアとの経済関係はより緊密となり、イタリア企業は、まずアメリカにおいてはレーガン政権誕生後に、そしてヨーロッパ諸国においてはその後の数年間に経験することになる経済回復の恩恵を享受することができた。「メイド・イン・イタリー」の製品は、世界市場において大いなる成功を収め、もはや商品の趣味の良さやスタイル、洗練さの同意語ともなった。またさらに、ソビエト連邦におけるゴルバチョフ政権の誕生による緊張緩和と軍縮政策は、ヨーロッパ諸国に多大な経済的恩恵をもたらすこととなった。東欧諸国は、徐々にモスクワとの距離を拡げ、経済や諸制度が自由主義的で民主主義的な路線で改革されていき、ソビエト連邦そのものが、民主化のプロセスを開始した。その一連の動きは、1991年夏の軍司令官たちによるクーデターの失敗によってゴルバチョフからエリツィンに権力が移行することで頂点に達する。そして1992年12月31日、クレムリンの「赤旗」は最終的に引き下ろされることになった。

　80年代をつうじてのヨーロッパ経済、とりわけイタリア経済の新しい傾向は、他の時期と比較した場合、金融資本の拡大と出版・広告・放送関係企業の集中によって特徴づけられる（この時期には、キリスト教民主党の解体後に最大政党となったフォルツァ・イタリアの創立者で、現在の首相であるベルルスコーニによるメディア権

力が誕生している)。ただし巨大企業は，投資負担を債券に頼らざるをえないこともあり，その勢力拡大は不均衡な形で進行していった*3。

イタリア産業にみる生産体制の合理化と生産性の増大は，進展し続けた。雇用市場においては，第3次産業労働が拡大するとともに，失業は南部地域に集中し，高卒や大卒の若者を直撃していた。しかし，家計収入の増加と社会保障の整備などにより，豊かさや消費は発展し続けていた。ただ前の時期からの反動や矛盾点として，財政赤字の増大が表面化し，急増する債務を抑制することが困難な状況にあった。しかし，そのような状況からの警告は，つぎの時代まで気づかれることはなかった。

6.2 文 化

この時期の性格づけについては，極端な意見の不一致がみられる。ある者は，戦後最悪の10年と評価し，政治的取り組みと連帯に彩られた70年代の態度や行動との鋭い対立をみていた。そして，そのような否定的評価を証左するものとして，伝統的な政治システムと政党の終焉を決定づけた「マーニ・プリーテ」〔司法当局による一連の汚職摘発。「清き手」の意味。〕による帰結が言及されることになる。

他方，それとはまったく反対の評価も提示され，そこでは，イデ

---

*3 当時の株式・金融市場での投資ブームは，3つの巨大企業に支配されていた。すなわち，メディオ・バンカ〔銀行〕の監督支配下にあった，アニェッリのフィアット，デ・ベネデッティのオリベッティやCir，そしてガルディーニのフェッルッツィ，である。その他の国家の持ち株に頼る企業群は，収支改善がみられながらも，政治的意図や資金不足などにより自ら発展していくことに失敗し，この頃より，それら企業の民営化が議論されはじめることになる。

オロギーの死や社会の世俗化とヨーロッパ的性格の強調，個人の責任性と自我の強化，エコロジー意識の高まりと生活の質への改善などの社会的浸透が指摘される。労働と余暇については，人びとの生活を変える道具，すなわちパーソナル・コンピュータが登場している。

いうまでもなくこの時期は，あらゆる特徴を兼ね備えている。80年代初頭には，労働の世界と社会関係において新しい機運が顕在化していた。能率主義と効率化が再び叫ばれ，専門性の重要性が強調され，私的領域では，強い消費主義が持続しつつも，これまでの時期と異なり家庭外での活動をつうじて生きる公民としての時代が到来していた。

新しい価値体系は，60年代にみられた潮流の回帰を想起させるが，そこにはいちじるしく異なる要素が含まれている。とりわけ，社会的責務に方向づけられるような集合的価値でなく，むしろ個人そのものや個人的ニーズを表出する必要性にこそ，中心的価値が置かれることになった。その結果，〈ミクロ社会〉における多元性のなかで社会生活が進展していくことになる（このような新しい行動様式は，社会投資研究センター[Censis, 1990]によって〈存在の多極主義〉と定義されている）。これらの特徴からもわかるとおり，新しい消費ブームは，奇跡の経済成長期，すなわち経済的・社会的貧困を克服の起点として消費が広く賞賛される文化，企業や消費システム全体からもたらされる大いなる合意のもとで発展していった時期のそれとは異なっていた。

個人や私的生活の優位性を説く新しい文化は，〈ナルシシズム的〉と呼んでよかろう。そこでの主要な特質は，いわゆる〈欲望の専制的支配〉[Morace, 1990]といえる。つまり，文化や社会性，平

等，社会正義への要求が優先される時期（70年代）から，それら要求が欲望や個人の気まぐれ，私的な夢に道を譲る局面へと移行することになる。

マス・メディアの発展のなかでも，とりわけ日常生活へのテレビの浸透は，イメージ文化の形成に寄与し，その結果として，〈現実のスペクタクル化〉や〈経験の表層化〉を引き起こすことに貢献した。脆弱なアイデンティティと強力ではあるが暫定的なものでしかないアイデンティティとを同時に保証するような行動レヴェルでのコードに基づいて，個人的および社会的な差異化が成立することになる。

モラーチェが指摘するように，マス・メディアによりもたらされるイメージの支配は，2つの効果をもたらすことになる。そのひとつは肯定的なもので，情報の洪水によって知識と刺激が拡大することで〈近代化〉の過程が促進される，というものである。もうひとつは，イメージがもつ同じ論理から帰結する否定的なもので，生活の非物質的側面が強化される，という点である。非物質性の価値は，商品それ自体の良質性にではなく，商品が伝達しうるイメージ，すなわちブランドやロゴのイメージに与えられる。

6.3 消　費

80年代に典型的な消費者は，ナルシストであるといってよい。この点についてマリーノ・リヴォルスィは，つぎのように概説している。「個人は，行動に対する計画性もモデルもなしに，より真正な（より望ましい）自己を探索することと，（自己ならびに他者に対する）自己イメージないし他者に対する自分の外見を安易に管理すること，この両者の間を揺れ動いている。正しく，必要で，快適なと

いうように……自らの計画を追及するというより，むしろ社会との関係で自己を呈示する……不安と混乱はいつもつきまとい，個人は，手に入れることが可能であると判断されるところに慰めを求めている。多くの場合，けっきょくそれは人間においてではなく，モノにおいて見いだされることになる。このことからもナルシストは，文化的な提案に，言い換えるならモードに注意を払うのである。これぞ自分の〈ライフ・スタイル〉と呼びうるもの，より良い生活をもたらすと判断されるものを構築するための要素を引き出していく。このようにして，強烈な消費者が誕生することになり，モノはますますその重要性を増大させつつ，不適切で誇張された意味シンボルを背負うことになる。」［Livolsi, 1987:196-198］。60年代と70年代に範列的関係にあった〈持つこと〉と〈在ること〉とのジレンマは，ここにきて〈持つこと〉と〈見せること〉との関係に変化する。イメージがもつ論理に取り込まれたこの時期において，第一の役割を担うのはモードであり，自己の外在化としての〈ルック〉である。とりわけ衣服に代表されるモードは，対人評価にとってもっとも目につく側面となるが，それは，ますます気まぐれに激しく変化することで，分断化され折衷的な社会の根幹を表象するものとなる。そこでの個人や社会のアイデンティティは，究極的な価値や行動様式に自らを束縛することを回避する。

モノの〈ステイタス・シンボル〉としての機能は〈スタイル・シンボル〉に道を譲るようになり，後者は，洗練されたスタイルの差異，文化の意味に対する個人の解釈を提示するのに適している。モードに関してラゴーネは，次のように語っている。「各人は，好きなように衣服をまとい，古いものと新しいもの，モダンなものとポスト・モダンなものといった具合に，異なるスタイルや型を自由

に組み合わせることをつうじてモードと戯れる。このようなやり方は，消費全般についてもいえる。［……］商品がステイタスを表示する領域は，［……］消滅するか激減している。社会的移動という観点からみるなら，消費は，ある意味で〈ニュートラル〉なものといえる。ある程度の限界があるにしても，自分の占める社会的序列の位置をほとんど変えることなく，望むものを所有することができるのである。ボートやオフロード車，モルディヴへの旅行，ブランド服，これらすべては，個人の社会的位置を改善するにはもはや何の役にも立たない。このことは，とくにモードについてあてはまる。むしろ，80年代のモード，つまりデザイナーによるモードの大ブームが可能であったのは，まさにそのようなモードの大規模な普及が，もはや社会成層システムを危険にさらすことがなかったからである。この時期のモードは，すでにモードが〈ステイタス〉の位置を刻むことをしなくなった，ということの証左である。それは，まったくの遊びであり，ショーや娯楽，快楽である」[Ragone, 1987:15]。

7　神話の崩壊(1992-1995)

7.1　経済推移

ここでいう神話とは，共産主義，平和への新時代，すべての者にとっての幸福，そしてイタリアに限っていえば，戦後より幾度か中断しつつも社会的安定とある程度の経済発展を保証しながら統治してきた政治家階級，である。

ベルリンの壁が崩壊し，世界経済が好転機運にあった1990年代当初，将来の見通しは明るいものであった。あらゆる共産主義諸国が

崩壊ないし漸進的な解消の方向にあり，市場経済がひろく浸透していったとき，景気循環のコントロールすら可能であろうという期待が広がっていた。

　しかし平和への将来の期待は，1990年8月のサダム・フセインによるクウェート侵攻によって消え去ることになる。その侵攻は，原油価格の高騰への懸念を惹起し，経済界に強い動揺をもたらすものとなった。ガソリン供給が制限され自家用車利用が大幅に制約された1970年代初頭の悪夢が，再び甦っていた。翌年には，ソビエト連邦でのクーデターによって権力の座がゴルバチョフからエリツィンへと移り，1945年以降の世界均衡を支えていたソビエト連邦共和国が崩壊していく。1992年には，まさにヨーロッパのお膝元である旧ユーゴスラビアにおいて，流血の市民戦争が勃発した。歴史は，かつてフランシス・フクヤマが予言していたような〈終焉〉とはほど遠い状況となり，アメリカ合衆国が唯一の準拠点となりつつも主導権争いが複雑化し，管理することがいっそう困難となった。さらに，世界のある地域での出来事の他の地域への影響度がますます増大しているが，このことは，たとえば金融取引の展開や世界規模の資本移動が各国の中央銀行の介入なしで国際為替を左右しうる可能性などを考えるだけで容易に理解されよう。

　経済指標は，10年間の成長の後，政治動向に対する労働者からの信頼失墜の影響もあり，ネガティヴな方向に進みつつあった。アメリカでは生産が停滞しはじめ，その回復をねらって激しい低金利政策が採用される一方で，日本と同じようにアメリカにつぐ経済的な重要国となったドイツは，後に統合されることになる旧東ドイツ経済を復興するための金融資本を国際市場において獲得するために金利を上昇させていた。

生産体制を維持するための金融・経済的戦略を採用しえないほど財政赤字に苦しんでいたイタリアは，世界規模の景気後退から直撃をうけた国のひとつであり，1992年には欧州連合の加盟国間の為替レートを固定化する欧州通貨システム（EMS）からの離脱を余儀なくされることとなった。1993年から1994年の間では，実質的家計収入の減少幅が1％以下であったのに対し，食料品を除く国内消費は10％も低下していた。家計における可処分所得の減少幅と消費支出のそれとの落差は，まさに将来への不安から説明される。消費決定が所得の可処分性からではなく将来への不安からより大きな影響を受けることを指摘したジョージ・カトーナ［Katona, 1964］の論考は，この場合にはネガティヴな方向ではあったが検証されることとなった。1989年の段階で45億ユーロの利益を計上していた大企業群は，1993年においてほぼ同額規模の損失をだしていた。そのことに対する政治・経済当局の政策は，人件費削減（1992年に労働組合とイタリア工業連盟［Confindustria］との間に協定が締結されている）と公的企業の民営化を強調するものとなった。また，その他の対策（このなかには，為替市場でのイタリア・リラの放任政策も含まれる）として，輸出製品に関連した企業，とりわけ中小企業への支援政策がとられていた。1995年は経済回復の1年であったが，回復の安定化や減少しない失業問題，家計収入に悪影響を不可避的に与える国家財政赤字の削減にむけた諸対策，福祉国家体制の再編，新しい問題解決方法を模索する政治体制など，あいかわらず将来に対する問題は多岐にわたり，不透明感は深刻であった。

　しかしながら，この時期のもっとも意義深い出来事は，いわゆる「マーニ・プリーテ」といわれる1992年2月にミラノ地方検察当局によって開始された政治家を含む一連の汚職体制の摘発であり，こ

の国内全体に波及していった問題は,消費を含むイタリア人の態度を大きく変容させることとなった。汚職捜査は,短期間のうちに,いかにイタリアにおいて汚職が拡大浸透していたかを明らかにした。そこには,大企業・中小企業,政治家,官僚など,あらゆる人びとが関与していた。この件によって諸政治政党は壊滅的な打撃をうけ,戦後イタリアの政権を支えてきたキリスト教民主党など既存の政党支配が崩壊し,新時代をむかえるイタリア社会を統治する新しい政治体制への潮流が生まれることになった。

7.2 文 化

経済危機と「マーニ・プリーテ」とによる複合的な影響が,イタリア人の文化的態度をいちじるしく変容させた。80年代に典型的にみられたヤッピー主義や個人的キャリア志向,外見重視,競争原理のなかでの自己啓発に依拠した個人的近代化などにみる文化は,幕を閉じることになる。その代わりに,ほぼ50年間イタリアを支配してきた大企業家や政治家による神話や準拠点を喪失することで,ある種の不確実性が広がっていた。危機に瀕した特権階級の側に属す

---

*4 精神科医でヴェローナ大学にて教鞭をとるヴィットーリオ・アンドゥレオーリは,「マーニ・プリーテ」の件を分析しつつ,つぎのように述べている。「1992年の夏以前において,いったい誰が権力者を刑務所にぶち込むことを想像できたであろうか。ましてや,権力の座にいる者は,刑務所にいくことを考ええたであろうか。刑務所は,精神病院が権力者や富豪の狂気と相容れないのと同じように,権力者とは両立しえない施設である。いかなる動機があるにせよ,富める者が刑務所に収監されるのを回避するために,まさに法律や命令,規則が制定されてきたのであり,それら法律の正当性を主張することと同時に,自らに対するその適用を阻止することがまかりとおってきた。マーニ・プリーテは,その最初の審判以来,権力者がこのような施設に対してもつ免責のあらゆる仕組みを危機に陥れることになった」[Andreoli, 1994:23-24]。

る者たちは*4，告発の対象となった体制になんらかの形で直接関与していたがゆえに，多かれ少なかれ罪の意識を感じていた。このような状況からもたらされた態度と行動は，対照的な様相を呈していた。つまり一方では，政治的活動のみならず職業生活や「社会生活」から私的生活への回帰が起こり，他方では，〈新倫理〉ともいうべき新しい態度，言い換えるなら，責務遂行への欲求の再認識，労働や政治に対する責任が顕在化していた。〈エリート〉層においては，検察の捜査に巻き込まれることによる特権の喪失や正当性の剥奪に対する懸念から，自己のとる行動の「道徳化」を求める気運が生じていた。私的領域であれ，政治的領域であれ，自己の価値を積極的に主張する欲求が，優先的な価値となるにいたった*5。

7.3 消　費

この時期における経済的な危機とモラルの低下に直面するイタリア人の消費態度と行動は，おおかた同質的なものであった。おもだった多くの論者たちは，それらの実際の変化を〈消費に対する新しい倫理〉としての観点から読み取ることで一致していた。人びとは，より少ない商品を消費し，その価格にいっそうの注意を払うことになるが，そのことによって生活の質を断念することはけっしてない。

むしろ，このような欲求に応えるべく，商品の〈質〉に強い関心をむける。このことによって逆説的に，この時期における商品の質

---

*5 自己の価値に対する社会的承認という多かれ少なかれ確信されていた価値の共有化は，1994年の選挙において「フォルツァ・イタリア」が第一党となったように，政治的潮流が形成されるための中心的な要因となった。ベルルスコーニが掲げたスローガンは，「労働の塹壕から脱出すること」を訴えるものであったが，それは，政治の世界に〈マーケティング〉手法を適用することの効果を証左するものであった。

やその内にみられる特質は，本来の意味で個人が確実に，かつ客観的，明白に価値づけることが可能な数少ない要素のひとつとして確認されることになる。そのような価値づけは，経済や政治，制度，社会関係などにおいて，かろうじて可能となるものである。

このような態度の変容によって〈有徳〉の消費者は，商品を選択する時に自らにとって重要な意味に配慮し，それを商品に付与する。そのため消費者は，多くの店に通い，本人自ら商品の特性を確認し，もはやブランド・マークの知名度や広告を信用することなく，購入場所の情報をめぐらし，〈お買い得〉商品をできるかぎり求めて小規模店舗や〈バーゲン〉を徘徊することになる。

〈ステイタス・シンボル〉がいかに獲得されたのかをとやかくいう仲間は，影をひそめることになった。また，〈スタイル・シンボル〉によって自己のライフ・スタイルを形成しうるような集団や政治的・社会的準拠も消滅するか，完全に流動化されるようになる。この時代の消費者にとっては，自分自身や自分の趣味趣向，自分のパーソナリティに準拠することしか残されていなかった。

8 ユーロへの全力疾走(1996-2000)

8.1 経済推移

1994年にアマート政権が為替市場でのイタリア・リラに対する放任政策を英断したことも幸いし（ドイツ・マルクに対するイタリア・リラ平価は約40％も低下していた），1995年末以来，経済回復の兆しがあらわれ，その恩恵を企業がまず享受することになる。ただ，経済回復がもたらす一般世帯の家計への恩恵は，被雇用者との労働契約の改定がなされる1997年以降となる。

この時期でのもっとも重要な課題は、1999年に予定されていたヨーロッパ統一通貨ユーロへの移行準備であった（実際のユーロ通貨の流通は2001年からとなる）。統一通貨への参加基準を満たすにあたり、イタリアは他のヨーロッパ諸国のなかでもっとも困難な状況におかれていた。参加するためには、インフレ率3％以下、財政赤字の対GDP比3％以内、政府債務残高の対GDP比60％以内の基準を満たす必要があったが、1996-7年においてイタリアでは、インフレ率6-7％、財政赤字対GDP比率6％、政府債務残高のそれは100％を超えており、すべての基準が満たされていなかった。そこで、当時の欧州委員会委員長であるロマーノ・プローディ率いる当時の中道左派政権は、現イタリア大統領のアゼリオ・チャンピ元国庫省大臣とともに、国民負担を強いる緊縮財政政策を打ち出したが、それに対して一般的な理解はえられつつも反発を受けることになる。この時期の末にようやく享受されることになった所得の恩恵は、このようにして税負担や公共料金の引き上げなどにより、消費に直接結びつくことはなかった。

また、この世紀末の時代には、イタリアを含む世界中で〈ネット経済〉と結びついた金融・株式ブームが起こり、〈情報技術（IT）〉やインターネット関連（電子商取引関連への見通しを含む）のあらゆる活動が、〈旧い経済〉にみる産業サービス活動に取って代わることが要請されていた。〈ネット経済〉関連企業の株式は急騰し、あらゆる事柄がコンピュータとそれと結びついた携帯電話をつうじておこなわれるという、新時代の到来が話題となっていた。

労働市場において経済回復は就業機会を拡大し、フレックス労働の考え方や人生のうちで転職を繰り返す志向性は、これらの態度が組織におけるキャリアやアイデンティティに関してもたらすあらゆ

る事柄とともに，人びとの要求からというよりもその必要性から正当化されることになる。

この時代は，肯定的な方向で幕を閉じることになる。イタリアは通貨統合の正式メンバーとして参加することになり，経済の見通しもかなり明るいものであった。〈新しい経済〉や〈ネット経済〉は，いまだその中身に関する問題を露呈させることはなかった。

8.2 文 化

1995年からはじまる経済回復は，直接消費に反映されることはなかったが，将来に対する期待を確信させるものではあった。豪華絢爛への嗜好が，80年代の行き過ぎとまではいかないものの，とりわけファッションや家具調度品において部分的に回復していた。

イタリア社会は，これまで以上に複雑化し，ライフ・スタイルは多様化していた。とくにそのことは，都市部での情報関連部門やファッション部門など専門的職業集団において典型的にみられる。

余暇活動に関しては，ディスコへの情熱が冷めたかわりに，パブや居酒屋が爆発的に拡がった。若者は，午後6時から9時の〈ハッピー・アワーズ〉に集い，定額のアペリティフ（食前酒）やスナック（ときには本格的な料理）を楽しむ。海外旅行は，航空運賃の低下もあり，まさに空前のブームとなった。人気渡航先は，来る通貨統合の前触れとしてか，なかば訪問すべき場所としてヨーロッパ主要都市が中心であった。また海外渡航の機会は，この時代の言葉や思考にあるひとつの概念を定着させることになる。その概念とは，〈グローバリゼーション〉である。この概念と関連する移民に関しては，イタリアにおいても第三世界からの移民流入が増加し，日常経験として否定的な出来事が頻繁にもたらされていた。

8.3 消　費

　この時期のイタリア人の消費を顕著に特徴づける商品は，いうまでもなく携帯電話とパーソナル・コンピュータである。いつでも，どこでも通話可能な携帯電話は，すべてのイタリア人，とりわけ若者の行動に影響をあたえた。携帯電話の新しいモデルを所持していることは〈ステイタス・シンボル〉であり，仲間に自慢することができる。数年のうちに，イタリアでの携帯電話は，スカンジナビア諸国（フィンランド，スウェーデン，ノルウェー）に先行されながらも，それらを除くヨーロッパを含む世界のなかでもっとも高い普及率を示すことになる。イタリア家庭への携帯電話の浸透は，1995年の15.1％から2001年の85％へと拡大し，個人利用率は同じく6.1％から66％へと推移している。

　むしろ，さまざまな困難と問題を示しているのは，家庭におけるパーソナル・コンピュータとインターネットへの評価と利用の仕方である。すさまじい販売促進キャンペーンと広告宣伝にもかかわらず，イタリア家庭へのPCの浸透は苦戦を強いられている。というのも，新しい技術の学習と社会化の第一段階の場であるべき学校において情報機器の設置が立ち遅れ，指導能力のある教員も不足しているからである。イタリア家庭における情報化の達成度は，いまなお世界の産業国中25位にランクされるありさまである。そうしたこともあり，イタリアにおいては〈eコマース（B2C）〉を発展させることすら困難となっている。その代わりに，大規模店販売（スーパーマーケット，メガ・ストア，商業センター，大規模専門店）が小規模店舗を食いつぶしながら拡大進出し，とくに大都市近郊や地方都市の商業中心地は，たんなるショッピングの場所ではなく，人びとが集い楽しむ場所と化していた。

第Ⅰ部　ファッションと消費社会

9　不確かな時代（2001-2003）

9.1　経済推移

　繁栄への期待感の浸透と経済・労働にみる変化にはじまったこの時代は，すぐさまその限界に突きあたることになる。〈新しい経済〉の軋みが表面化し，全世界的に株式市場の活気が沈静化したことで，経済危機だけでなく信用危機が惹起されはじめていた。通貨統合にもかかわらずヨーロッパ経済は，アメリカから自立した経済発展に舵をきることができず，当初においてユーロは過小評価され，2002年の秋以降にようやく対ドル平価がもちなおし，軌道にのりはじめた。

　そして，2001年9月11日を迎える。ニューヨークのツイン・タワーへの一撃によって，経済回復への期待は短期間で暗雲のなかへと引きずり込まれることになる。テロリストによる攻撃がもたらしたものは，すでに危機的な状態にあった経済に対する打撃というより，人びとの信頼に対する破壊であった。イスラム世界によるテロリズムへの恐怖と，戦争やテロ，国際緊張が数年後に起こるであろうとの確信は，社会全体に不確かさと不信を蔓延させていた。イラク戦争（2003年）は，まさに多くの人びとが抱く不確かさと不安の感情をもっともよく露呈させる事態となり，比較的短期間に終息した戦争後，そのような感情がサダム・フセインの敗北によっても緩和されることがないことは明らかであった。

　家計所得や労働に関してイタリアでは，他のヨーロッパ諸国と同様に富裕層と貧困層の2極化が進行し，貧困層ないし月末給料をもらうまでは買い物に注意を払わなければならない層が拡大してい

た。格差の拡大は，とりわけ労働市場から締め出されていた非専門的な職業従事者や長期にわたり一時雇用や不安定な職業に就いていた若年層においていちじるしかった。

9.2 文 化

　不信と不確かさは，この時代のイタリアにみる支配的な特徴といえる。株式市場の危機や〈新しい経済〉，フィアットのようなイタリアの経済発展に一時代を築いてきた企業の危機などは，じっさい不確かな雰囲気をつくりだしていたが，家計にみる可処分所得の重大な悪化とかならずしも対応していたわけではない。しかしながら，すべてが沈滞ムードにあり，ファッションはもはや斬新さや欲望を喚起することができず，旅行熱もテロの危険性や疾病対策（エイズからアジアを発生源とするSARSまで）により沈静化していた。

　そのなかでイタリア人は，自閉的状況に立たされるようになる。2002年の社会投資センターの報告書は，「長期化する反動なき停滞」について言及している。消費から就業，貯蓄から仕事にいたるまで，あらゆる指標からそのことが読み取れるが，停滞への強い傾向は，人びとの集合的な態度に強く示されている。変動や変化への期待，とくに2001年にベルルスコーニ首相率いる右派政党を政権に据えた時の希望は打ち砕かれ，イタリア社会は情熱と反応力を喪失することになった。期待の欠如が社会に広く浸透し，将来に対する集合的な準拠点がもはや存在しなくなった。また，発展を後押しする人びとの関心や熱意も動員されがたいものとなっていた。2003年のイタリアは，まるで現在に凍結された状態にあったといえる。

9.3 消 費

　経済状況の見通しの悪さや（懸念されるほどではないが）失業の増加，新しい職業の不安定性，フィアットのような輝かしい発展の歴史をもつ企業の衰退，"戦争の風当たり"や国際情勢がもたらす不確かな雰囲気や恐怖などによる困難な時局が，消費を喚起しないことはいうまでもない。「消費は，それ自体で幸福をもたらすことはないが，幸福なひとがより多くの消費をおこなえるということも，間違いない」[Piccoli, 1996：186]。この時代の消費は，節制という特徴を帯びており，とりわけ〈より良く生きること〉をもたらす商品，ないしは，それら商品を消費することをつうじて現在の快適さを満喫することへと方向づけられている。マズローの有名な欲求段階説でいえば，ますます多くのイタリア人（少なくとも成人）が上位集団からの承認とそれへの帰属を求める段階から，自己実現の段階へと移行した，といってよかろう。このようにイタリア人は，購入すべき商品を変えたのではなく，むしろ消費の論理を変えたと考えられる。あいかわらず，より良い食事や衣服，レストラン，旅行，家具調度品などを求め続けてはいるものの，以前よりその回数は減り，その程度も数年前より縮小し，とりわけ，そうしたいと望むこと自体が減退していた。何着かの衣服を購入するかわりにひとつの衣服だけに絞るが，その衣服の質は満足のいくものでなければならない。週１度の外食を月１回にして，そのかわりに自宅では得がたい味と趣向を提供してくれるレストランを探し回る。自動車や家電製品の買い替えは手控えながらも，それをするときには，最新技術が採用されているかどうかということよりも，その製品の機能性にいっそう大きな注意がむけられる。

　このようにして，インフレ下にある2002年の家計消費の総額が，

なぜ1992年のレヴェルに達しなかったのかが説明される。10年後のイタリア人の消費は，金額においても量的規模においても減少したのである。とくに2001年のユーロ通貨導入にあたりインフレが再開し，イタリアでの値はヨーロッパ諸国の平均値を上回っていたが，そのおもな要因は，とりわけ必需品や普及商品（食料，衣服，レストラン，民間・公的サービスなど）に関して，商業販売・サービス側による通貨変更に便乗した価格の〈端数切上げ〉や，後に実施されることになるユーロの過剰な平価切上げへの認識不足など，楽観的な対応によるところが大きい。このことは，日常生活においてさらなる出費を強いられ続けていた人びとにいっそうの〈貧しさ〉と不信感をもたせることとなり，結果的に彼らは，奢侈的商品の購買を削減することになったのである。

10　まとめ

　1945年から今日までのイタリアにみる近代化の歩みは，調和的で均衡のとれた発展や生みだされた富の配分をかならずしも保証しない光と影によって跡づけられる。イタリアにおける生活の近代化には多くの矛盾が存在してきたし，なかでも，この50年間に発展への戦略的ビジョンを打ちだすことが可能であったはずの政治家たちの浪費と不能は，際立っている。幸いにも，企業家や労働者の能力，イタリア人の想像力や創造性が，国の近代化にとって多くの場合に障害となる政治家や官僚の力不足を補ってきた。政治的決定にその責任を負う近代化への立ち遅れは，商業部門においてみることができ，そこでは，大規模店舗による販売拡大を制約することで近代化の過程が開始されたが，そのことはインフレの調整管理や商品流通

の拡大に否定的な効果を与えるものであった。

　いずれにしても今日のイタリアは，西側諸国のなかにおいて富の産出では10位以内に，また国民生活の暮らし向きでも，もっとも上位のクラスに位置づけられるようになった。外国人にとってイタリアは，〈良く生きる〉ことへの高い志向性を誇る社会，美しさとともに機能性をもあわせもつ商品（衣服から装飾品，家具調達品にいたるまで）を生産しうる社会，魅惑的な風景や美しい自然を所有し，そこからえられる楽しみを享受することを心得ており，いまなお小さな都市にまで広がる古典美術や遺跡を尊重し味わうことを知っている社会，産業的に余暇活動を開発（テーマ・パークから健康やアグリ・ツーリズムの楽しみなど）し，まずまずのレヴェルにある自国産の農産品を活用することに注意を払っている社会，贅沢ではないが良質の観光を提供することを発達させている社会，としてみられている。

　おそらくこの最近になって，ようやくイタリア人自身も，世界経済への懸念と不確かさのなかで，外国人が羨望のまなざしをむけてきたこれらの点を活かし，その真価を評価しはじめようとしている。

第1章 イタリア社会の近代化と消費

■参考

表1　1945年から今日までのイタリアにおける消費（要約）

時　期	一般図式	消費モデル	影響力のある コミュニケーション
1945-1955	◆経済復興 ◆国際市場への参入 ◆経済発展の南北地域間格差	◆伝統的な貧しい消費 ◆ステイタス表示商品	◆社会的可視性 ◆アメリカ的生活様式
1956-1967	◆経済急成長 ◆国内移民 ◆巨大企業の勃興	◆発展への信奉 ◆大量規格商品 ◆市民権としての商品	◆テレビ ◆近代化を運ぶ産業
1968-1973	◆若者の異議申し立て ◆労働組合の強化 ◆フェミニズムの勃興	◆スタイル・シンボル商品 ◆顕示的消費抑制 ◆非公式性	◆準拠集団 ◆オリエンタル・モデル
1974-1981	◆経済危機 ◆テロリズム ◆巨大企業の分散 ◆私的領域の優先	◆画一化・均質的商品 ◆音楽とディスコへの回帰	◆仲間集団 ◆広告宣伝
1982-1991	◆新たな経済急成長 ◆経済のサービス化	◆差別化商品 ◆個人主義と快楽主義	◆トレードマークとブランド ◆広告宣伝 ◆選ばれた集団
1992-1995	◆経済危機 ◆汚職事件 ◆1945年以降の政治体制崩壊	◆商品価格への注意 ◆エコロジーへの関心	◆流言 ◆大規模店舗と激安店
1996-2000	◆ユーロへの準備 ◆信頼回復 ◆新しい科学技術の発展 ◆後進国からの移民	◆商品の質への注意 ◆携帯電話とPC	◆大規模店舗
2001-2003	◆経済の不確実性 ◆国際情勢の不透明性	◆良い生活のための商品	◆非公式集団・チャネル

第Ⅰ部　ファッションと消費社会

表2　衣服の消費にみる推移

時期	スタイル	商　品	価　格	販　路	消費者
1982-1992	◆古典的	◆流行品 ◆ステイタス・シンボル	◆とりあえずの価格	◆販路の細分化 ◆ブティック ◆信頼できる店	◆心理的依存
1993-2000	◆非公式的 ◆個性的	◆実用性／機能性 ◆クオリティ ◆スタイル	◆質／価格の関係重視	◆販売の集中 ◆利便的販路の代替 ◆大規模販売とエコ市場	◆選択の自由
2001-	◆ガイドとなるモデルの不在	◆ミクロ・ターゲット ◆在庫商品 ◆サービス ◆クオリティ	◆質／価格の均衡	◆伝統的販路の危機 ◆大規模店舗と専門売場 ◆マーチャンダイジング	◆自立的選択 ◆適正価格

■文献

Alberoni, F., *Statu nascenti*, Bologna : Il Mulino, 1968.

Andreoli, V., *La malattia delle tangenti*, Roma : Editori Riuniti, 1994.

Baudrillard, J., *Il sistema degli oggetti*, Milano : Bompiani, 1972.［宇波彰訳『物の体系：記号の消費』法政大学出版局，1980年］

Baudrillard, J., *La societa dei consumi*, Bologna : Il Mulino, 1976.［今村仁司・塚原史 訳『消費社会の神話と構造』紀伊國屋書店，1995年］

Censis, *Consumi 1990. I comportamenti e la mentalità in Italia, Francia e Spagna*, Milano : Angeli, 1990.

Censis, *Consumi Italia '83 : Tradizione e politeismo*, Milano : Angeli, 1982.

Censis, *Consumi Italia '87 : Le cose, i messaggi, i valori*, Milano : Angeli, 1987.

Censis, *Rapporto sulla situazione sociale del paese*, Milano : Angeli, 2002.

Cesareo, V., *La cultura dell'Italia contemporanea*, Torino : Edizioni della Fondazione Agnelli, 1990.

Codeluppi, V., *I consumatori : Storia, tendenze, modelli*, Milano : Angeli, 1992.

Fukuyama, F., *La fine della storia*, Milano : Rizzoli, 1992.〔渡部昇一 訳『歴史の終わり』（上）・（中）・（下），三笠書房，1992年〕

Graziani, A. (a cura di), *L'economia italiana dal 1945 ad oggi*, Bologna : Il Mulino, 1989.

Hirschman, A. O., *Felicità privata e felicità pubblica*, Bologna : Il Mulino, 1983.〔佐々木毅・杉田敦 訳『失望と参画の現象学：私的利益と公的行為』法政大学出版局，1988年〕

Katona, G., *L'uomo consumatore*, Milano : Etas-Kompass, 1964.〔社会行動研究所 訳『消費者行動：その経済心理学的研究』ダイヤモンド社，1964年〕

Livolsi, M., *E comprarono felici e contenti : Pubblicità e consumi nell'Italia che cambia*, Milano：Il Sole-24 Ore, 1987.

Livolsi, M., *Identità e progetto : L'attore sociale nella società contemporanea*, Firenze：La Nuova Italia, 1997.

Morace, F., *Controtendenze : Una nuova cultura del consumo*, Milano : Edizioni Domus Academy, 1990.

Piccoli, I., *Bisogni e consumi*, Milano : Università Cattolica, 1996.

Piccoli, I., "I comportamenti di consumo negli anni '90," in: Aa. Vv., *La transizione italiana degli anni '90 : Reti, contesti, attori in una società che cambia*, Milano : Angeli, 1996.

Ragone, G., *Consumatori con stile*, in Terzi, A. (a cura di), *Consumatori con stile*, Milano : Longanesi, 1987.

Ragone, G., *Consumi e stili di vita in Italia*, Napoli : Guida, 1985.

Sciolla, L., *Identità e mutamento culturale nell'Italia di oggi*, in Cesareo, V. (a cura di), *La cultura dell'Italia contemporanea*, Torino : Edizioni della Fondazione Angnelli, 1990.

Terzi, A. (a cura di), *Consumatori con stile : L'evoluzione dei consumi in Italia, 1940-1986*, Milano : Longanesi, 1987.

第2章 イタリアにおける社会的トレンド, ファッション, 消費

ヴァンニ・コデルッピ
(イウルム大学)

1 はじめに

　イタリアでのファッション研究は，これまでおもに服飾史を中心に展開されてきた。じっさいにそれが史学的な研究を主流とするのは，おそらくルネッサンス期以降，とくに衣服が経験した大きな発展に源流をもつ歴史的重要性によるものであろう。衣服における技術的側面や形態，素材，仕上げに特別の注意がむけられてきたために，着衣の仕方を左右する社会・文化的な文脈や要因を分析しようとする社会学的な研究は，これまで見過ごされてきたといってよい。しかしここ数年来，その社会学的研究も積極的に展開されるようになってきたことからも，本章では，それら研究の知見に目をむけていくことにしたい。そして，とくにここでは第2次世界大戦後から今日に至るまで，イタリアン・ファッションを左右してきた社会的要因を明らかにするよう努めながら，その発達過程でのおもだった軌跡について考察を加えることになろう。

2 イタリアのアルタ・モーダ

　イタリアのファッションは1950年代まで独自性を開花させる能力

をもちあわせていなかったが,まさに第2次世界大戦を契機として,イタリアは19世紀中期からファッションの世界を支配してきたフランスのオート・クチュールと肩を並べることになる。いうまでもなく50年代において,フランスのオート・クチュールは,いまだファッション・システム〔ファッション産業のこと〕の覇権を握り,1947年春のディオール［Chiristian Dior］による《ニュー・ルック》をはじめ,ファット［Jacques Fath］,バレンシアガ［Christobal Balenciaga］,カルヴァン［Madame Carven］,バルマン［Pierre Balmain］,ランヴァン［Jeanne Lanvin］らに代表されるクチュリエたちが成功を収めていた。それは,第2次世界大戦後に労働機会がいちじるしく欠乏していた事情から,50年代の女性たちに対して家事役割という固定化された復古的文化モデルへの受容を求めていたことや,おそらく当時の社会が,復興にとりかかるさいの準拠点を家族や母性のなかに見いだしていたことなどにもよるものであった。つまり,女性は魅力的でありながらも男性からの保護をつねに必要とする女を演じなければならなかったのであり,フランスにおける当時のオート・クチュールの成功は,歩行が難しいピン・ヒールとロング・スカートによって,女性の弱さやもろさを強調していたがゆえのことでもあった。

　しかし,じっさいにディオールがおこなったことは,パリを中心とするオート・クチュールの世界を徐々に弱体化させるようなプロセスに先鞭をつけたことであった。というのも,むしろ彼が提起した婦人服のスタイルやモデルは,日常に生きる女性たちの現実とはあまりにもかけ離れたものであったからである。このことは,当時パリで活躍していた他のクチュリエにも,同じようにあてはまるに違いない。いずれにしても,このような状況において,イタリアの

アルタ・モーダ〔オート・クチュールに相当するイタリア語で,高級ファッション(仕立服)部門のことを指す。なお,"モーダ [moda]" という語は,邦語のモードやファッションといった外来語,流行など幅広い意味をもつ。〕が生みだされる道が開かれることとなったのであるが,後述するように,イタリアでのその成功は,オート・クチュールとしてのアルタ・モーダそのものの運命において短期間のうちに幕を閉じることになる。いずれにしても,50年代の終盤よりイタリアのアルタ・モーダの仕立屋(デザイナー)たちは,支配的なパリのモデルから自らを解放し,またたく間に世界的な成功を獲得することになった。スクィッチャリーノ [Squicciarino, 1986] によると,イタリアン・ファッションの発展を支える重要な文化的基盤は,イタリア人の美的感覚の発達を促進する芸術遺産の豊富さと,カトリック主義——プロテスタントとは反対に,カトリック教会内部では,義務の理念や非常に厳格で簡素な生活に支えられた社会儀礼や芸術が排除されることはなかった——にみる強い影響力によるものとされる。

　もっとも,当時すでにアメリカにおいては,サルヴァトーレ・フェッラガーモ [Salvatore Ferragamo] の靴やロベルタ・ダ・カメリーノ [Roberta da Camerino] の鞄,エミーリオ・プッチ [Emilio Pucci] の色彩豊かな衣服などが成功していたが,イタリアのアルタ・モーダは,フィレンツェのジョヴァンニ・バッティスタ・ジョルジーニ侯爵 [Giovanni Battista Giorgini] による支援なくしては,これほどまでに重要な位置づけを獲得することはおそらくなかったであろう。アメリカ市場向けイタリア製服飾のバイヤーであったジョルジーニは,じっさいフランスのスタイルによる影響から距離をとることを模索していた服飾メーカー——アントネッリ [Maria

第Ⅰ部　ファッションと消費社会

Antonelli]，シューベルト［Emilio Federico Schuberth］，カプッチ［Roberto Capucci］，ファビアーニ［Alberto Fabiani］，カローザ［Carosa〔Giovanna Caracciolo Ginetti と Barbara Angelini Desalles という2人の貴族女性によって設立されたローマのメゾン〕］，ガリッツィーネ［Irene Galitzine］，フォンターナ姉妹［Sorelle Fontana］，プッチなど——を選びだし，それらを市場に送りこむことを考えていた。

　そのとき，とくにジョルジーニが感じていたのは，旧来のフランスの支配力と比べて有名なクチュリエもなく，革新的な着想にも欠ける当時のイタリアのアルタ・モーダは，外国人の目からみると，ほとんど魅力のないものとして映っている，ということであった。じっさいイタリアは，「もともと各地に土着的にみられた衣服の多様性にみられるような，細分化された農村的起源をもつ服飾文化をもっていた。有閑階級にみる国際色豊かなブルジョア的趣味と作業服とを結合する要因は，外部からもたらされたものである」［Blazer, 1997：30］。そこでジョルジーニは，イタリアのアルタ・モーダと貴族社会とを結びつけることを思いつくのだが，それは，とりわけアメリカを中心とする大手バイヤーや海外のジャーナリストたちに"メード・イン・イタリー"への評価を定着させるための不可欠な宣伝方法であった。そのような結合をアメリカ市場に伝達するために，当時の駐イタリア米国大使婦人であったクレア・ブース・ルース［Clair Boothe Luce］の後ろ盾によってイタリア貴族たちのアメリカ訪問なども実現され，アメリカにおいてもイタリアのアルタ・モーダがしだいに普及していった。またジョルジーニは，その時代としては画期的なアイデアをも考案していた。それは，各地にひろがるクチュリエを一堂に集結させることで，海外からのバ

第2章　イタリアにおける社会的トレンド，ファッション，消費

イヤーの時間を節約しつつ，同時にイタリアン・ファッションの統一的なイメージの形成を図る，というものであった。そして，第1回目のファッション・ショーが，1951年2月12日ジョルジーニ邸にて開催されることとなる。とくに，1952年1月12日のフィレンツェで開催された第3回目のそれは，はじめてピッティ宮殿の舞踏会場である《白の間》を使用し，その後のイタリアのアルタ・モーダの発展にとっての足場を設けたという意味で，もっとも重要なショーとなった［Vergani, 1992］。そして，このような機会をつうじて，イタリアのファッション・メーカーとテキスタイル・メーカーは相互に連携するようになり，その後のメード・イン・イタリーのファッションを商業戦略的に展開していく足がかりをつかんでいった。

　ところが，そのようなファッションの展開は，徐々にローマへとその中心を移していくことになる。50年代から60年代の初頭にかけローマは，ヴェネト通りを行き交う人びとや，いわゆる《甘い生活》といった行動様式に支えられ，イタリアのアルタ・モーダにとって新たな主役を演じるようになっていた。とりわけ映画，なかでも映画撮影所チネチッタの果たした役割は非常に大きなものであった。テヴェレ川の脇にあるそこでは，有名大物デザイナーとアメリカ俳優との直接的な関係をつくりあげることで，ハリウッドの雰囲気を醸しだしていた。

　1952年，まずシューベルトとともにフィレンツェを去り，もともとローマにある自分のアトリエに戻ったのが，フォンターナ姉妹であった。彼女たちは，型紙製作をつうじて女性大衆に自分たちが創造したスタイルを普及させることの重要性を見抜いていた点でも最初であった。すでに彼女たちの名声は，1949年のタイロン・パワー

49

とリンダ・クリスティアンによるローマでの盛大な挙式をきっかけに，広く世間に知れわたっていた。彼女たちの製作した，ゆったりとしたスタイルで裾の非常に長い結婚衣裳は，世界の主要新聞で報道されることになる。

　フォンターナ姉妹による服飾デザインの特徴は，しばしば白色を基調とし，刺繡やレース，花柄をふんだんに使用する点にあった。それは，リバティ様式のような豊かな装飾を避けながら，18世紀のネオ・クラッシックの時代や19世紀末の衣服にみられたロマンス的趣向をもつものであった。それは，まさに当時のハリウッド映画が創りだしていたセンチメンタルな物語にうまく適合していた。50年代には数え切れないほどの女優たちが，フォンターナ姉妹の顧客リストに名を連ね，後にフランスのオート・クチュールのシンボル的存在となるユベール・ド・ジバンシー［Hubert de Givenchy］が登場する以前では，バーバラ・スタンウィックやデボラ・カー，エリザベス・テイラー，キム・ノヴァク，オードリー・ヘプバーンなどがフォンターナ姉妹の顧客であった。なかでも姉妹と強い関係を結んでいたのがエヴァ・ガードナーで，姉妹は彼女の４つの映画で衣裳を担当するまでになっていた。

　がいして50年代のイタリアのアルタ・モーダは，くびれた腰，胸の強調，裾丈の長くゆったりとしたスカートによるシルエットを特徴としていた。ただここで強調すべきことは，イタリアのクチュリエたちが，時代の動きをうまくとらえつつ，とりわけ生まれながらの才能と，刺繡やレース，布・織物加工など熟練職人が生みだす技とを引きだしていたことである。これら職人たちの多くが古くからローマ・カトリック教会のために仕事をしてきたのは，なにも偶然のことではなかった。1956年に世間を騒がせたフォンターナ姉妹の

《聖職者ファッション》やフェッリーニの映画《甘い生活》は，ローマ社会の歴史に深く根を下ろす文化の影響によってもたらされたものである。

ヴァレンティーノ・ガラヴァーニ [Valentino Garavani] は，パリのジャン・デセ [Jean Dèsses] やギー・ラロッシュ [Guy Laroche] での修行後，1959年にローマのコンドッティ通りに最初のアトリエを構えた。また，しばらくしてミラノでもアルタ・モーダのデザイナーの多くが活動しはじめ，そのなかにはジョレ・ヴェネツィアーニ [Jole Veneziani] もいて，彼はスカラ座のプリマやマリア・カラスの衣装担当を務め，『ライフ』や『ビキ』などの表紙に登場するなど国際的な評価を得ていた。

「ローマには映画があり，それが着想をもたらし，人びとを共鳴させていたとするなら，50年代をつうじてミラノに存在したのはテレビであった。それは，10年後にはテレビ・ニュースという形で最終的にはローマに移転されることになるが，テレビ放送は，まさに最新のファッションを正確に映しだす"ショーウィンドー"であった。そこには，ミラノの内外を問わず，あらゆるアトリエが参加していた」[Gastel, 1995:31]。当時，ローマで活躍していたナポリ出身のデザイナー，シューベルトが，ヒット曲から着想をえた衣装をモデルに着せて，テレビの歌番組『ムズィキエーレ (*Il musichiere*)』に出演したことは，大いに議論をわき起こした。

戦争の恐怖をいち早く忘れることを望んでいた50年代のイタリア人たちにとって，集合的イメージとしての女性は安心感のある母親像であり，また同時に，いわゆる《肉体派》（ジーナ・ロロブリジーダ，ソフィア・ローレン）といわれるそれでもあった。後者の部類に属する女優たちは，私生活ではローマのアルタ・モーダで着

飾る一方で,映画スクリーンのなかでは庶民の役を演じ,50年代当時の平均的なイタリア女性にみられた簡素な衣服を身にまとっていた。まさにこのことが,当時のイタリア女性たちにおいて,それら女優の提案する衣服モデルが拒否される理由となっていたのであるが,彼女たちは,肉体派女優が自らの身体をもって具現していた豊かさに対する憧れまでは拒否することはなかった。深刻な危機状況に直面しながら経済的な繁栄を渇望していたイタリアにおいて,それは成功するためのひとつの重要な条件でもあった。

アルタ・モーダに手の届かない一般女性たちは,自分で服を作るか,信頼できる洋装店で仕立ててもらうかして,それらを模倣することが可能であった。また,戦後になってからは,おもだったイタリアの服飾メーカー(マックス・マーラ[Max Mara],マルゾット[Marzotto],ジー・エッフェ・ティ[GFT：Gruppo Finaziario Tessile]など)が急成長していたこともあり,良質で手ごろ価格の衣服が供給されるようになっていた。

当時の婦人服にみるアルタ・モーダの活況は,紳士服の世界にも波及し,ローマにある多くの仕立メーカー(カラチェーニ[Caraceni],ブリオーニ[Brioni],リトゥリコ[Litrico],ピアッテッリ[Piattelli]など)が,着心地の良さと美しさを兼ね備え,季節や時・場所を選ばないスタイルを提案していた。

ところが60年代の中頃にはいると,若者映画や独立系映画が急伸することによって,ローマのアルタ・モーダ界とハリウッド映画ないしチネチッタとの特権的関係は,危機的な状況に陥ることになる。そのころすでにイタリアのアルタ・モーダは成熟しきっており,世界的な評価を手に入れていたが,その獲得したものすべてを産業という概念に結びつける方策においては,いまだまったく無知

であった。じっさい，ローマの仕立職人たちは芸術家のように振舞っていたし，プレタ・ポルテを中心とするファッション産業に自分たちの世界があけわたされつつあることに気づいていなかった。つまり，「いかにプッチが《ブティック》ファッションを熱心に創造しようと企てようとも，50年代，60年代，そして70年代の大部分をつうじて，イタリアにはアルタ・モーダと服飾産業とを結びつけるいかなる関係もなかった」[Blazar, 1997:36] のである。

3 若者のファッション革命

70年代には，若者たちが文化レヴェルにおいても，消費のレヴェルにおいても主導権を握るようになる。消費や余暇に費やす経済的余裕をはじめて獲得した彼らは，社会的な舞台に主役としてさっそうと登場し，マス・メディアによるコミュニケーションを最大限利用しながら，消費文化の全局面で理想的な準拠モデルを提示することになる。あらゆる消費者が，若者にみられる陽気さや無邪気さ，そして絶えざる逃避を求めるようになっていた。

若者の提起する新しい価値（慣習の破棄，自由，活発さ，スピード）は，アルタ・モーダの階級がもっていた優美さという価値の魅力を急激に古臭いものにしていっただけでなく，ファッション・システム全体の主軸をもねじ曲げ，有閑階級のショーウィンドーとしての機能を剝奪するようになる。社会的差異の記号ともいえる衣服は，じっさい個人が自らの輝きを満たすための道具として，とりわけ，より若くみられることで魅力を増すための手段として考えられるようになっていった。派手で強いインパクトを与える色彩（赤，黄，紫色など）が広く受け入れられ，花柄模様や大胆な配色，シー

スルーのブラウス，ますます長くなっていく髪型，アイラインの化粧，プラスチック製の宝飾品，あらゆる色柄のストッキング，厚底シューズ，ブーツにミニスカートなどが採用され，ミニスカートにいたっては丈がどんどん短くなり，しまいには"ホット・パンツ"へと到達することになる。

当時，若者による新しい世界の中心地として注目されていたロンドンを舞台にしたミケランジェロ・アントニオーニ監督の映画『欲望』〔原タイトル：Blow up〕(1966)では，デビッド・ヘミングス演じるファッション写真家とモデル役のフェルシュカ［Verushka］とのあいだの《肉体》関係が，その時代の若者文化が秘めていた爆発的エネルギーを非常にうまく表現している。それは，いってみれば学生運動が主張していた社会的慣習からの肉体的・性的な解放欲求のメタファーであった。身体のますます多くの部分を露出するという欲求は，衣服の領域でのそれとまったく呼応しており，そのことは，伝統的な衣服の厳格性から解き放たれた自由で非公式な着衣のモデル，すなわち《カジュアル》を生みだすことになった。その後，このようなモデルは，つねに普及拡大の一途をたどり，今日においても衣服に対する規制を徐々にではあるが破壊し続けている。

60年代の若者革命は，所得再分配での可処分所得の増大，大学教育の普及による趣味の精練化といった，社会構造上の変化において引き起こされたものである。新しく登場した中産階級も繁栄を享受するようになり，彼らは，自らのおかれた社会環境に適した衣服を要求するようになっていた。このことは言い換えるなら，まさに《民主的》なファッションが主張され，アルタ・モーダの豪華絢爛で見せびらかしのモデルが拒否されることを意味していた。衣服に

第2章 イタリアにおける社会的トレンド，ファッション，消費

簡素さを求めるコードが社会的に正当化され，身体についても，ツイギーのそれにみるように，それは本質的でダイナミックなものでなければならなかった。

イタリアの若者におけるファッション・スタイルのブームは，それから数年ほど遅れて到来することになる。60年代初頭には，いまだアルタ・モーダがファッションの世界で大きな力をもち，高校生たちはジャケットにネクタイ，短髪といった品行方正な身なりをしていた。そのような彼らの着方を最初に変えたのは，国民のなかでもより低い階層にいる若者たちであった。60年代中頃より，ようやく豊かさを享受できるようになり，また堅固な文化的環境や厳格な教育をもともと欠如させていたこれら若者たちは，革新的でポップな衣服に対し熱狂的な支持を表明していた。当時のことについてジャンニーノ・マロッスィは，次のように語っている。「新しい挑発的な役目を担って，古着が再登場していた。それら使用済み衣服は，ぼろぼろで色あせ，気品という規律に反していたがゆえに，衣服のもつ意味の価値に戯れることを知らしめ，衣服を皮肉や嘲笑を表現するための言葉として利用することを知っている世代を魅了した」[Malossi, 1987:50]。

音楽グループや歌手もまた，若者の新しい衣服のモードを普及させるための不可欠な道具であった。ビート系バンドのエクィペ・オッタンタクァットロ［Equipe 84］は，まさに男用衣服チェーン店にイメージを提供していた。ミンニエ・ガステルがいうように，「《ドゥロゲリーァ・ソルフェリーノ－エクィペ・オッタンタクァットロ・バザール》［Drogheria Solferino-Equipe 84 Bazar］は，販売チェーン店舗のはしりであり，68年から74年の間にかけ，イタリア国内で40数店舗を擁するまでに規模を拡大していた。この店は，も

ともと他の業種（薬局，食料雑貨，肉屋）を営み，そのときの店名を音楽グループの名前の前に残すことで，店構えや内装にみる独特の雰囲気からもたらされるアイデンティティを維持していた。旧式の売り台や時代物の商品ケース，ヘアー・サロンの鏡，理髪用の椅子などが置かれた場所に，バティック布柄のジャケットやヒッピー風の首飾り，レースのシャツ，ベルボトムのパンタロン，わざと古臭くみえるように加工をほどこした皮製のコート，肩掛サックなどが並んでいた」［Gastel, 1995：67-8］。

4　イタリアのプレタ・ポルテ

　より自由で民主的な衣服を求めていった若者たちに対するファッション・システムからの応答は，豪華でバロック的なアルタ・モーダの伝統的スタイルを単純化することであり，とりわけ"プレタ・ポルテ"を発展させることであった。このプレタ・ポルテという言葉は，1948年にアメリカの"レディー・トゥー・ウエア"から案出された新語であったが，1957年のパリで婦人服のプレタ・ポルテの展示会が最初に開催されたように，60年代をつうじて，とりわけフランスでこの種の衣服が発展していくことになる。プレタ・ポルテの根底にある考え方は，手の届きやすい価格設定にありながらも，革新的なデザインをもち，高い技術によって支えられた衣服，という点にある。こうして，工場ラインでの規格製品と仕立高級服とのあいだに存在していたこれまでの伝統的な区別がなくなり，両者の中間に位置する衣服の形態が誕生することになる。

　60年代のプレタ・ポルテは，若者の世界から発信される創造的な提案に応えるように，固有の特徴，ときに攻撃的なまでの性格を示

第2章　イタリアにおける社会的トレンド，ファッション，消費

すようになる。ファッション・デザイナーの新世代――ダニエル・エシュテル［Daniel Hechter］，ジャン・キャシャレル［Jean Cacharel］，マリー・クワント［Mary Quant］など――が登場し，成功を収めていた。当初，大手のファッション・ブランドはプレタ・ポルテに反対していたが，1959年にパリのプランタン百貨店でピエール・カルダン［Pierre Cardin］が，"クチュリエ"としてこの分野ではじめてのコレクションを発表することになった。その後，ディオールの弟子で，1957年の彼の死後に後継者となったイヴ・サンローラン［Yves Saint Laurent］が，1966年に"クチュリエ"によるはじめての婦人服プレタ・ポルテのブティック「リヴ・ゴーシュ」［Rive gauche］を開店する。

　また若手としては，クレージュ［Andrè Courréges］が丈の短い幾何学的なスタイルを導入して物議をかもしだしていた。彼は，女性の身体をブラジャーやハイヒール，窮屈な衣服から解放していった。1963年にマリー・クワントがイギリスでミニスカートをすでに発表していたが，そのスタイルを発展させていたのは，まさにクレージュであった。1968年に彼は，超ミニの白色ドレスに同色のビニール製ロングブーツという組み合わせのスタイルを提案している。またさらに，新奇な素材を頻繁に使用して衣服を製作していたパコ・ラバンヌ［Paco Rabanne］も忘れてはなるまい。1964年末にアルミやロドイド（アセテート・セルロース）〔プラスチック系素材〕を使用した衣服で衝撃的なコレクションを発表して以来，彼は，あらゆる素材――紙，ビニール，金属など――を活用していくことになる。

　プレタ・ポルテの成功によってアルタ・モーダは，ファッションのダイナミックな展開においてしだいにその地位を失っていった。

たとえば婦人用パンタロンの場合，それが広く大衆に浸透した段階ではじめて，そこでも採用されるようなあり様であった。つまり，アルタ・モーダは，なにか新しいものを提案するというよりも，むしろすでに女性たちに広く採用されているものに自らのプレステージを付加するという，単純なコード化に終始するようになっていたのである。今日においても，アルタ・モーダは最新のファッションを提案することなく，豪奢な世界をつくりあげた伝統を永続させるべく企図しながら，その永遠性のイメージを保持することに重点がおかれている。じじつアルタ・モーダの世界全体での年間売上はほんの3千着にしか過ぎないため，そこでの戦略は，プレタ・ポルテのラインや化粧品・香水のライセンス・ビジネスを促進することにむけられている [Calanca, 2002:132]。

また70年代においては，68年の社会的・文化的な異議申し立て運動のうねりや，深刻な経済危機などによってもたらされた問題群をつうじて，人びとは広く共有されていた価値に準拠する一方で，自らの身体や衣服については，ほとんど関心をむけることがなかった。他方では，この10年間にあらわれた多くのファッション・クリエーターたちにとって，ピッティ宮でのショーはもはや彼らの野心を満たすには手狭となっていたこともあり，彼らはフィレンツェを捨て，自らの活動拠点をミラノへと移し始めるようになっていた。このようにしてミラノでは，類まれなる才能と行動力をもつベッペ・モデネーゼ [Beppe Modenese]〔現・イタリア・ファッション協会名誉会長〕の功績もあって，モディット [Modit]〔ミラノで開催されるもっとも重要なファッション展示会のひとつ〕が誕生し，70年代末に，そこがイタリアン・ファッションの展開を方向づける新しい中心地となる。ただしそこでは，もはやアルタ・モーダではなく，

第2章　イタリアにおける社会的トレンド，ファッション，消費

プレタ・ポルテの生産モデルを基軸に世界が動かされていた。

　このような社会的背景において，新しいファッションの創造者たちが出現するようになり，彼らの活躍領域が大きく拓かれるようになる。ガステルが指摘するように，彼らデザイナーとは，「少数の恵まれた者たちのために象牙の塔で創造活動をおこなうクチュリエなどではなく，また企業家や企業経営者でもない。生態学的にいって彼らは，新しい欲求と機能性に応えつつ，新しい形態の家具やモノを設計していた工業デザイナーと同じ領域に生息し，まったく同じ時期に社会的評価を勝ちとっている。デザイナーは，服飾産業の新しい創造神であり，潜在的可能性のある市場を先取り的に決定し，産業界のメカニズムと関係を完璧に理解するとともに，イノベーションへと結びつく諸要求をいちはやく察知し，生産資源を活用することを熟知する者たちである」[Gastel, 1995:58-60]。

　つまりデザイナーは，社会に出現する新しい諸傾向（都会の若者族にみられるような芸術的前衛や，西欧社会に対峙する数多くの民族文化）をかき集め，調整されたイメージの枠内にそれらを組織化しつつ，産業システムの完全管理のもとでそれらを再生する。1979年のジョルジョ・アルマーニ[Giorgio Armani]とトリノの企業GFTとの契約は，まさに生産ラインとデザイナーとの新しい関係のはじまりを象徴する瞬間であった。それ以降，そのような契約のもとでデザイナーたちは，自分たちが創造したコレクションを生産・販売する企業取引に対しロイヤリティーを亨受していくことになる。

　80年代にイタリアのプレタ・ポルテは世界的な成功を収めたが，その理由は，いわゆるイタリア人の美的感覚やカトリック文化の自由放任主義にみいだされるだけでなく，デザイナーと産業界との強固な同盟関係や，60年代ならびに70年代に共有されていた政治的価

値とイデオロギーに対する失望からの人びとの回復力にもよっている［Squicciarino, 1986］。社会変化にむけての理想は，衣服をとおした自己イメージの変容といった，より穏健なものへと転移していた。70年代の終わりに身体が徐々に新しい社会的な中心性を獲得していったことは，なにも偶然のことではない——たとえば，ダンス・ブームの再来，ディスコ音楽のヒット，1977年のジョン・トラボルタ主演の映画『サタデーナイト・フィーヴァー』での彼のファッションが生みだした《トラボルティズム》，などがそれを証左している——。

　これらすべてのものは，まったくの無から生じたものではない。ナターリア・アスペーズィも指摘するように，「若者文化やフェミニズムの時代に浸透していった衣服やファッションへの情熱は，80年代に爆発的なものとなる。それらの運動は，デモやスローガン，集会，衝突によってのみならず，あらゆるイデオロギーにとって本質的な象徴となるメンバー服をもって自らを表象し，自己イメージを探索していた。そこで採用された当時の貧相な衣服は，大衆がはじめてファッションに注意をむけることを喚起することになった。衣服の豪華さや上品さを拒否する反ファッションや対抗的ファッションを求めることにおいて，若者たちは自らをファッションの追求へと方向づける新しい自己イメージを創造していった」［Aspesi, 1985］。

　またこのことと並行して，社会の構造的変動にも目をむける必要がある。というのも，そこでは専門サービス業を中心とする新しい中間階層が拡大していくと同時に，彼らの衣服の品質や個性化に対する要求の高まりが，もはや旧来の高級仕立服ブランド（ファチス［Facis］，コーリ［Cori］，レーボレ［Lebole］，マルゾット）や画一的

な既製服とは調和しなくなっていたからである。このような問題状況を解消していったのが，製品の差別化をなしうる能力を備えていたプレタ・ポルテの新ブランドであった。それらブランドは，「強い個性化の論理を採用することで——そこでは，商品の紋章がデザイナーの署名となる——，デザイナーたちは，消費者に対する同一化への指針と，商品購入における正当性と信頼性という新しい要素を提供しつつ，自らの創造性のまがいなき目印を提示する」［Brognara et al., 1990：133］。つまりデザイナーたちは，消費者の個性化への欲求に対し個別的に応えるとともに，衣服の選択にとってのガイド役を果たしていたといえる。まさにこのことが，ほんの数年間に彼らがファッション・システムにおいて鍵を握るようになり，80年代に多くのイタリア人デザイナーたち——アルマーニ，ヴェルサーチェ［Versace］，フェッレ［Ferré］，クリツィア［Krizia］，ミッソーニ［Missoni］，トゥルッサルディ［Trussardi］，ビアジョッティ［Biagiotti］，ジリ［Gigli］，ドルチェ＆ガッバーナ［Dolce&Gabbana］，モスキーノ［Moschino］，ブラーニ［Brani］，コーヴェリ［Coveri］，ソプラーニ［Soprani］——が成功したことの主要な要因であった。

1968年にピッティ宮で企業向けのコレクションを発表したウォルター・アルビーニ［Walter Albini］がイタリアで最初のデザイナーといわれていることは，周知のとおりである。しかしイタリアのファッション・システムの展開からみて，もっとも重要な役割を果たしたのは，おそらくフィオルッチ［Fiorucci］であろう［Malossi, 1987］。近年ではあまり話題にならないが，フィオルッチは，じっさいイタリアにおける衣服の発展過程の立役者であり，70年代に若者ファッションの世界を特徴づけていた大いなる創造性と，幕開け

しつつあったプレタ・ポルテのシステムとを直結するチャネルの役目を果たしていた。彼は，1967年にミラノのヴィットーリオ・エマヌエーレ通りに最初の店をかまえ，雑然としたある種の雑貨店の趣のあるその店では，若者たちに非常に低廉なあらゆる品——衣服，靴，靴下，あらゆる種類の装飾具など——が提供されていた。彼がその店を開くことを思いついたのは，ロンドンのカーナビー・ストリートやキングス・ロードの派手な店をみた後に，国際的に広がる若者の新しい世界に関する最新事情をイタリアでも紹介しようと考えたからであった。

その後70年代にフィオルッチは，ミラノのトリノ通りに2番目の巨大な店舗を開き，イタリア国内だけでなく世界の主要都市にも無数の店舗を構えるなど，しだいにその活動を拡大していった。それら店舗群は，1977年に600店からなるネットワークとして再編され，若者世界の芸術的・文化的前衛として，ファッションの一大拠点としての機能をもつにいたる。

さらに，フィオルッチは独自に衣服とアクセサリーのラインを発表し成功を収めていたが，それらは，彼自身がコーディネートする若者たちによってデザインされ，社外に生産委託されていた。商品生産に関するそのようなやり方は，今日にみられるデザイナーの仕事を特徴づける方法に先鞭をつけるものであった。

彼の提案したジーンズは，これまでのそれを再革新したものといってよい。生地の裁断が素晴らしく，入念に仕上げられ，メーカーのロゴが刺繍されたそのジーンズは，デニム生地のみならず，ルレックスや蛍光アセテートの生地素材なども使用され，その着心地の良さや女性の身体の曲線を際だたせることで非常に話題になっていた。他社のジーンズと比べ3倍の値段であったにもかかわら

ず，彼のジーンズは世界中でヒットすることになる。80年代初頭になって，ようやく他のデザイナーたちも同じようなことをし始めることを考えるなら，それは初の《高級ブランド》ジーンズであったといえるだろう。

フィオルッチの提案力は，非常に大衆的ではあるが革新的なヒット商品を創造する能力にある。そのような能力とは，「テレビや映画とともに出現した大衆を巻き込んでいく能力である。文化的に同化されず，知識人たちの不安すら気にかけないものの，政治的出来事や社会発展に無関心であるわけではない人びとにむけて，フィオルッチは，伝統産業が生みだす衣服のわざとらしさに対する代替案，つまり上品なファッションがもつ高邁なエリート主義に対置する革新的な威厳というものをうち立てたのである」[Malossi, 1987: 82]。

フィオルッチによる色彩豊かで生命エネルギーに満ちた70年代のポップ調スタイルは，その後10年間の建築，デザイン，美術，その他の表現形態にみる《ポスト・モダン》的装飾のブームを先取りしていた。

5 アルマーニ：《ポスト・モダン》ファッション

いかに多くのイタリア人デザイナーがいようとも，ジョルジョ・アルマーニほど，ファッションの発展に影響力をもつ者はいまだかつていなかった。じっさい，アルマーニの歴史は，70年代から現在にいたるメード・イン・イタリー・ファッションの歴史そのものといってよい。1982年にアルマーニは『タイム』誌の表紙を飾っているが，ファッション・デザイナーがそのような栄光を勝ちとったの

は，クリスチャン・ディオール以来のことであった。

ミラノのリナシェンテ百貨店でのショーウィンドー・デコレーターとしての仕事を経て，アルマーニは1964年にニーノ・チェルーティ［Nino Cerruti］の所有する紳士服会社ヒットマン［Hitman］にデザイナーとして採用されることになる。この時期の仕事は，おもに革新的スタイルを製作することであった。じっさいこの点においてアルマーニは，プレタ・ポルテの新しい世界がアルタ・モーダを変えてきたこと，つまりそれが大量に生産される工業製品のなかでも，生産側の要求と消費者側のそれとを同時に満たすように企画された特異な商品であることを理解していた。

まずアルマーニは，紳士用ジャケットの製作にとりかかっている。というのも当時のそれは，いまだ厳格な型にはめこまれていて，彼は生地やディテール，各部の構成比変更などをとおして，そのような型からジャケットを解放する必要性をみいだしていたからである。彼はインタビューでつぎのように語っている。「わたしがジャケットにこだわるのは，これまでそれが身体の価値を高めることなく，また官能性を喚起することもなかったからです。わたしは，ジャケットをウエスト位置で絞り，肩を広げるようにし，そうすることで，形に躍動感をもたせるようにしました。また，できるだけ軽さを引きだすために裏地をもはずしたのです」［Brognara et al., 1990：122-23］。

1970年にアルマーニはヒットマンでの仕事を辞め，複数の企業のデザイナーとして活動を開始した。1973年にはセルジョ・ガレオッティ［Sergio Galeotti］との共同出資で，ミラノにデザイナー会社としてはもっとも早い時期に事務所を設立し，その後すぐに自分のブランドとして独創的かつ革新的なスタイルをもって最初のコレク

ションを発表している。そこで提案されたスタイルは，厳格さと本質性，機能性を兼ね備えていた。げんにアルマーニは，衣服を単純化していくことをねらって，余分かつ過剰な要素を取り払いつつ，なによりも着やすさ着心地を重視していた。彼は，衣服がもつ伝統的な堅苦しさを捨て去り，それまでの豪奢なラインを柔らかく型をくずしたラインへと移し変えたのである。そのような紳士用ジャケットの脱神聖化においては，各部位の構成比やボタンの位置が変えられ，見返し幅は狭められ，肩パットや詰め物，裏うち布などが除去された。生地は，毛や麻のクレープなど婦人服で採用されてきた軽く柔らかいものが使用され，また色に関しては，落ち着いた上品な色もしくは《無色》が採用された。彼が理想とするジャケットは，シャネルやイギリスのダンディズムにみるそれと近く，「カーディガンのように快適なブレザーのように，羽織っているのに気づかないほど軽いもの」であった［Brognara et al., 1990：123］。

アルマーニが裏地のない柔らかな型をくずした紳士用ジャケットをはじめて発表した1975年に，紳士服の第3の道が拓かれたといってよいだろう。それは，イギリスの伝統的モデルのような厳格な型をもつ衣服や，またナポリやローマの仕立服に典型的にみられるような寸分違わないぴったりとしたそれに対するオルターナティヴであった。その方向は，男性に対して新しいアイデンティティを提案するものであり，仕事着としての伝統的な衣服——労働を中心とした権力のシンボル——に対する自己同一化を拒否し，魅力的で官能的に，また若さや女性的な美しさをもって自己表現することを躊躇しない道であった。

したがって，アメリカにおいてアルマーニが《最初のポスト・モダンなデザイナー》と評価されたことは，なにも理由なきことでは

ない。彼は，80年代に建築や芸術の領域での伝統的な芸術作品のラディカルな脱構築——もはやそれら作品は統一的なものではなく，明確に構造化されたものでもなかった——をジャケットにおいて実現していた。

しかしながらアルマーニの成功の鍵は，なかでも60年代や70年代の学生運動によって引き起こされた社会変動による衣服への影響を解釈しえたデザイナーとしての能力にあった，といえる。シャネルと同様，アルマーニは新しく提起されてきた身体に対する社会的注意に，とりわけ男女の新しい社会的役割に衣服が適合されなければならないことを直観していた。インタビューで彼はつぎのように強調している。「わたしのモードはユニ・セックスではありません。ただ，女性をより強く，男性をより洗練されたものにしようとしてきただけなのです」[Carloni, 1992：120]。じっさい彼が提案する女性服スタイルは，従来の男性服がもつ明確で静的なラインによって構成されており，また男性服スタイルについては，いくぶん女性的ともいえる着方が提起されていた。

アルマーニは，女性たちに快適なパンツスタイルや柔らかく包み込むようなジャケットを提供しつつ，これまでの仕立服のもつ堅牢さから彼女たちを解放するだけでなく，まさに端正なスタイルを実現することによって，誇示的でない女性らしさの価値を高めていった。彼のスタイルは，とりわけ《キャリア・ウーマン》と呼ばれる70年代の落とし子である女性たち，言い換えるなら，男性を魅了すると同時に彼らを服従させるようなイメージの構築を求めていた女性たちによって評価された。かたくなではない強い女，男の欲望に対する受動的な対象を望むことなく，男の人生と同等であることを求め，実践や本質，洗練さを追求する女性のイメージである。それ

は，とりわけ自己のパーソナリティにおいて男性的要素と女性的要素とが均衡しているような女性であった。

　アルマーニの衣服は，基本的に《モード》というカテゴリーより，むしろ《スタイル》という言葉によって規定されるだろう。げんに彼は，趣味趣向の変化への適合をはかりながらも，時間を越えた不変的なスタイルを発展させてきたといってよい。はじめから彼の活動は，女性の身体シルエットの重心をバスト－ウエスト－ヒップの3者関係から肩へと移してきたが，そのような方向性は，その後もさらに追究されていくことになる。また，ながらく彼にとって衣服の基本的要素であり続けてきたジャケットも，年毎のわずかな修正ではあったが，大きく変化していった。

　ところでアルマーニは，販売促進の効果をねらったものであれ，デザイナーの仕事にとっての刺激を受けるためであれ，シャネルと同じく映画界とつねに密接な関係を維持してきた。そのようなこともあり，彼はこれまでに約30の映画において衣装を担当している。なかでも，500着以上の衣装を製作したブライアン・デ・パルマ監督の映画『アンタッチャブル』（1987）は，彼のデザインを広く世間に知らしめることとなった。

　ただこの点に関して，アルマーニが衣装を担当した映画のなかでもっとも重要なのは，まちがいなくポール・シュレイダー監督の『アメリカン・ジゴロ』（1980）といってよかろう。この映画は，アルマーニ固有のスタイルによって強い影響を受け，そこにおいて衣服は共演者として不可欠な役割を演じている。なかでも注目に値するのは，主演俳優であるリチャード・ギアが身に着ける衣装とその役者としての彼の身体との関係であった。じっさいその映画において身体は，登場人物のパーソナリティを表象するというより，しば

しば衣服を登場させるためのだけのたんなる道具と化していた。このような《メディア》としてのファッションが示唆していることは、80年代においてまさに消費者の身体がそれを試すべき地位に置かれていた、ということである。

その映画のなかで衣服は、リチャード・ギア扮するジュリアンの登場を告げ——映画はジャケット姿のジュリアンの登場に始まり、最初のシーンは彼がジャケットを購入する場面であり、（ジゴロとしての）初"仕事"はジャケットを取り替えることによって告げられる——、また他方で役者が衣装を変えることは、支払いの対価となる彼の性的能力を暗示していた。ギアが演じるジュリアンの一連の衣装替えに典型的にみられる点について、ジョヴァンナ・グリニャッフィーニはつぎのように指摘している。「ジャケット、ワイシャツ、ネクタイ——それらの幾つかがクローゼットや引出しから取りだされ、ベッドの上に並べられ、組み合わされるシーンが繰り返し撮影カメラをつうじて映しだされていた——は、生地や色の柔らかく魅惑的な調和といった欲望の対象以上のものを露呈させていた。それらは、生気を帯び、身につけられる以前に形をなすことで、生命体としてひとり歩きしはじめ、また撮影カメラが反転することで、逆にそれらがジュリアンを見つめることになる」[Grignaffini, 1990:25]。つまり、衣服は生気を宿し、人間のように振舞う、といってよい。

また、商品の最終購買者である消費者の欲求に対して細心の注意を払うアルマーニは、イタリアにおいて自社ブランドのセカンド・ラインを設定する必要性を認識していたが、そのことによって1982年に生まれたのがエンポーリオ・アルマーニ[Emporio Armani]である。ただしそれは、しばしばデザイナーにとって2番目の商品ラ

インとして扱われるような《B級》品などではなく，たしかに価格はより低廉ではあるものの，品質に関しては主流ラインのそれと同じレヴェルにある。アルマーニは，まさにこのエンポーリオのもつ《民主的》性格からも，通常デザイナーがあまりにも大衆的であるとして手控えるような手段——テレビ・コマーシャル，街頭ポスター，DM雑誌など——をもってそれを普及させていくことになる。

6 90年代のファッション

1990年代にイタリアのファッション・システムは，さらにその性格を変容させていく。その変化は，とりわけそれ以前の10年間に多くのデザイナーが過度に成功の波に乗りすぎ，あらゆる商品（タイルから学習ノートにいたるまで）に対し自らのブランド・マークを求めに応じて貼り付けていった結果，すなわち，しばしばブランド商品そのものがもつ美的で本物としての品質をなおざりにしていたことによって引き起こされたものである。デザイナーのイメージが陳腐化し大衆化するようになり，ブランド商品のもつ威信がしだいに失われていくことになった。

この高級ブランドにみるイメージの危機は，90年代をつうじて消費者の側からの品質に対する本物志向をますます強めることになる。さらに消費者においては，「個人的な趣味趣向を表現していく欲求の高まり，商品選択能力の増進，まさにファッションそのものが促進してきた主観的な審美的文化の社会的浸透，商品選択における個人の自由度の増大などによって，ファッションの脱神聖化や消費行動の世俗化が進展していくことになる」［Segre, 1999：40］。

このようにして消費者は，しだいに商品に対していっそう注意深くなり，より固定的で流行性の低いモノへと志向するようになる。堅実さへの欲求が優勢となり，衣服における社会的威信の重要性が見直され，とりわけ衣服の仕上がりにみる品質，ならびに品質と価格との関係が重要視されることになった。80年代の衣服による見せびらかしと過剰なまでのデザイン性が拒否され，また90年代初頭からの10年間にみられる経済的危機もあり，よりシンプルでミニマルなスタイルが登場するようになる。スタイルに対する評価の眼差しはいっそう厳しくなり，流行と対置される傾向すらみられるようになる。消費者は，「シーズン毎に新しい刺激を追い求めることから，時の移り変わりに左右されにくい，ひとつ（ないしは，それ以上）の服飾スタイルを選択するようになる。不断に変化する束の間のファッションは，若年層や若者たちだけの独壇場となったといえよう」[Fabris, 1996]。

その結果として，周期的変化という従来のファッションにみられるプロセスは急激に減速していくようになる。じっさいイタリア人デザイナーたちは，本質的には変化することのないスタイルの細部を変更することで，シーズン毎の提案をしはじめていた。ファッションは絶えず変化する世界とみなされているものの，それは，いくつかの限定された不変的スタイルの基礎のうえに自らを組織化した安定的なシステムとなりつつある。

このような現象は，おもにブランドを基盤とした業界が，まさに高級品に特化した専門企業を中軸に仕切られるようになる変動プロセスの結果ともいえる。90年代後半でのいちじるしい拡張路線を引きずりながら，服飾部門では，多領域にまたがるグループを構築し，新しい市場原理の要請に応えるべく国際化を図っていくため

に，ブランド獲得が止むことなく続けられていた。

　これらすべてのことからも，ブランドを安定化するアイデンティティや，無数の商品群をブランド内部に位置づけることを可能にするイメージ世界を創造することの必要性に対して多大な関心が示されるようになっていった［Codeluppi, 2001］。つまり巨大なファッション・ブランドにおいては，自らを表示し，自己を定義し，人びとからの認知を獲得しうるような世界を伝達することへの欲求が，いっそう強化されることになる。

　むろんこのことは，ファッションが静止状態へとむかっていることを意味するわけではない。むしろ逆に，スタイルの混合化，すなわち複数の文化領域とモデルとが相互に混ざり合うプロセスは，ますます進展し続けている。今日のファッションは，ときに対立する異なるスタイルの混合化によって特徴づけることができ，そこでは，もはやファッションそのものが真に革新的なスタイルを消費者に提案しがたくなっていることもあって，支配的な傾向を読み取ることが，いっそう困難なものとなっている。

　そのような状況のなかで，過去のファッションはスタイルを汲みだす貴重な貯蔵庫としての役割を果たすことになるが，それ以外にも，異なる民族文化的経験や探検，科学技術による新たな発見，スポーツなどといった源泉もまた活用されるようになる。じっさいすでに80年代には，さまざまなスポーツが，なかでも屋外でのスポーツが日常衣服に"手を貸して"いたのであり，乗馬でのハスキー［Husky］，ヨットでのヘンリー・ロイド［Henri Lloyd］，狩猟や釣りにおけるバーバー［Barbour］，登山ハイキングでのティンバーランド［Timberland］などのブランドが誕生していた。ただその後の10年間において，このような現象はますます顕著にみられるよう

71

になっていく。そこでは，カジュアル服の《スポーツ・ウエア》化がさらに進み，快適さを求める都市の消費者たちにとってそのような衣服のタイプは，念入りに仕上げられながらも，実用的で，かつ，さまざまな機会に対して柔軟性に富むものとして受け入れられていた。多くのデザイナーたちが，第2，第3とラインを次つぎと打ちだしていったのは，このような背景においてであった。「スポーツ・ウエアは，相互に対立するジャンルを和解させる——プレタ・ポルテからアルタ・モーダへ，またはその逆の方向へ——前哨地帯ないし中央分離帯ともいえる領域において自らの場所を確保している。それは，豪奢なものを"現実化"し——高所から低所への運動——，また機能的なものを魅力化する——低所から高所への運動——性向をもっている」［Giancola, 1999：62］。

　いずれにしても，日常衣服は新しい機能性を付加しながら，形式的な束縛からいっそうの自由を獲得していった。このことは，たしかにそれ以前の時代にみられた若者の革命運動による決定的な影響，またそれにともなうジーンズの大成功によるものといえるが，そのような潮流が持続していった背景には，とりわけカジュアル／スポーツ・ウエアが重要な役割を果たしていたアメリカ的ライフスタイルを当時の西欧諸国が享受していたことにもよっている。ウィークエンド前の金曜日にインフォーマルで快適な服装，いわゆる《フライデー・ウエア》を着用することをアメリカ企業が従業員に対し提案したことや，それがしだいに世界中に広まっていったこと，また典型的なアメリカン・ブランド（ラルフ・ローレン［Ralph Lauren］，トミー・ヒルフィガー［Tommy Hilfiger］，ドッカーズ［Dockers］）がますます注目されるようになったことは偶然のことではない。

第 2 章　イタリアにおける社会的トレンド，ファッション，消費

7　グッチとプラーダ

　近年，イタリアのファッション・システムにおいて成長したブランド業界のなかでも，2つのブランドがその集合的イメージの喚起能力において際立っている。それらブランドとは，グッチ［Gucci］とプラーダ［Prada］である。まず第1に両ブランドは，ともに先の10年間にみられたような過剰性や誇大性を回避し，シンプルさを追求する点で共通している。またこれら2つのブランドは，極端なミニマリズムから距離をとるようになっていったが，初期の広告では新しい“ミニマル”ルックを提起してもいた。ファッション誌の記事・広告や衣服から色彩や完全性への探求姿勢が消え，装飾の窮乏化やそれからの逃避がみられるようになっていた。そこからは，80年代のファッションにみられた《地位（表示的）－モード》や極端な耽美主義，記号の過剰性を拒否するメッセージが発せられている。

　グッチの歩みは，ファッション業界でのそれと並行したかたちで進んできたといってよく，そこでは《上品》でエレガント，ブルジョア的な衣服から，若者やストリート・ファッションにみられる潮流への接近がみられる。80年代におけるこのブランドの広告が豪華でスノッブな世界を描いていたとするなら，その後のスタイルは，もはやキャリア志向の男性や女性に対するそれではなく，ミニマル志向で洗練化された一般市民が着るものへと変わっていた。これらすべての変化は，グッチのデザイナーであったトム・フォード［Tom Ford］の力量によるところが大きい。フォードは，力強いコレクションと挑戦的なイメージを採用したが，それと同時にグッチ

の世界を広めるにあたり，男女間の関係においてあからさまに性的魅力を喚起する舞台——ただし，そこでは女性だけが優位な位置を占めることになる——を設定していた。

90年代は対立するモードが共存する時代といわれるように，グッチの提示する官能的女性の脇にも，それと対抗する潮流，すなわちアルタ・モーダや高級素材による豪華さを打ち砕き，ますます人工的になりつつある身体を人工的な繊維——ナイロンやポリエステルといったあらゆる合成繊維——によって覆うモードの潮流を認めることができる。それをとりわけよく示している例が，プラーダによるミニマル主義的で前衛的なファッションであった。そこでは，アイデンティティが強く主張されながら，世界中の消費者に対して身にまとうべきものの形や装飾ではなく，表現すべき思想が提供され，不調和の度合いを増す身体の肉体性への否定を過激化するモードが提起されている。プラーダの広告キャンペーンは，10年前に支配的であったそれ——極端に派手で魅惑的であるが，おおよそ現実からはかけ離れてしまっていたそれ——とは対立している。じじつプラーダの広告に登場するモデルたちは，美しさや魅力の理想像を提示するのではなく，現実世界に生きる身近な女性たちとの接近を図るものであった。

ようするにプラーダのファッションは，高級ファッションのコードを活用しながらも，女性消費者の身近な存在としてモードを提示したものといえる。《高級である》と同時に《民主的である》ということは，いっけん矛盾しているようだが，プラーダのスタイルがもつ存在感は，スタイルを《庶民的》にみせるその表現的要素——ミニマル主義的な貧困さ，ナイロンや合繊といった低級素材の採用——によって説明されるだろう。これらすべてのことは，服飾産業

第2章 イタリアにおける社会的トレンド，ファッション，消費

から押し付けられる"強制命令"からの解放や，自由感覚を求める消費者に対する返答として解釈されうるに違いない。

80年代に自由な感覚を求めていた女性たち，いわゆる《キャリア・ウーマン》たちは，アルマーニの脱構築的なジャケットに理想的な衣服をみいだしていた。自らの女性性を維持しつつも，典型的な男性と同じ程度に仕事に埋没することを望んでいた女性たちに，そのようなジャケットは完璧に応えていた。それに対してプラーダの《庶民的》スタイルは，今日の女性たちが到達した，より進んだレヴェルでの成熟さに対応している。そのような女性たちは，もはや自己を守り，新たに獲得した《男性的》な積極性を呈示することを可能にする制服を必要とせずに，確かな自分をもちあわせている。

したがってプラーダが，60年代や70年代を問いつづけてきたグッチの場合とは異なり，それら時代を浄化しようと試みたこと，つまり時代がもつ意味をある部分で抜き取りながら，その意味を純粋な美的要素へと転化することによって，それら時代を無菌的で抽象的なものにする作業を実践しようとしたことは，当然ともいえる。そしてそのような浄化は，文字どおり身体から官能性を剥奪することをも引き起こすことになった。すでに指摘したように，グッチの世界にあって官能性は，まさに当のブランドを強く特徴づける要素であった。過去の時代にみられるもっとも表層的なステレオタイプを再構成するにとどまっていたグッチのトム・フォードとは異なり，デザイナーのミウッチャ・プラーダ［Miuccia Prada］にとって過去を取り戻していくことは，自分自身の個人史を回復すること，自己のアイデンティティや個人的な趣味趣向の根源を模索することと，本質的には同じことを意味していた。

ようするに，プラーダのファッションは精神的で個人的なものといえるが，それは自らの独立性と表現能力を維持しながらも，従来の慣習や秩序を拒否する欲望をもつあらゆる人びとにとって，容易に同一化の対象となりうるものであった。このことは，プラーダが色彩主義や悪趣味へと傾斜しつつスカートの膝部分を切り取ることや，冬にソックスを履くことを躊躇させる提案を絶えず打ちだすことによって，一般的にファッションの世界で共有化されている準則を侵犯していることからもうかがえる。

　つまりそれは，非常に個人的で露出趣味的であるがゆえに《危険な》モードである，といってよい。げんにプラーダのスタイルは，まさに自らが生みだした危険性から身を守るための諸戦略を含んでいる。ミウッチャ・プラーダは，プラーダというブランドそれ自体によって，いいかえるなら皮革製品業という本来の分野において数十年かけてようやく獲得しえたブランドの威信によって守られているのである。あたかもプラーダの伝統的商品である鞄や靴の格式や品質の高さが，庶民的商品への接近を可能とさせながらも同時に，それら商品からブランドを保護しているかのようである。80年代の大ヒット商品であるプラーダのナイロン製リュックは，皮革製造業者プラーダの伝統を安価な素材をもって再解釈し，ひとつのブランドにおいて皮革と衣服の両分野を結合するものであった。

　消費者にとってはプラーダのアクセサリー類も，そのような庶民化のもつ危険性から身を守るひとつの道具となっている。プラーダの庶民的衣服は，ブランドが作りだす高価なアクセサリーによって価値づけられており，またつぶさに観察するなら，プラーダの衣服においても，そのミニマル主義は表面的なものでしかなく，細部（縫製や留め金）においてバロック主義的性格が隠されていること

がわかる。このようにプラーダの危険に満ちた庶民性は，眼識のある者にとっては大いなる洗練さへと姿を変えるのである。

■文献

Aa. Vv., *La Moda Italiana*, 2 voll., Milano : Electa, 1987.

Abruzzese, A., Barile N. (a cura di), *Communifashion*, Roma : Sossella, 2001.

Aspesi, N., "Casa, giacca e rigore," *La Repubblica*, 9 marzo, 1985.

Blazer, S., *Mercanti di moda : Processo agli stilisti*, Bergamo : Lubrina, 1997.

Brognara, R., Gobbi, L., Morace, F. e Valente, F., *I Boom. Prodotti e società degli anni '80*, Milano : Lupetti, 1990.

Bucci, A., *L'impresa guidata dalle idee*, Milano : Edizioni Domus Academy, 1992.

Calanca, D., *Storia sociale della moda*, Milano : Bruno Mondatori, 2002.

Carloni M.V., Stile ci cova, intervista a G. Armani, *Panorama*, 28 giugno, 1992.

Ceriani, G. e Grandi, R. (a cura di), *Moda: regole e rappresentazioni*, Milano : Angeli, 1995.

Codeluppi, V., *Il potere della marca : Disney, McDonald's, Nike e le altre*, Torino : Bollati Boringhieri, 2001.

Codeluppi, V, *Che cos'è la moda*, Roma: Carocci, 2002.

Colaiacomo, P. e Caratozzolo, V. C. (a cura di), *Mercanti di stile : Le culture della moda dagli anni '20 a oggi*, Roma: Editori Riuniti, 2002.

Fabris, G., "La crisi colpisce l'abito effimero," *Il Sole 24 Ore*, 26 settembre, 1996.

Gastel, M., *50 anni di moda italiana : Breve storia del prêt-à-porter*, Milano : Vallardi, 1995.

Giancola, A. (a cura di), *La moda nel consumo giovanile*, Milano : Angeli, 1999.

Grignaffini, G., "Elogio dell'ornamento (a proposito di Armani e di cinema)," *Cinema & Cinema*, n. s., a. XVII, n. 58, maggio-agosto, 1990.

Guarino, M. e Raugei, F., *Scandali e segreti della moda*, Roma : Editori Riuniti, 2001.

Malossi, G., *Liberi tutti : 20 anni di moda spettacolo*, Milano : Mondadori, 1987.

Morace, F., *Fashion subway*, Milano : Editoriale Modo, 1998.

Morini, E., *Storia della moda*, Milano : Skira, 2000.

Segre, S., *Mode in Italy : Una lettura antropologica*, Milano : Guerini, 1999.

Squicciarino, N., *Il vestito parla : Considerazioni psicosociologiche sull'abbigliamento*, Roma : Armando, 1986.

Vergani, G., "La Sala Biancas," *Nascita della moda italiana*, Milano : Electa, 1992.

Volli, U., *Contro la moda*, Milano: Feltrinelli, 1988.

第3章　グローバル・システムとイタリア・ファッション産業

イタロ・ピッコリ
(ミラノ・カトリック大学)

1　はじめに

 とりわけ前世紀の70年代以降，イタリアのファッションと〈メード・イン・イタリー〉製品が世界的に成功を収めたことは，たんなる偶然や思わぬ好機に恵まれたことによるのではない。それは，中小企業の家族的資本主義という現実のうえに築かれた文化的・産業的システムの結果であり，それら企業が職人芸の伝統や美の文化，イタリア人に典型的にみられる〈素晴らしき人生〉を求める文化を製品に結びつけることによって形にし，それが世界中で評価されたからである。

 西欧諸国に打撃をあたえた景気後退と消費減退，2001年9月11日の悲劇がもたらした不確かさの雰囲気にもかかわらず，アパレルやテキスタイル，皮革，靴，眼鏡，貴金属製品を含むイタリアのファッション産業は，2002年に約730億ユーロの総売上を生みだし，そのうちの59％以上が輸出からもたらされていた。同じ年に，ファッション企業の株式市場での評価は280億ユーロにも達し，資本蓄積においてアメリカやフランスに次いで世界第3位となっている［Censis, 2002］。ファッション部門の輸出にみる年間収支額は，イタリアの石油調達での支払総額にほぼ相当しており，その意味

で，イタリア人が自動車で旅行し，電灯やエアコンを使用できるのも，国内企業や職工場が製造する衣服，生地，宝飾品，靴などに負っているといっても過言ではない。

市場競争やグローバル化からの挑戦に立ち向かっていくとき，〈メード・イン・イタリー〉を生みだす企業が内蔵する長所は，次の4つの〈I〉によって示すことができる。すなわち，革新性 [Innovazione]，国際化 [Internazionalizzazione]，進取の企業精神 [Intraprendenza]，精巧性 [Incisività] である。ファッション部門の産地に組織される中小企業の組織運営構造は，イタリア産業システム内部において特異な共同体を構成しており，システム内部のシステムともいえるそれは，輸出に対する抜群の適正を示しつつ広い意味での革新性を備えており，効果的かつ能率的な方法で産業的な〈使命〉を遂行しうる仕組みとなっている [Censis, 2002]。

これらの特徴によって，イタリアのテキスタイル－アパレル部門は，他の西欧諸国の場合とは異なり，人件費が格安の発展途上国にすぐさま売り渡されてしまうような成熟しきった部門であることを逃れている。スタイリスト〔デザイナー〕の創造力や製品の品質と完成度，企業家の専心，〈ファッション・システム〉に働くすべての人びととの専門性が，グローバル化や低価格・低品質製品からの圧力にもかかわらず，簡単には衰退することのない世界唯一の財産となっている。

以下の節では，イタリアン・ファッションのシステムを構成する各部門について国際市場での位置づけに言及しながら概説し，〈メード・イン・イタリー〉製品を成功に結び付けている産地での独創的な産業モデルに解説を加え，世界に進出するイタリア企業の販売部門についての分析をもって本章を締め括ることにしたい。

2 国際的背景におけるイタリア・ファッション産業

　ファッション・システムは,〈メード・イン・イタリー〉のうちでもっとも知られた部門であることはいうまでもないが,それは,しばしば伝統的な職人工芸に起源をもつ最古参の産業である。しかし,イタリアの〈プレタ・ポルテ〉がフランスの〈オート・クチュール〉の衰退のもとで世界的なリーダーシップを獲得したのは前世紀70年代末葉からにすぎず,またその後早い段階で,18世紀末からファッションにおいて不動の地位を誇ってきたパリが,ミラノから首位の座を奪回することになる。職人芸的技術による仕立屋の芸術的表現としてフランスで誕生したファッション部門が,イタリアにおいてはひとつの産業部門として開花していった。

　じっさい,60年代および70年代には,文化の変容や人びとの好みがサービス業の拡大にともなってより美しくかつ機能的な衣服製品に向かったこと,中流階層の経済的な余裕がうまれていたことなどが,消費者の趣向をより入手しやすい価格でかつ「モダン」なものへと変化させた。フィレンツェを中心に,また高級品はローマを拠点として,すでに成功していた毛織物の定評に支えられながら,この同じ時期にイタリアのテキスタイル部門は,アルマーニ［Armani］やヴェルサーチェ［Versace］を含む若手デザイナーたちとの共同制作を開始している。

　このような初期の経験での推進力によって生産体制が大幅に発展し,新しい企業が無数に生まれていった。イタリアン・ファッションは,その活動ならびにプロセスにおいて生みだされる中間的で補完的な商品サービスからなる複雑なシステムの産物としての性格を

帯びていた。「イタリアのファッション・システムは，服飾，生地，装飾品などの構成要素とともに，コミュニケーションの仕方やイベント開催，売り場のあり方，市場との関係を創造し，それらとあわせて新しい専門的職業人や新しい仕事をも成長させた」[Bertola, 2003:26]。たしかにイタリアのファッション産業は，世界規模で生産過程を分散させつつも，いまだ基本的にはイタリア国内にとどまりつつ活動を展開し続けている。地元の資源を活用することは非常に重要であり，じっさい技術革新の過程を支える生産工程の担い手たちが近隣地域から参加しうることは，かけがいのない資産的価値をもっている。ファッションの分野にとどまりつつ世界にむけた商品を生産するには，付加価値の少ない繊維やメリヤス類などの原料調達はきわめて重要であり，生産工程や仕立ての大部分はイタリア国内でおこなわれている。そこでは非常に多くの産地が発達しており，テキスタイル，皮革製品，ニット製品，ボタン具，履物類，靴下・下着製品，仕立て，包装，工作機械，加工製造など，生産工程のあらゆる段階で産地が活躍している。

　ファッション〈システム〉がイタリア経済の構成要素としていかに重要であるかを示すために，いくつかの数値をあげておこう。

　〈システーマ・モーダ・イタリア〉〔イタリア繊維服飾産業協会SMIと略称〕によると，ファッション関連製品部門の全体で，おおよそ3万6千の企業が活動しており，従業員数約75万人のうちの約32万人が服飾アパレル部門，残りの約43万人が繊維・ニット・靴下等の部門で働いている。2002年の総売上高（部門内の純売上額）は，460億ユーロを超える（表1）。

　なによりも世界に誇るイタリアの服飾産業をみると，その世界全体での売上額は2002年に160億ユーロに上り，そのなかには，国際

第3章 グローバル・システムとイタリア・ファッション産業

表1　イタリアのテキスタイルとアパレル

(単位:百万ユーロ)

	1999	2000	2001	2002
売上額	44,570	47,101	47,789	46,055
前年度比 (%)		5.7	1.5	-3.6
輸出額	23,556	27,047	28,941	27,703
前年度比 (%)		14.8	7.0	-4.3
輸入額	11,063	13,173	14,148	14,296
前年度比 (%)		19.1	7.4	1.0
輸出入差引	12,493	13,874	14,793	13,408
輸出額／売上額 (%)	52.9	57.4	60.6	60.2

出典：Sistema Moda Italia, *Nota congiunturale*, Gennaio 2003.

的なファッション・システムとして名を馳せるアルマーニやヴェルサーチェ，ヴァレンティーノ [Valentino]，フェレ [Ferré]，プラダ [Prada]，ドルチェ＆ガッバーナ [Doce & Gabbana]，トゥルッサルディ [Trussardi]，ミロッリオ [Miroglio]，マックス・マーラ [Max Mara]，エルメネジルド・ゼーニャ [Ermenegildo Zegna] などが含まれている。これら企業と並んで，より一般向けの商品を提供する安定的なブランドとしては，ベネットン [Benetton] やステファネル [Stefanel]，ディーゼル [Diesel] などが目立っている。

　衣料品部門においてイタリアは世界第2位の輸出国であり，2002年での輸出シェアは中国の20%に次ぐ9.7%で，第3位と第4位はそれぞれアメリカの5.7%，ドイツの5.4%であった。市場のグローバル化の程度を考慮してもイタリアは中国に次ぐ位置を占めており，イタリアの衣料品産業にとっての輸出市場は対ヨーロッパ諸国 (48.4%) が優勢であるが，対アメリカ (11%) や対アジア市場 (16.4%) もけっして小さくはない (表1，2，3，4)。

第Ⅰ部　ファッションと消費社会

表2　イタリアの婦人服産業(*)

(単位：百万ユーロ)

	1998	1999	2000	2001	2002
生産額	10,767	10,707	11,481	11,850	11,658
前年度比(%)		-0.6	7.2	3.2	-1.6
輸出額	5,501	5,324	6,111	6,700	6,539
前年度比(%)		-3.2	14.8	9.6	-2.4
輸入額	1,580	1,732	2,059	2,398	2,580
前年度比(%)		9.6	18.8	16.5	7.6
輸出入差引	3,920	3,591	4,052	4,302	3,959
消費総額(家計ベース)	10,955	11,386	11,885	12,076	12,318
前年度比(%)		3.9	4.4	1.6	2.0
構造指標(%)					
対生産輸出額	51.1	49.7	53.2	56.5	56.1
対消費輸入額(**)	23.1	24.3	27.7	31.8	33.5

(*) 女児（2-14歳）用製品を含む。　(**) 消費額は売切額で計算
出典：Sistema Moda Italia su dati A.C.Nielsen e ISTAT, gennaio 2003.

　輸出製品の商品構成をみることによって，輸出リーダー国にみる競争力をつくりだしているいくつかの要因を見出すことができる。じっさい婦人服製品は，紳士服よりも可変性に富み，デザイン上の革新性も高いといえる。紳士用外衣（アウター・ウエア）の生産ラインにおいて競争力の最大の重点は，生産プラントの効率性と最大価格の設定帯，仕立てと生地の品質に負っている。したがって紳士・婦人服の輸出大国にみる専門性から，その競争力要因の特性としては，柔軟性，革新性（とくに婦人服），大規模生産ラインの効率性，仕立てと生地の品質が抽出されることになる。中国とアメリカが婦人用外衣の輸出量が低いのに対して，イタリアとドイツはその割合が高い（このことは，〈オート・クチュール〉の最高峰に君

第3章 グローバル・システムとイタリア・ファッション産業

表3　イタリアの紳士服産業(*)

(単位：百万ユーロ)

	1998	1999	2000	2001	2002
生産額	7.761	7.587	7.853	7.852	7.692
前年度比(%)		-2.2	3.5	0.0	-2.0
輸出額	4.553	4.322	4.824	5.324	5.239
前年度比(%)		-5.1	11.6	10.4	-1.6
輸入額	2.458	2.503	2.863	3.245	3.378
前年度比(%)		1.8	14.4	13.4	4.1
輸出入差引	2.095	1.819	1.961	2.079	1.861
消費総額(家計ベース)	9.066	9.229	9.426	9.237	9.329
前年度比(%)		1.8	2.1	-2.0	1.0
構造指標(%)					
対生産輸出額	58.7	57.0	61.4	67.8	68.1
対消費輸入額(**)	43.4	43.4	48.6	56.2	57.9

(*) 男児(2-1歳)用製品を含む。　(**) 消費額は売切額で計算

出典：Sistema Moda Italia su dati A.C.Nielsen e ISTAT, gennaio 2003.

表4　世界市場におけるイタリアのファッション製品の輸出シェア

(1998年)

ファッション製品輸出にみるイタリアの世界ランキング					
第1位	第2位	第3位	第4位	第5位	第5位以下
皮革	毛皮	化学繊維	-	チュール・レース	シーツ・ナプキン類
織物糸	生地(綿)	編物生地	-	-	敷物
生地(毛・亜麻・麻)	婦人服	特殊加工糸	-	-	紳士メリヤス
装飾品	紳士服	帽子・非生地製衣服	-	-	皮革手工製品
-	その他の衣服	婦人メリヤス	-	-	-
-	皮革製品	-	-	-	-
-	靴製品	-	-	-	-

出典：Hermes Lab e Camera di Commercio, Industria e Artigianato di Prato, 2003.

臨し続けるフランスにも一部あてはまる）。イタリアとドイツとの比較においては，イタリアではとくにメリヤス製品の輸出量が際立っており，げんにイタリアは長年にわたり世界最大のメリヤス製品の生産国であり輸出国である。イタリアの外衣用メリヤスの商品分類は，その多様性とファッション性において婦人服製品に匹敵する。また紳士フォーマル服についても，イタリア製商品の優れた〈パフォーマンス〉性は，その仕立服レヴェルにある生産の型パターンからひきだされている。

国際市場においてイタリア製品の平均価格は，他の輸出大国のそれより明らかに高価であり，日本においてアメリカからの輸入製品の価格はイタリア製品のそれの5分の1，ドイツからのそれは70％，中国製品はじつに10分の1となっていることは，イタリア製品の位置づけがその他の輸入製品と大きく異なっていることを示している。じっさいドイツとアメリカは，非常に効果的に組織化された企業において画一化された大量の製品を生産する方向にあり，そのことによって生産コストを抑制し，規模による経済性を最大限活用することで，アジアの巨大生産者に対する競争力を維持している。イタリアのファッション・システムにおける企業の多くは，これとはまったく逆方向にあり，婦人服生産に最適で紳士服にも適用されるその生産体制は，仕立て品質やニッチ部門での専門性，製品の革新性，生地の品質など，小企業こそが生みだしうる要因によって特長的なものとなっている。ヨーロッパ市場の動向はこれとは事情が大きく異なり，主要な製品輸出国の平均価格は大差なく，イタリア製品を100とした場合のドイツ製は92，アメリカ製は102であり，中国製品は52となる。アジアやアメリカへのイタリア製品の輸出が特定領域に限定されているとするなら，その輸出量の拡大に必

要なことは，おそらくより価格帯の低い領域にまで手を広げることであり，他方ヨーロッパではEU諸国内外の競合企業との競争に取り組むことであろう。

ここで，毎年おおよそ300億ユーロを売上げ，そのうちの50％が輸出にむけられる繊維業界に目をむけてみる。この業界は，羊毛や綿，亜麻，絹織物・編物業などの重要部門から構成され，たんにイタリアのアパレル業界に対して原材料や半加工された繊維生地を提供するだけでなく，消費対象となる製品そのもの（編・織物）や直接輸出にむけられる中間産品を提供する点で重要である。

毛織物工業は，アパレル繊維業界だけでなく，〈メード・イン・イタリー〉全体にわたり，もっとも重要な部門のひとつとなっている。イタリア毛織物工業会のデータによると，この部門の年間生産額は60億ユーロで，そのうちの約55％が輸出向けとなっており（36億ユーロ），総従業員数は9万人以上である。〈メード・イン・イタリー〉におけるこの部門の重要性を考えるとき，近年刊行されたイタリア毛織物工業会の報告書［Associazione dell'Industria Laniera Italiana, 1997］とA・クァドゥリオ・クルツィオとM・フォルティスによる研究［Curzio and Fortis, 2000：124-133］が言及しているイタリア毛織物工業の最近のいくつかの動向が興味深い。50年代に合成繊維が登場し，多様な消費志向と低価格への対応が可能となって以来，この部門での生産規模が著しく拡大し，50年から60年代をつうじて国内の毛織物工業の生産基盤が増大しつつ，多くの中小企業が誕生した。70年代には，梳毛紡績の分野において編糸の大きな発展が起きたことで生産量が激増し，イタリアの編物工業は世界有数の生産国となった。また，生産のより川下にあたる毛布やカーペット，布張り生地（モケット），とりわけプラートの紡毛システムな

どは好機に恵まれ，80年代には新技術が発達しつつ，市場において非常に高い創造性をもった製品が成功を収めることとなる。その10年間は，まさにこの部門においてイタリアが世界でのリーダーシップを確かにする期間であった。紡毛システムにおいて編糸生産が成長する一方，製品の多様化とともに梳毛紡績においては新しい加工糸が開発されていった。この時期の末には梳毛繊維の大きな発達があり，夏物用の清涼糸の登場によってイタリアの毛織物工業は新たな市場を獲得している。90年代は激動の時期となり，市場での企業の入れ替えが進むと同時に，国内生産での停滞は，成長の鍵を握る要因である国際市場の開拓を要請することになる。ファッションをもたらす要因は，提供する商品の品質と特徴を向上させつつ生産を絶えず革新していくことに決定的に左右される。カシミヤをはじめとする高級繊維や極細繊維（モヘアやアンゴラ）の利用はいっそう広く浸透し，原産国（モンゴルなど）の政府と直接交渉しうる特権的な専門企業もあらわれている。

　テキスタイル業界のうちで毛織部門は，他よりもまだ国際競争に耐えるだけの力があるといってよい。じっさい発展途上国からの脅威が絹・綿工業と比較して限定的なのは，原糸の調達・選択・加工の〈ノウ・ハウ〉が必要なこと，消費を吸収するだけの豊かな国が近隣に存在すること，この部門自体がもつニッチ的特徴，などによっている。

　イタリアの毛織物工業は，ビエッラ［Biella］，プラート［Prato］，ヴィチェンツァ［Vicenza］の3都市に形成される産地に集中している。また，イタリアの毛織物製品の主要輸出先国は，ドイツ（全輸出の20%），フランス（9%），日本とイギリス（7%）であり，EU諸国向け全体でイタリア製毛織物製品の約50%が輸出されてい

る。

　綿・亜麻織物工業は，年間約50億ユーロの生産高で，そのうちの35％以上が輸出用となっており，部門従業員数は４万３千人以上である。綿糸部門では，インドやトルコ，エジプトなどによる追い上げがいちじるしい。綿織物部門の状況はそれよりは良好で，年間の輸出入差引額は60億ユーロに達している。綿・亜麻織物工業は，とくにロンバルディーア州を中心とする北イタリア地方で発達しており，その地方には歴史的に重要な産地が形成されている。もっとも目立つ輸出品目は綿織物で，年間生産高約13億ユーロ，おもな輸出先としてはドイツ（13％），フランス（12％），イギリス（８％），チュニジア（８％），そしてアメリカ（６％）である。

　絹織物工業は，百近くの企業に約１万３千人の従業員を抱え，とりわけロンバルディーア州コモ［Como］に産業が集中している。コモ市は，絹織物工業の中心地として世界的にその名が知られており，中国がより付加価値の低い製品をもって競争力をつけているにしても，その地位は揺ぎ無いものとなっている。2000年の絹織物や化学繊維など長繊維織物，スカーフ，ネクタイの年間輸出総額は約17億ユーロで，おもな輸出先は，ドイツ（18％），フランスとアメリカ（11％），イギリス（10％），日本（８％）となっている。

　テキスタイル業界全体で忘れてはならないのが，〈繊維加工〉（染色，プリント，仕上げ）の領域であり，その年間総売上額は約20億ユーロ，従事者数は３万４千人以上である。また，いわゆる各種繊維（リボン，飾り紐，カーテン，チュール，レースなど）といわれる部門では，年間売上高10億ユーロ，１万４千人以上の従業者を数えている。

　織物の生産過程の川下にあたるニット製造や靴下製造は，〈メー

ド・イン・イタリー〉全体にとって，きわめて重要度の高い部門となっている。〈モーダ・インドゥストゥリア〉[Moda Industria]〔SMIの傘下部門〕による2001年に関するデータによると，婦人外衣ニット製品の生産額が約40億ユーロ，紳士用のそれは約20億ユーロ，合繊の婦人用靴下類が10億ユーロ以上であり，カステル・ゴッフレード[Castel Goffredo]のようにヨーロッパにおけるコラン〔ストッキングやタイツ類〕の60％を生産する産地などもある（次節3.2を参照のこと）。長い間イタリアは，ヨーロッパにおけるニット製品の最大の生産国であり輸出国であり続けている。イタリアのニット製外衣の品揃えは婦人用外衣に匹敵するほどの広がりをもつ，といわれるゆえんである。

　海外市場においてもイタリアは，たとえ中国や香港のような競合国との競争にあっても，婦人用ニット製品や婦人靴下類の世界第2位の輸出国にとどまっている。輸出入差引は40億ユーロに上っており，いまだ十分なほど良好といってよい。イタリアから輸出されるニット製品と靴下類製品の約65％は，EU諸国にむけられている。

　ところでファッション・システムは，なにもテキスタイル-アパレルだけでなく，製皮業，皮革や靴，宝石貴金属，眼鏡具などの製品製造業をも含んでいる。2001年でのこれら業界全体の年間生産高は250億ユーロ，そのうちの6割が輸出向けとなっており，また従業員総数は約30万人である。

　製皮生産に関して，イタリアは世界最大の輸出国であり，2002年において全世界の輸出品に占めるシェアは28％に達し，後続の韓国（10％）やドイツ（8.5％），アルゼンチン（7％）を大きく引き離している[Hermes Lab., 2003]。この部門の世界におけるイタリアの生産シェアもいちじるしく，靴底革の13％，牛革・子牛革の15％，

山羊革の21%を占めている。またこの業界においても産地生産が優勢で、それはヴィチェンツァのアルツィニャーノ［Arzignano］，ピサのサンタ・クローチェ［Santa Croce］，アヴェッリーノのソロフラ［Solofra］など，イタリア国内の北部・中部・南部にまたがっている。生産品の約50%は靴製造業に供給され，18%は家具製造，15%が衣服・手袋，残りの15%が皮革製品工場に納入されている。おもな輸出市場は，香港（18%）やドイツ（18%），フランス（8%），スペイン（6.5%），アメリカ（6.1%）である。

　皮革製品製造業は，6千を超える企業からなり，約2万8千人の従業者を数える。この業界全体の売上額は約24億ユーロで，生産の約75%が輸出用である。輸出製品のおもな品目は，バッグ類がもっとも多く，小物皮革製品やベルト，旅行バッグ・用具などがそれに続く。世界市場においてイタリアは皮革製品の第2の輸出国であり，そのシェアは中国（33%）とフランス（11.3%）の間の13.5%である［Hermes Lab., 2003］。皮革製品の主要輸出3国（中国，イタリア，フランス）の輸出販路は地理的にも違いがあり，イタリアにとっては欧州市場（52%），中国とフランスにとってはアジア市場（それぞれの43%，58%）が優勢を占めている。しかしながら，アジアはイタリアにとっても重要な販路であり，とくに日本はもっとも主要な輸出市場である。日本市場だけでイタリアからの輸出の18%を吸収しており，その割合はアメリカ（17%）やドイツ（11%），フランス（9%）より勝っている。他方，欧州市場も中国（28%）やフランス（31%）に大きく頼っている。全世界の輸入の3分の1を単独で占めるアメリカ市場は，フランスよりも中国（22%）やイタリア（16%）にとって重要性が高い。イタリアの輸出製品の平均価格は中国とフランスの価格のちょうど中間で，フラ

ンス製品の高価格帯と中国製品の低価格との間で自らの存在場所を見出している。ところが，日本と欧州の市場におけるイタリアとフランスの製品は，中国製品とはまったく異なる位置を占めている。とりわけ日本市場では，フランス製品が最高価格帯に集中している。

　イタリアが世界的リーダーであるその他の部門として，靴製造業がある。イタリアの靴製造業者はじつに8千8百社，従業員数12万5千人，2002年には4億5千足以上が生産され，生産高は85億ユーロのうち75％が輸出向けである。この業界の特殊性は，他の多くの〈メード・イン・イタリー〉製品と同様に，産地における組織化に認めることができる。トスカーナ州のルッカ [Lucca] やアルコリ・ピチェーノ県のフェルマーノ [Fermano]，そしてスポーツ・シューズの産地としてトゥレヴィーゾ県のモンテベッルーナ [Montebelluna] などを挙げることができよう。

　靴製品の世界市場は，2002年のデータにおいて輸出全体の45％のシェアを占める中国（23.2％）とイタリア（21.4％）の2国の存在によって特徴づけられる。第3位の輸出国であるスペインですら，そのシェア（6％）はかなり引き離されており，その他の輸出国のシェアもかなり低いものとなっている。いうまでもなく，輸出大国である中国とイタリアとでは，輸出製品の品揃えや価格帯，販売対象からもわかるとおり，製品や市場の方向性がまったく異なっている。イタリア製の輸出靴は，ほぼすべてが革製品である一方，中国製品は約半数が革製で，残りの半数はゴム・プラスチック素材，布製となっている。またイタリア製品にみる2002年の輸出平均価格が24米ドルであるのに対して，中国製品のそれは2.6米ドルでしかない。

イタリアのファッション・システムを構成する産業には，まだ2つの重要な部門が残されている。

　最初のそれは宝石貴金属製造業であり，この業界においても産地システムが有効に働いている。おもな産地としては，ヴィチェンツァ［Vicenza］，アレッツォ［Arezzo］，ヴァレンツァ・ポー［Valenza Po］，トッレ・デル・グレーコ［Torre del Greco］である。イタリアの貴金属工業には約1万の工房があり，そのほとんど（96％）は手工業レヴェルで，従事者総数は4万7千人である。年間売上高約75億ユーロのうち，55％が輸出向けである。金細工業界のリーダー国であるイタリアでは，毎年世界の金細工の約20％が加工されている。主要な輸出先は，アメリカ（26％），スイス（7％），ドイツ（6.5％），香港（6％），アラブ首長国連邦（6％），そして日本（4.3％）である。

　イタリアの眼鏡製造業といえば，それはすなわちヴェネト州カドーレ［Cadore］の産地を指すといってもよく，そこで国内製品の8割が生産されている（次節3.2を参照のこと）。この業界の柱は，メガネ・フレームとサングラスの製造である。イタリアの眼鏡製造業の成功は1985年に始まり，急激な発展を遂げた現在，この部門の頂点に立つ企業（サフィーロ［Safilo］やルクソッティカ［Luxottica］）は，まさに多国籍企業へと成長し，アメリカのレイ・バン［Ray Ban］といった伝統的な眼鏡メーカーなどを買収するまでになっている。

　これまで述べてきたことは，この10年間の国際競争への環境変化を左右する多くの要因にもかかわらず，イタリアがファッション産業においてリーダー的存在であり続け，80年代に総体的に停滞しつ

つも，いまなお高い市場シェアを誇っていることを説明している。繊維・衣服製造業における人件費コストの安い国々への生産シフトの拡大は，中国や東欧諸国などの新しい強力なライバルを登場せしめたが，イタリア製品のシェア剝奪は部分的なものにとどまっている。

　すべての商品や市場で停滞が起こっているわけではなく，むしろ重要な市場や製品分野においてイタリアは，世界市場でのシェアを拡大している。

　新しい世紀の幕開けにおいてイタリアは，製糸や高級繊維（羊毛，絹，亜麻）の布地生産で世界第 1 位の輸出国であり，紳士・婦人服などの綿織物や皮革・靴製造では第 2 位にランクされている。このことは，高い人件費をともなう諸外国（ドイツ，フランス，イギリス）に対するイタリアの優位性が拡大しつつ，おもな競争相手国（中国）が低品質かつ低価格製品をもってイタリアを多くの点で凌駕している状況下で起っている。製品の市場での位置づけを詳細な商品分類によって示す統計データがないため，異なる国の製品が世界市場においてどのように実際重なり合っているのかを量的に確認することはできないが，平均価格をもとに考えるなら，完成商品もしくは中間生産物において中国製品は，イタリア製品とは異なる市場位置を占めており，そのことはフランス製品がイタリア製品と異なる位置を占めていることと同じといえる。

3　イタリアにおける産地

　この数十年，ジャーナリズムやアカデミズムの言論において，〈メード・イン・イタリー〉という表現をもってイタリアのファッ

第3章　グローバル・システムとイタリア・ファッション産業

ションないし繊維・衣服や皮革・靴，宝石貴金属，眼鏡業界などが語られてきた。そのようなファッション・システムに関する言及は，もちろん限定的なものであり，じっさいイタリアの産業には，木製家具や大理石，陶器，蛇口，家庭用品，地中海に典型的な食品，またそれらに関連した各種の製造機械といった産業部門も大きく発達しており，国際的にも高く評価されている。これらすべての産業部門は，(しばしば他国において学ばれ，模倣されてきた）イタリアの特殊性ともいえる産地において組織化されている中小企業の生産にその多くを負っており，そこでは伝統に根ざす諸要素や原材料（羊毛，絹，金，金属・プラスティック，皮革，木材，セラミック，真鍮，アルミニウムなど）の加工技術にみる経験といった要素が，決定的な役割を果たしている。

　イタリアの産地は，場所によっては数百年の歴史をもつ地域の伝統に深く根を張っているのだが，経済的に重要な位置づけを獲得するようになったのは，フォード型生産モデルに準拠する大企業の生産体制にあらわれた危機に対処しはじめる前世紀70年代以降のことである。このように無数の中小企業は，それぞれの地域においていくぶん自然発生的に生みだされ発達し，今日のイタリアや世界の経済において不可欠な生産システムともなっている。

　イタリアの産地にみられる特徴は，しばしば職人的次元にある数多くの中小企業が経済・社会・文化の側面において示す地域的な同質性により集群している点にあり，各企業は，機械製造からさまざまな商品の最終的な生産に至るまでの諸段階において，独自の専門領域を培っている。したがって，分散された生産過程の異なる段階では共同や協力による効率性を高めるための企業間ネットワークが発達している。

現在のイタリアには約250の産地が形成されており，それは，まさに国内や欧州の産業システムにおいて真の意味での巨大機構となっている。産地企業の従業員数は，イタリア産業全体のおよそ半数を占め，世界規模で非常に高い〈パフォーマンス〉性能を実現している。とりわけ産地としてその名を馳せている国内地域は，イタリア北西部と中央部に集中している。

あらためて後述することになるが，ここでファッション・システムの関連商品を製造する産地に限っていうなら，いくつかの産地は，それぞれの産品が世界貿易において大きなシェアを誇るまでに成長していることがわかる。すでに述べたように，婦人靴下製造（ストッキングやコラン）の産地カステル・ゴッフレードは世界市場シェアの4割を占め，絹織物産地であるコモは25％，毛織物のビエッラやプラート，貴金属アクセサリー部門のアレッツォやヴァレンツァ・ポー，眼鏡・フレーム製造のカドーレなどでも，その産品の世界貿易シェアは10〜20％に達している。

3.1 産地モデルにみる成功要因と危険要因

イタリアの産地モデルの成功の根底には，世界唯一の経験を生みだすにいたった諸要因を見つけることができる。しかしながら同時にそれら諸要因は，グローバル化や市場の国際化，高度に労働集約型であるイタリア製品に対して低価格製品で対抗する発展途上国との競争などに巻き込まれる時代においては，システム全体に危険性や脆弱性をもたらす恐れもある。そこで以下では，産地の発達を促進させる要素と危険性や脆弱性をもたらす要素とを明らかにしつつ，それら諸要因について解説したい。

　a）密着性

産地の企業が特定地域に位置するのは，たんにその場所が生産にとって利便性をもつからなのではなく，企業がその地域に真の意味で地場的に帰属しているからである。ほとんどの場合，企業の誕生，成長，再編や転換，消滅は，地域内において完結する[Varaldo, 1994]。企業の地場性は，地域から得られる経済的利便性だけでなく，当該の地域に浸透している文化的・社会的価値にも関係づけられている。

　ｂ）小規模性

　産地企業は比較的小規模で，産地外で単独操業する場合と比べると間違いなく規模が小さい。イタリアの産地においては，しばしば生産の分散が極端に進められるが，そのことによって産地は，小企業の実際の投資や投資意欲を阻害し，成長性向を低下させることに度々手を貸す [Visconti, 1996]。起業精神を高めることに寄与する点で疑いなく有利な地元銀行側からの融資政策も，企業の成長すなわち海外市場での競争に不可欠な成長の過程に好条件をもたらすことが少ない。

　ｃ）浸透性

　産地企業は，生産上の緊密な関係や商業的・社会的絆によって地域の生産構造に深く浸透している。単一の企業は地域生産システムの部分として位置づけられ，「専門性と相互依存性とによって，いわば集合的に管理され，統制されている」[Amin e Robins, 1991：217]。そのため産地の企業の意思決定や戦略は，地域内の他の諸企業とからなる全体に依存しているのである。

　ときに産地の一企業が，一方で原材料や技術を提供する企業と，他方でサービスや販路を提供する企業との密接な関係において，自らを製品市場の特定部門（品質・価格帯，消費者のターゲット，参

入市場など）に専門特化することがある。このような専門特化は，これまでの地域における生産上および商業上の歴史に縛られることによって，市場での位置づけを再配置し直すときに障害となりうる。また地域への企業の浸透は，地域システム全体のイメージに企業自らのそれを同一化することにも影響を与え，そのような同一化は，販売網をつうじて外部の企業家へも根付くようになる。

d) 保　護

産地システムは，「保護の傘」を提供することにより，企業の誕生，経営，生き残りを促進する〈生息環境〉を構築している。しかし一般に，産地での新しい企業の誕生では，経営や組織，技術，起業などの計画性の点で革新性が限られている。産地の環境は，旧習に従って企業を反復的に生み出す傾向があり，そこでは独創的な戦略や組織の仕組みに従う新しい部門での企業活動が拒否されやすい。

また，産地は臨界収益にあるような企業の出現を防ぐ働きがある。このような側面は，まず第1に企業家の自らの活動に対する愛着に結びついた心理的・社会的性格，たんなる投機ではない企業家としての利害関心，統合された製品市場システムにおいて特化された専門性を代替するような能力の不足，などによって規定されている。さらに，「独立精神」の文化，権威や威信，社会的承認を享受するカテゴリーへの帰属意識は，地域社会での地位を維持することが保障されうる限りにおいて，廃業を拒否する要因となる［Bagnasco e Trigilia, 1985］。ただ，臨界収益にある企業の発生を阻止する強力な壁は，産地内の他の企業からの支援によっても守られており，それら企業は，生産工程でのタイミングや地域供給元との調整を失うことを望んでいない。このようにして，企業間の共棲関

係が形成され，ひとつの企業が生き残ることは，別の企業が成功するための条件をもたらしている。

e）企業家

産地企業の発展過程とその形態を理解するには，産地に支配的で典型的な企業力の特徴がもたらす組織戦略の内容を明らかにすることが不可欠である。企業家精神，目的と戦略，出自，経験，基本的な能力と知識，革新能力は，産地の発達過程に対して決定的な影響を与えている。

産地企業の多くは，リスクをともなう企業家的・資本家的な理念の組み合わせによる表現としてではなく，大企業を退職した元社員たちの自らの社会的地位を高める動機にもとづく競争意識や強い独立心によって生みだされたものである。

したがってそこでは，ときに企業能力の限界を露呈させることになり，独立事業を興した革新性の乏しい企業家たちが問題となる。企業を取り巻く現実と市場状況への判断能力の不十分さは，しばしば他の能力を除外したうえでの製造能力に限定され，個人的な意志と時間の自由裁量の大きさに結びつけられるが，それは，企業家に典型的な論理順序である「達成すべき目標－必要な資源の調達」に対して，「調達可能な資源－それと両立可能な目標」という論理を優先することになる。

企業の形成と発展に関する分析においてペンローズは，企業家の動機づけと態度の多様性を認めつつ，企業発展の方向性に関して，企業力の異なるタイプを明確に分類している［Penrose, 1973(1959)］。この類型によると，企業発展が企業家の努力や犠牲心，投資などに負っている場合，多くの企業家は発展の前で立ち行かなくなるとみなされている。とくにこの類型に属するのが同族企業であり，そこ

では長期にわたって大きな経済的利益を獲得しうるものの，企業が大きく拡張される可能性には恵まれない。大いなる野望や高い決断力，拡張への機会をとらえる優れた調査能力もつ企業家は，それとは対極にある類型に属することになる。

産地に生まれる企業の大部分は，前者の類型に属しており，発展へのいかなる冒険にもともなう成果の不確かさにおいて，不慣れな行動や行為が要請されるような成長への野望を欠いている。そこでの活動は，たんに事業規模においてだけでなく，企業を維持する能力，とりわけ他の活動を組織する能力の点からも限定的なものとならざるをえない。

これらの条件をもとにして，市場において生き残りを賭けた「大胆な」行動が要求されるとき，産地システムでは，限定された企業力や諸能力，不十分な変動への志向性しかもたない諸企業を積極的に自らの発達過程に巻き込むための足がかりを創りあげることに終始するような，〈組織の創造者〉としての企業家が出現する傾向がある。産地を維持し，発展させるという目的にとっては，外部に方向づけられた先導的役割を認識しうる能力をもち，限定的な企業力の「強み」を有効活用しうる企業家タイプが求められる。これら能力の結合によって企業は，産地全体の発展に対して重要な役割を果たしうることになる。しかしながら〈組織の企業家〉は，いうまでもなく自分自身もしくは自企業の論理や戦略を採用する傾向があり，つねに産地の論理を採用するとはかぎらない。言い換えるなら，ひとつの企業の成功は，かならずしも産地の成功を意味していない。この点について重要なことは，近年に海外市場を相手に操業している末端の企業が，人件費の節約や消費市場への接近を狙って，いかに自社の生産活動の多くを海外に分散しているかを考察す

ることである。というのも，海外諸国に生産の一部を移転させる決定は，産地とその総合的な経済力を弱化することを帰結させるからである。

　f）流通販売システム

　産地の発展にとって流通販売システムは，きわめて重要な機能を果たす。さまざまな事例にみられるように，新しい企業の誕生と形成は，ただ製品販売ルートの確保によるだけでなく，製品販売に必要な資金や技術の調達を図りつつ，最終的には買い手によって支えられてきた。

　今日，国内および海外の大規模な流通販売企業との関係や，とくに非常に広範な商品市場を対象とする海外での顧客—販売関係にみられるように，流通販売部門との関係はいっそう複雑なものとなっている。大規模な流通販売企業（とりわけ外国企業）の展開，大量商品を市場に供給するための協力関係および安定的販路，商品コストを考慮しつつ行動する必要性などによって，流通販売部門の構造的変化は，産地全体においてますます適合能力を欠く企業を衰退させながら，産地そのものの存続を左右する先導的な企業を生みだすことに力を貸す。

　g）職業に関する教育訓練と社会化

　地域社会に深く根を張る産地の経済活動は，たんに個人だけでなく家族全員をも巻き込む広範な労働参加を生産工程に組み込み，ある意味で「無痛」で早熟な労働の社会化を促進する。

　多くの場合，従業員の労働は，他の領域では「搾取」といわれるような状況におかれており，そこでは従業員たちは，より多く稼ぐためであれ，より早く「独立」への道を駆け上がることを信じさせる環境を承認するのであれ，身の置き場所に家族や仲間とのしがら

みがあるにせよ、厳しい労働条件を自ら受け入れる。

早い年齢段階での見習制度や労働は、とりわけ職務内容や地元企業が要請する能力に方向づけられた教育制度（たとえば、ニット製造のカルピ［Carpi］、絹織物のコモ、貴金属加工製造のヴァレンツァ、織物工業のプラート、製革のルッカなどの地域では、地元の職業に適した訓練制度を実施している）ならびに職業訓練制度に示されるように、きわめて実践的な性格をもっている。しかしそれにもかかわらず今日、多くの若者は進学や伝統的職業とは異なる職業を選択する傾向にあるため、産地企業は、地元の伝統的な職業活動を選ぶ若者を見出し、訓練することに大きな困難を経験している。

以上に述べた危険要因の他に、現在のイタリアの産地が抱えるその他の要因が、研究者らによって指摘されてきた。とりわけグローバル化に直面する今日のイタリア産地にみる危険要因は、以下の4つの点に集約される［Quadrio e Fortis, 2000］。

第1のリスクは、産業政策における政治権力の役割に関するものである。イタリアの産地システムは、過去そして現在においても、国際市場のなかで産地を保護し、産地の競争力を高めるよう働きかける政府をもつことがなかった。とくにユーロが発足し、平価切下げによる競争力がもはや許されなくなって以来、国際市場での企業力は、国家システムの基本整備にみる総合力に大きく依存するようになっている。

第2に、産地に対する経済政策の欠如というリスクが指摘される。「西欧諸国における産業政策の大部分は、3つの目的に従っている。すなわち、経済的・社会的衰退と危機を阻止すること、未発達の地域を振興すること、高度な技術革新を含む産業部門の発展を

促進すること，である。［……］しかし，産地は衰退しつつある地域ではないし，発達の遅れた地域でもないが，最新の先進技術の導入という点に関しては，技術の中心地としての性格を示していない」[Sarti, 2002:227]。

　第3のリスクは，職人レヴェルではないが規模の小さい産地企業にとって，製品と生産過程の革新にむけた科学的・技術的な研究能力が不可欠である，という点に関係している。この点については，問題を抱える産地に理解を示す従業員の多い大企業，研究機関や大学などの組織との連携を促進することが望ましい。すでに指摘してきたように，〈メード・イン・イタリー〉の成功には，〈デザイン〉やファッション性といった要因だけでなく，いわゆる「すでに普及しつくした」製品に対して，製品それ自体や製造過程の全般にわたって先端技術を導入することによる再生を図ってきたことも部分的に影響している。とりわけ衣服や繊維に代表される〈メード・イン・イタリー〉は，近い将来，高付加価値製品部門の争奪戦を繰り広げる経済先進国にとっても，低価格製品をもって比較的低レヴェルの市場部門の占有を強めつつある発達途上国にとっても，脅威となるであろう [Maggioni e Nosvelli, 2000:116]。

　第4は世代交代に関するリスクであり，産地の中小企業がイタリア国内ないし外国企業によって所有されるというものである。このような危険性は，すでに十分現実的なものとなっているが，地元企業間の相互関係ならびに，信頼関係に基づく商取引の根底にある個人間関係の広がりを破壊し，地域内の生産過程に障害をもたらしつつ，徐々に地域の生産能力を解体させるまでになる。

　規模や競争力の点で同質的な企業の時代が去り，財政的にも海外企業と競争しうる経営基盤をもつ先導的企業の時代が開始されるに

103

違いない。通常，これらの企業は，国際化やマーケティングへの強い志向性をもち，コスト最適な場所へと生産移転をする用意があるため，将来の産地モデルにおいて，変化の過程に重大な影響力を行使する中心的な役割を担うことになろう。したがって産地は，産地企業の伝統的な文化や方法，戦略能力とは無縁のこれら企業の発展過程の結果として変動していくことになろう［Piccoli, 2003］。

3.2 イタリアにおけるファッション関連の主要産地

◇コモ地域（ロンバルディーア州）　産品：絹製品

　コモ地域の絹織物は，すべての紡績加工過程において保証される品質の高さや高度の専門性において世界的に有名である。産地企業数は約1千，従業者数は約1万8千人である。この地域の産品は，世界的な知名度と約8割という高い輸出率を維持している。そこでの紡績加工技術は，他国の同じような産業を展開する産地において研究導入され，たとえば，日本の石川県の産地は，コモ地域と緊密な協同関係を築いて久しい。

　絹織物産地コモの特徴は，繊維生産過程の著しい細分化にあり，生地を生産するにあたって非常に多くの小企業がひとつの段階を担当している。生産工程の各段階は，紡錘，糸巻き，撚糸，整経，織糸，柄製作，艶出し，写真製図，捺染，染色，仕上げ加工，仕立て，に分かれている。産地の組織構造は，歴史のある2つのリーダー企業（マンテーロ［Mantero］とラッティ［Ratti］）や少数の新興企業，一連の中小企業群，無数の小・零細企業などによって特徴づけられる。そのような体制において，リーダー企業とのさまざまな結びつきによる依存と位階のネットワーク関係は，非常に強いも

のとなっている。

◇アッセ・デル・センピョーネ［Asse del Sempione］地域（ロンバルディーア州）　産品：綿製品

　ミラノ北部に位置するこの地域では，繊維・服飾部門の専門産地が形成されている（また，この他に産業機械の産地でもある）。綿織物部門として3千9百もの企業が操業しており，従業者数は3万6,360名に上っている。主な生産活動は，繊維加工，編物，刺繍，織物である［Piccoli, 2001］。地域全体において綿糸や合繊の製造加工のすべての段階をこなしているが，製品の品質に関してとくに重要な働きをしているのが綿織物企業である。それに続いて，人工繊維や合成繊維の製造加工業や仕上げ加工業も発達している。仕上げ部門は，もっとも付加価値の高い製品を生産するため，最大限のノウ・ハウを必要とする。この部門において近年，とくにニッチ製品である安全ベルトや不燃織物，エコロジカルな布製品，医療用繊維，帆やパラシュート用布などが製造されている。これら製品は知名度が高く，世界のあらゆる場所で商品化されており，現在この産地は，ロシアや香港にも事務所を開設している。

◇レッコ地域（ロンバルディーア州）　産品：繊維製品

　レッコの繊維工業は百年の歴史をもつ。17世紀中葉には，ミラノ公国にある絹糸製糸機の33％，紡織機の3割，撚糸機の58％が，この産地に集中していた。現在，この地域の繊維産業は約170の中小企業からなり，3千4百名ほどの従業者がいる。年間売上は7億5千万ユーロで，その6割以上がアメリカやドイツ，イギリスなどへの輸出からもたらされている。

産地企業の製品は中・上級クラスの織物で，その用途は家具（ジャガードやビロード）の他に，自動車内装用生地も大きな割合を占めている。とくにイタリア国内産の家具用織物の半分以上は，この地域でまかなわれている。

◇ビエッラ地域（ピエモンテ州）　産品：毛織物製品

ビエッラは，世界の毛織物工業の一大中心地のひとつで，いうまでもなくそこでは，もっとも品質の高い繊維や織物，その他の高級繊維（カシミヤ，アルパカ，モヘアなど）を製造している。製造の中心は，羊毛紡績にともなうあらゆる繊維加工（梳毛，染色，仕上げ）を含めて，紳士・婦人服用生地や織物・編物糸である。

この産地は，千3百ほどある製造拠点と2万5千人の従事者を抱え，40億ユーロの年間売上額のうちの35％以上を輸出によっている。おもな輸出先は，ドイツ（19.8％），香港（12.2％），フランス（9.7％），日本（6.1％），イギリス（6.8％），アメリカ（4.3％）となっている［www.clubdistretti.it.:　2003年のデータによる］。

またこの産地は，羊毛繊維の製造加工に活用するための機械を製造する必要性から，繊維機械の分野についても特筆すべき専門性を生み出してきた。この部門の従事者数は2千人を超え，年間売上額3億ユーロの50％は輸出によってもたらされている。おもな製造機械としては，紡績機やその準備段階で利用する各種機械，染色や仕上げ加工用機械，生産工程の自動化や管理をおこなうための設備機械などである。この地域で製造された生産設備や機械製品は，EU諸国やアジア，中南米諸国，オーストラリアなどに輸出されている。

第3章　グローバル・システムとイタリア・ファッション産業

◇カルピ地域(エミリア‐ロマーニャ州)　　産品：ニット製品

　この地域の編物産業は，第2次世界大戦以降にとりわけ発達した。カルピ地区は，とりわけニット部門（2003年では，1450の製造拠点と6千人の従業員を数える）と製品仕立部門（企業数800，従業者数3,800人）に生産が特化されており，約10億ユーロの総売上高の36％が輸出によっている。この地域は，国内ニット製造全体の総売上額の4％を占める量的規模の大きさの他に，産地企業の組織形態の固有性や，精巧な独立小・零細企業システム，完成品製造企業と加工品供給企業との独特な関係において注目を浴びている。

◇プラート地域(トスカーナ州)　　産品：繊維製品

　プラート産地は，欧州の繊維生産の中心地のひとつで，その繊維産地としての伝統は18世紀にまでさかのぼる。現在，約9千の企業によって紡績から仕上げ加工まで，あらゆる繊維生産部門をカバーしている。従事者数は，この地域の総人口の3割におよぶ約4万4千人である。プラートの生産システムの特徴は，産地製品の半分以上が輸出向けであることからもわかるとおり海外市場との関係にあり，100カ国以上と取引関係をもっている。現在では，織物糸や衣服用繊維生地，衣服・靴・家具用やその他，特定用途向けの織物や繊維製品（パイルや各種の表面加工織物，不織布など）が，この産地企業によって製造されている。

◇エンポリ地域(トスカーナ州)　　産品：衣服製品

　この地域は，ガラス工芸や陶器，船舶などの製造部門で知られているが，最近では，とくにレインコートや皮革服製品において成長している。衣服製造部門には500以上の企業と約6千人の従業者が

いる。年間売上額は10億ユーロ以上で，そのうちの36％が輸出によっている。イタリア国内の皮革服業界全体の3分の2の生産量を誇る。おもな輸出先国は，EU（49％），日本（24％），アメリカ（12％）となっている。

◇カステル・ゴッフレード地域（ロンバルディーア州）　産品：靴下類製品

　この地域の特徴は靴下類（とくに婦人靴下やコラン）の製造にあり，従業員数6千人を抱える企業約280社のうちの4割が，カステル・ゴッフレード市で操業している［www. clubdistretti.: 2003のデータによる］。産地全体で毎年約13億足の靴下を製造し，その生産量はイタリア国内産の約75％，欧州全体の3割を占め，年間売上高13億ユーロのうちの約半分が輸出によってもたらされている（おもな輸出先は，ドイツ，ポーランド，フランス，スペイン，イギリス，ギリシャなど）。この部門では，繊維製品や仕上げ加工に特化した関連産業をも動かしている。産業構造は，小規模企業と大企業との間の強い結びつきを特徴としており，そのうちにはこの部門の世界的ブランドであるゴールデン・レディ［Golden Lady］やサンペッレグリーノ［Sanpellegrino］，フィーロドーロ［Filodoro］，レヴァンテ［Levante］を含む一方で，生産工程でのさまざまな段階において家族的経営の零細企業や工場による濃密なネットワークが存在している。産地企業は，アジア諸国製品からの挑戦にもかかわらず，優れたスタイルと斬新さ，品質によって，70年代の〈レース飾り〉の時代から80年代の〈薄くて軽い〉時代へ，そして90年代の〈ウルトラ・コンフォート〉に至るまで，つねに世界的リーダーであり続けている。

◇ルッカ地域（トスカーナ州）　産品：靴製品

　ルッカの靴製造業は，木靴を生産していた19世紀中葉にまで遡る長い伝統のうえに形成されている。今日のルッカ地域にみる靴製造業は，トスカーナ州にある皮革製造業と靴製造業との企業間連携による一体的システムとして成立しており，産地製品の優れた品質とデザインによって世界的レヴェルで高い能力を発揮している。この産地は，700を超える企業と約4千5百人に上る従業員を抱え，伝統的に輸出志向が強いこともあり，年間売上高10億ユーロ超の約8割は輸出によるものである。また年間生産量は，2千2百万足超となっている。産業構造としては，手作り能力を基本とする完全に職人的な零細企業がある一方で，多くの中小企業では，非常に専門分化された生産段階の多くを機械化によって近代化している。外部企業から素材を調達しながら最終的に完成品までの大部分を製造するような一元化システムを採らない生産モデルは，製品の差別化を図りつつ，市場での専門性や柔軟性，適応性を高めていくべき競争戦略にとって，きわめて効果的である。

◇フェルマーノ-マチェラテーゼ［Fermano-Maceratese］地域（マルケ州）　産品：靴製品

　この地域の靴製造業は，企業数3,329社，従業者数24,146人で，年間売上額は10億ユーロを超え，製品の6割は輸出向けとなっている。企業の8割は従業員10名以下で，50名を超えるのは1％の企業に過ぎない。さらに，8割の企業が職人によって経営されている。生産商品の中心は，中級クラス価格帯の婦人靴である。

第Ⅰ部　ファッションと消費社会

◇ベッルーノ［Belluno］地域（ヴェネト州）　産品：眼鏡製品

　産地の歴史は，1878年にカドーレ［Cadore］地方で最初のメガネ製造工場が設置された時にはじまる。この最初の工場設置以後，今日では，この部門において世界的に知られる産地のひとつに数えられ，いまや産地経済のすべての特徴を備えるまでになっている。その特徴とは，工場設備の密集，小規模企業が多いこと，製造過程でのパートナーや競争相手，受注生産する外部の業者などの企業間関係の濃密さ，地域に文化的にも社会的にも基盤をもっていること，などである。産地では，メガネ・フレームやサングラス，メガネ・アクセサリー，製造機械，電気工具，メガネ・ケース，生産量は少ないがレンズなど，眼鏡に関するあらゆる製品を生産している。この産地は基本データとしては，企業数170に従業員総数が13,500人，94％の企業が従業員100人以下，また職人工房650箇所に約1,700人の従業者がいる。失業率についてはとくに問題はなく，2001年の年間売上高は約15億ユーロで，イタリア国内でのメガネ生産量の85％を占めている。海外輸出に関しては，輸出総額は，総売上高の7割に相当する13億ユーロ以上あり，そのうち8億ユーロがサングラス，5億ユーロがメガネ・フレームとなっている。おもな輸出先は，EU諸国（42％）と北米（41.6％）である。

　ベッルーノのメガネ産地にみられる企業集積は，製造工程を細分化しうる可能性に依存している。じっさい製造工程の機械化と情報処理化が進んでいるにもかかわらず，メガネ・フレームの生産の場合，いまでも6割以上の工程が手作業を必要としている。

　第2次世界大戦後より，とりわけ3つの顕著な達成点，すなわち伝統に根を張った技術的知識が広範に成熟域に達する可能性，比較的小さな資本や投資によって企業経営を展開しうる可能性，高い企

業集積において操業できる可能性，がみられるようになった。今日の製造過程は，コンピュータ化された生産設備に対する技術能力で連携する眼鏡メーカーの多数の機械装置によって進められている。このようにして，産地レヴェルの生産知識と世界規模で通用する知識とが効果的に統合され，またこの方法によって生産の迅速化，工程や製品の技術革新への研究，国内および国際標準での品質改善，細分化された市場に適合するための複雑で柔軟な作業を展開しうる可能性，が獲得されることになった。

　産地の企業経営者や職人たちは，地理的に隣接する同じ生産活動に携わる企業と連携しつつ，また地域内の多数の競争相手と対峙することに慣れており，技術革新を合言葉に，日々の試験的研究をつうじて製品や製造工程に対する新しい解決方法を追究してきた。つまり，この産地の成功の基礎を支えた企業モデルでは，ネットワーク体制にもとづく生産能力，実験的方法の実践，企業リスクの分散に対する受け入れ用意が中心的な位置を占めている。

　◇ヴァレンツァ地域（ピエモンテ州）　産品：宝石・貴金属製品
　ミラノから100kmほど離れたアレッサンドゥリア県ヴァレンツァは，宝飾品の産地としてイタリアでもっともよく知られた重要な地域である。この産地の宝石・貴金属部門は，千3百の企業と7千の従業者数からなり，約15億ユーロの年間売上高をもつ製品のおよそ半分が輸出にむけられる。毎年この地域において，約30トンの金とイタリアに輸入される宝石の8割が加工される。
　地元企業の法的資格は〈個人事業者〉もしくは〈有限会社〉が多く，ほとんどの場合，会社組織と経営者，親族関係が大きく重なり合う家族経営によって操業されている。

企業規模はいたって小さく，一企業の平均従業員数は5.6人である。また，産地全体での経営者の交代はかなり活発で，高い社会的移動性を示しているが，発注業者と納品業者との関係を安定維持させるような受注生産方式が広く普及している。産地の強みは，技術的ないし職業的な〈ノウ・ハウ〉が150年以上の職人的な宝飾品製造の伝統において広範囲に蓄積されていることであり，そのことによって，多くの場合に現場の仕事をつうじて伝承され習得される知識を備えた質の高い労働者が存在することや，企業間の濃密なネットワーク，市場変化への対応の迅速さ，などが可能となっている。

　産地での重要な資源である企業に対する経営志向は強く，そのことは，とりわけ女性を含むあらゆる人口層のエネルギーを生産システム全体で活用することを支えている。近年において多くの企業，とりわけ職人的企業にとって，もっとも喫緊の課題は，商業化をいかに進めていくかという点である。たとえ産地企業のネットワークに参画するにしても，小規模企業の契約上の重要性は少数の例外を除いてじつに限定的なものであり，販売促進の手立てもほとんど活用されていない。多くの企業にとって国内ないし国際的な発表・展示会に参加することは，新しいマーケットを接する唯一の機会となっている。

　さらに最近になって，かつて海外取引において直接顧客との関係に依存していた多くの企業は，宝飾品業界やファッション業界の国際的な〈巨大ブランド〉の傘下に入ることで，一方では商品化と製品販売の機会が大きく保障されながらも，他方で自主性が大きく制約されるようになっている。大企業にとっては従属性の度合いは比較的小さく，契約においてもヴァレンツァにある貴金属業者側は商品見本の独占的な委託契約を規定したりしているが，発注者の企画

やデザインに従って製造する産地企業との受注生産も少なくない。以前には，小規模生産者は独立した宝飾店舗へと繋がる代理店ネットワークをつうじて直接小売市場を管理することが可能であったが，今日では，組織的な販売方法の進展やブランドの知名度，広告キャンペーンの洪水によって，職人的小企業の入り込む余地は狭まれている。グローバル・レヴェルの製品に対する商品化に向けた挑戦こそが，まさに生産に関して豊かな〈ノウ・ハウ〉を蓄積している産地企業が取り組み，そして勝つために学ばなければならないことである。

4 〈メード・イン・イタリー〉のショーウィンドウ

イタリアの産業のなかでも，とくにファッション産業は強い輸出志向をもち，海外販売網に対して莫大な投資をおこなっている。じっさい，中堅メーカーから〈高級ブランド〉に至るまでが，ファッション業界のあらゆる部門において生産システムに販売体制を組み込むことが不可欠なこと，そしてとくに海外での販売については仲介業者や輸出先国の商社に頼るのではなく，自らがコミュニケーションを活用したイメージ戦略をつうじて直接管理しなければならないこと，を確信するようになっている。いやむしろ今日では，イタリア企業であれ外国企業であれ，ファッション企業にとって海外に販売拠点を構築することは，まさに投資上の最大の目的となっているといってよい。

ファッション・システムの高級部門では，この数十年に自らの存在場所を国際的に組織してきた。長年にわたりイタリアの〈高級ブランド〉企業は，世界の主要都市のもっとも権威の高いストリート

や主要空港に自社の店舗や〈免税〉店を構えてきた。イタリアのブランド企業の海外販売拠点は、〈プレタ・ポルテ〉が評価される以前の高級仕立服やオート・クチュール（アルタ・モーダ）の伝統において幕を開けている。たとえばフェッラガーモ［Ferragamo］は、すでに1927年にアメリカの主要都市に店舗展開を果たしていた［Fellows, 1997］。つねにイメージや消費者に対する商品の位置づけに特段の注意を払い、販売場所、店舗の〈レイアウト〉、ショーウィンドウや陳列棚に並べる商品を念入りに選択するそれら〈メゾン〉の動機は明らかである。店舗販売で提供される商品のイメージは、高級品の成功にとっての条件であり、また独立店舗や複数のブランドを取り扱う店舗に委託することは困難であることからも、最大限管理されることが必要となる。〈高級ブランド〉企業にとって海外で大規模に販売することは、衆目を強く引きつける場所やストリートに販売拠点をもつことを意味している。

90年代から、販売の国際化が大衆向け商品の領域にまで徐々に拡大し、海外輸出をするイタリア・メーカーのほとんどが、世界の主要都市に直営ないし代理店契約によって自社ブランドの〈ショーウィンドウ〉となる販売拠点をもつことになる。

ファッション業界において、パリやロンドン、ニューヨーク、東京に店舗をもつことは、たんに販売拡張の方法であるだけでなく、マーケティング戦略の重要な原動力やブランド価値を高める道具であり、つまるところ知名度と競争力をつけるための不可欠な条件でもある。

げんに販売の国際化の論理に従った初期の企業のなかでベネットンも、70年代の初頭にパリやロンドン、ダブリン、ミュンヘン、デュッセルドルフに自社の店舗を開いている。〈高級ブランド〉企

業とは完全に異なるマーケットに自らを位置づけながらもベネットンは、つねにコミュニケーションと識別性にもとづく競争力に大きな信頼を置いてきた。またさらに、ベネットンにとって世界の主要都市にある店舗は、若者の趣向と習慣の変化をとらえ、まさにトレンドやモードが創造される場所をキャッチするための「アンテナ」として重要な機能を果たしている。

イタリアン・ファッションにおける販売のグローバル化に関する研究は数少ないが、そのうちのある研究［Einaudi/SISIM, 2000］によると、この30年間にイタリアン・ファッションの海外での生産販売の統合は、以下の3つの波において展開してきたとされる。

1. 70年代に大都市中心部で店舗を設置した少数の巨大な〈高級ブランド〉企業によってつくりだされた〈コスモポリタン〉世代の波。
2. 80年代中期から90年代初頭にかけて多くの企業が、直営もしくは代理店契約によって単一ブランド店舗を直接設置していった形成期の時代。
3. 〈メード・イン・イタリー〉の多種多様な業界やマーケットのあらゆる領域に属する企業グループが、イタリアでの試験的な統合を経た後に、海外マーケットへ自らの利益関心を徐々に移転していった、真の意味での〈新時代〉。

最近では、販売の国際化を進める中心的企業は、以下のように相互に異なる道へと進みでいる。

1. 強力なブランドをもち高級品市場に君臨するゼーニャやアルマーニ、ヴェルサーチェ、マックス・マーラ、プラーダ、ドルチェ＆ガッバーナといった企業は、〈コスモポリタン〉世代に準拠しつつ、大都市中心部ないし国際的に注目される場所にほ

ほ限定して事業を展開し，また資産価値の高い場所に大規模店舗を開設するといった，非常に照準を絞った戦略を採用してきた。
2. 企業規模やマーケットでの位置づけにおいて中堅の企業は拡張戦略に志向し，多くの場合，中小規模の販売店を各所に設置することや自社ブランドの看板を背負うフランチャイズ方式をつうじて，国内の特定マーケットへの食い込みを図っている。
3. 中堅企業の第3の戦略は，〈ワン・ショット〉方式といわれるもので，すでに大規模展開された販売網という〈資産〉をもつ海外企業を買収することによって，店舗数を一挙に増加させるやり方である。この方式は，まさに急激な規模拡大をもたらし，たとえばコモのネクタイ・スカーフ製造企業であるフランジ［Frangi］は，1999年に主要取引先でネクタイ部門において30ヵ国に400店舗以上を展開する，世界でもっとも重要な店舗ネットワークであるタイ・ラック［Tie Rack］を買収している。買収が特定マーケットでの販売ネットワークをもつ企業に関係する場合には，この〈ワン・ショット〉方式を上述の他のモデルと組み合わせることも可能で，バッセッティ［Bassetti］グループの事例では，デカン［Descamps］を買収することで一日にして150の海外店舗を獲得し，フランスやスペイン，ベルギーへの進出を果たしている。

Einaudi/SISIM 研究センターは，報道関係等の資料を活用しながら1996年から2000年までに新規開店した〈メード・イン・イタリー〉ブランド店舗の地理的分布を明らかにしている。それによると，イタリアン・ファッションにとってもっとも安定した海外市場では，たしかに大規模な新店舗の設置が展開されており，その39％

第3章 グローバル・システムとイタリア・ファッション産業

は EU 圏内となっている。これら諸国での販売の国際化は，もっとも有名な〈高級ブランド〉企業だけに限られたものではなく，イタリア国内のマーケットより魅力的な新しい市場部門を追求する中堅企業によっても進められている。

東欧諸国（ロシアを除く）の場合には，イタリア製衣服についていえば付加価値の低い製品の輸出先であることと生産の分散化によって特徴づけられるが，それら諸国での新規の販売拠点の開設シェアは，ほぼ製品にみる輸出シェアと同じレヴェル（約9％）にある。

ロシアおよびアジア諸国，とりわけ日本においては，衣服の消費に決定的な打撃をあたえる経済危機にもかかわらず，イタリア・ブランドの販売ネットワークは減少するどころか，以下の事情により，最近における最終的な投資額は，むしろ増大している。

- 進出企業は，輸入業者や国内販売業者との関係を解消しつつ，直営販売網を強化してきたこと[1]。
- 店舗ネットワークの拡張は，販売地域の拡大と販売〈ロケーション〉の改善と同じく，停滞したマーケットでの販売量を安定維持させるという目的に応えるものである。アジア市場，とくに日本市場では，過去において膨大な利益が保証されてきたことからも，この対応には妥当性があること。

---

[1] プラーダ・グループの代表取締役パトゥリーツィオ・ベルテッリは，アジアでの危機について次のように語っている。「世界に広がる自社販売店は，組織的にも経済的にも負担となっているが，危機と対決するための有効な戦略的選択であることが判明しつつある。店舗は自社所有であり，一時的には利益を犠牲にする危険性もあるが，在庫管理において事業展開することができる。反対に，輸入業者と共に事業を進めることは，発注取消しや店舗閉鎖に巻き込まれることになる。両者の状況は，大いに異なる。」（『Il Sole-24 Ore』紙，1998年1月13日付）。

図1 海外での新規販売店舗開設の部門別シェア

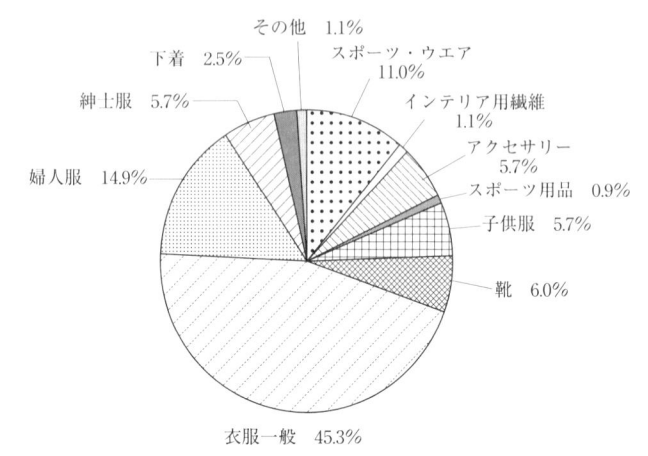

- その他 1.1%
- スポーツ・ウエア 11.0%
- インテリア用繊維 1.1%
- アクセサリー 5.7%
- スポーツ用品 0.9%
- 子供服 5.7%
- 靴 6.0%
- 下着 2.5%
- 紳士服 5.7%
- 婦人服 14.9%
- 衣服一般 45.3%

Fonte: Banca dati sull'internazionalizzazione della distribuzione della moda in Centro Einaudi-Sisim, 2000.

・アジア首都圏の中心地区（とりわけ東京）での不動産資産価値が崩壊したことにより，企業が土地・建物を比較的安い価格で取得できるようになったこと。こうして，景気後退後にみる拡大への基盤がつくられている。

Einaudi/SISIM による製品部門に関する報告では，新規販売拠点の65％以上が外衣服（アウター）に関するもので，この部門が，とりわけ中堅ないし中上位クラスのメーカーにおいて，いまなお販売の国際化の支柱であることが示されている（図1）。他方，〈高級ブランド〉企業は，予算の大部分を販売に割り当て，企業の注目度やコミュニケーション能力によって世間を騒がせ続けている。近年にアルマーニがニューヨークに，プラーダが東京に開店した際に起こったことは，まさにその好例といえよう。

つまるところ，海外に店舗ネットワークを構築することは，もは

や大規模な〈エリート〉企業や業界のトップ企業に限られた選択肢ではない，ということである。それは，多種多様な形態と地理的特性をともなう選択肢として，非常に多くの企業に手の届くものとなっている。

■文献

Amin, A. e Robins, K., "I distretti industriali e lo sviluppo regionale : limiti e possibilita," in Pyke, F., Becattini, G., e Sengenberger, W. (a cura di) *Distretti industriali e cooperazione fra imprese in Italia*, Firenze : Banca toscana, 1991.

Associazione dell'Industria Laniera Italiana, *Statistiche dell'industria laniera*, Biella, 1997.

Bagnasco, A. e Trigilia, C., *Società e politica nelle aree di piccola impresa: Il caso della Valdelsa*, Milano : Angeli, 1985.

Bertola, P., "Moda e design : quale rapporto," in: *Impresa e Stato*, n. 62, Milano : 2003.

Censis, *36° Rapporto annuale sulla situazione sociale del Paese*, Milano : Angeli, 2002.

Centro Einaudi/SISIM, *Un Commercio a due velocita. Secondo rapporto sulla distribuzione in Italia*, Centro di Ricerca e Documentazione, Torino : Luigi Einaudi, 2000.

Fellows, S., "La globalizzazione nel settore della moda," *Micro & Macro Marketing*, dicembre, 1997.

Fortis, M., Bassetti, G. e Nodari, A., "I settori portanti del made in Italy manifatturiero : moda, arredo-casa e macchine specializzate," in Quadrio, C.A. e Fortis, M., *Il made in Italy oltre il 2000 : Innovazione e comunità locali*, Bologna : Il Mulino, 2000.

Hermes Lab, *Il mercato mondiale della moda e la Toscana*, Prato : Camera di Commercio di Prato, 2003.

Maggioni, M. e Nosvelli, M., "I settori portanti del made in Italy manifatturiero : moda, arredo casa e macchine specializzate," in A. Quadrio Curzio e M. Fortis, *Il made in Italy oltre il 2000*, 2000.

Penrose, E.T., *La teoria dell'espansione dell'impresa*, Milano : Angeli, 1973 (1959). [末松玄六 訳『会社成長の理論』ダイヤモンド社, 1980 年]

Pepe, C., "Riflessioni sulla debolezza strategica delle piccole imprese italiane," in *Small Business*, 1, 1988.

Piccoli, L., "Dal distretto industriale al distretto virtuale," in : Cortellazzi S. e Spreafico, S., *Sviluppo locale e politiche formative*, Milano : Angeli, 2003.

Piccoli, L., *Malpensa e dintorni, Il territorio, lo sviluppo, l'occupazione*, Angeli, Milano, 2001.

Quadro, Curzio A. e Fortis, M. (a cura di), *Il made in Italy oltre il 2000 : Innovazione e comunità locali*, Bologna : Il Mulino, 2000.

Sarti, P., "Una politica economica per i distretti industriali," in Quadro Curzio A. e Fortis, M., *Il made in Italy oltre il 2000*, 2000.

Sistema Moda Italia (SMI)-Associazione Italiana delle Industrie della Filiera tessile Abbigliamento, *Note congiunturali trimestrali*, Milano, vari anni.

Varaldo, R., "Dall'impresa localizzata all'impresa radicata," in *Relazione presentata al Convegno di Sinergie*, Salerno, 1994.

Visconti, F., *Le condizioni di sviluppo delle imprese operanti nei distretti industriali*, Milano : Egea Universita Bocconi, 1996.

(参考 URL)

www. clubdistretti. it

www. comoeconomia. it

第4章 現代イタリアにおける都市文化とファッション

ラウラ・ヴォボーネ
(ミラノ・カトリック大学)

1 はじめに

　本章では，ファッションに関する幅広いテーマについて，通常のものよりある点では広く，また別の意味では狭い観点から議論することになる。ここでの観点が広範であるのは，ファッション現象を衣服のそれだけに限定することなく，流行商品や文化，またそれらをある種の組織的方法によって複雑に流通させている諸主体に目をむけているからであり，他方で，限定的な観点であるのは，議論において参照する経験的な素材が，とりわけミラノという都市，さらにはその地域の特定地区に限定されているからである。

　このような限定づけにもかかわらず，以下にみる論考は，イタリア社会全体に関わる議論へと拡張され，関連づけられるだろうし，文化や都市の様式に関して国際的に展開されている社会学的研究の知見をも参照することになろう。まさにこのことは，国勢調査のような全体的データがつねに利用可能とは限らない部分的な社会調査につきまとう欠点を示してはいるが，そうはいっても，とりあえずは小規模なサンプルやひとつの事例研究から一般化を模索しないわけにはいくまい。

　1996年末，我われはミラノ市ティチネーゼ［Ticinese］地区での

調査研究を開始した。というのもそこは，現在に至るまでの長い歴史と今日の形態によって複雑に展開した都市の輪郭を描くのに適した実験的な地区としての代表性をもっている，と考えられたからである。我われの調査における意図は，産業都市の将来像として指摘される都市と文化との結合が，ミラノにおいていかにして具体化されているのか，また，ファッションの領域においてミラノが，いかにしてその主要都市としての地位を享受しえているのか，を理解することにあった。

シャロン・ズーキンが簡潔に断言するように，「文化は，ますます都市におけるビジネスとなりつつある」[Zukin, 1995:2] ことは，ミラノにおいてはいかなる意味をもっているのか？

都市は，つねに文化ないし複数の諸文化の集積地であり続けているが，その非物質的資源の経済的価値は，今日では過去よりいっそう重要なものとなっている。このことは，まさに物質的生産としての都市の資源が希薄化し，これまで以上に多くの人びとが非物質的生産物を享受しうるようになったこと，文化全体がビジネスや投資の対象となりえるようになったこと，大部分の商品（その僅かな部分しか都市で生産されていない）や，とくにそれと関連するコミュニケーション（すべてではないにしても，そのほとんどは大都市に集中している）が高度に文化的内容を含むようになってきたこと，などによっている。それは，まぎれもなくポストモダンとしての都市であり，そこでの熱狂的な生活様式や変化の多重性，直接的ないし媒介的コミュニケーションの機会は，流行という言葉によって不断に再文脈化され再定義される商品や新しい文化状況へ多大な影響を与えるコンテクストとなっている。都市の経済的役割と文化的役割は分かちがたく結びついているが，それは，たんに一般的にいっ

て経済と文化とが広範囲に重なり合う部門であるだけによるのではなく［Du Gay and Pryke, 2002］，まさに都市が，グローバルなものとローカルなものとを統合する文化的交点として，未来への資源としての重要性を高めつつある文化の混合化（クレオール化）に対して最大限の機会を提供するからである［Hannerz, 1996］。

　次節でも説明することになるが，ここでは広義の文化概念が問題となっている。文化は，ファッションと結びつくことによって限定されるのではなく，むしろファッションによって生彩を与えられるものであり，それによって文化は，たとえ束の間の見せかけだけの普遍性であったとしても，生きいきとした魅力的な現実となり，確かなもの，そして売ることが可能なものとなる。

　21世紀のミラノにおいて，そのようなプロセスがより活発化している場所は，郊外地区にある巨大商業センターではなく，また大聖堂教会周辺の街区，モンテナポレオーネ通りやスピーガ通りに挟まれた華やかな〈ファッション区域〉〔この場所には高級ファッションブランド店が集中している〕などでもなく，むしろ，そのような中心地区に結局は取り込まれてしまうことになったかつてのブレーラ［Brera］地区や，今日のガリバルディ［Garibaldi］地区，イーゾラ［Isola］地区，ティチネーゼ地区といった，いわゆる文化地区［O'Connor, 1996 ; Montgomery, 2003］ないし〈流行地区〉［quartieri alla moda］と呼ばれている場所である。それらの地区は，流行消費財のあらゆる流通を抱え込んでいることからも，高い変動性と将来への可能性を秘めた地域であり，国際都市としてのイメージを左右するショーウィンドー的なサーヴィスや〈非耐久〉商品を生産し，伝達し，消費する場となっている。

　そのような地区においてファッションは，朽廃した地域を再活性

化し，経済的かつ表出的な力量を最大限もたらすような役割を演じることになる。多岐にわたる職業従事者たちが，自ら生産者であると同時に消費者でもある複雑なシステムを構築しつつ（服飾店からバール〔カフェ〕，書店，民族工芸・骨董店，画廊，写真・デザインスタジオまで），そこで経済活動を展開し，また，その場所を活用している。

　他方，居住者の側も，〈ジェントリフィケーション〉〔朽廃地区の文化シンボルを付加価値化することによる地域復興・再活性化〕［Palen and London, 1984 ; Butler, 1997］の潮流を後押しする形で変化する方向にあり，住民構成や地域経済の変化は，文化的生産・消費に特化された第3次産業の浸透によって伝統的な職人的産業の基盤を失わせている。その結果として，既存建造物の使用方法と外観が，新しい都市的趣味への審美的欲求によって一新される運命にある。都市再生化に関しても，過去に蓄積された文化財保存を中心とするたんなる旧跡修復とは大きく異なり，まさに文化生産を基軸とする方向へと進む。そこでは，不断に更新され続ける文化——新しいファッション，新しい音楽，新しい食事，新しい気晴らし，新しい出版業，新しい職人——が，凝集した都市を活性化している。

　このような視点からミラノの一地区を研究することは，シンボル的観点と経済的観点，地域資源，企業活動，ライフ・スタイル，文化生産と消費といった諸要素を同時に考慮することを意味している。ティチネーゼ地区は，いわばそのモデル地域なのであり，巨大都市ミラノの変化を象徴する場所である。ティチネーゼがミラノにおいて占める位置は，ミラノがイタリア全体に対して占める位置といってもよい。ある事例に適合することが他の事例にも当てはまるという保証はない。しかし，すべてにおいてそうであるわけではな

第4章　現代イタリアにおける都市文化とファッション

いが，イギリス人研究者ジョン・フットが歴史の再構築において，戦後期と80年代のイタリア経済の奇跡がミラノを橋頭堡としていた点を指摘しているように，たしかにティチネーゼ地区が，ミラノ市内の他の地域にも援用可能な糸口を示していると考えることは，けっして無謀なことではない。とくに，彼も強調しているように，80年代のポスト工業社会での経済的奇跡は，ミラノがファッションの首都として新しい役割を担うことになった点と符号している[Foot, 2001:129, 157]。

現代都市のファッションを中心とする文化生産を調査研究の対象としてから2年後に，欧州連合の1997年度 ADAPT 計画に基づき国際共同研究が開始され，そのもとで企業支援サーヴィスの発展を企図した「文化産業支援サーヴィス情報センター」[ICISS] 計画によって，欧州の諸都市における文化産業が直面する状況に関してのデータ収集が可能となった。その調査は，マンチェスター市立大学のポピュラー・カルチャー研究所によってコーディネートされ，マンチェスターやミラノの他に，ヘルシンキ，ベルリン，ダブリン，ティルブルグ，バルセロナなどの諸都市を調査対象として，文化的な生産・消費に関わる高度産業集積地区に関する研究を推進するものであった。

調査対象地を都市全体でなく地区を対象とする決定は，イギリスの調査研究チームと同様に我々にとっても，文化創造地区に関してすでに実施してきた知見の検証という意味で目的にかなったものであった[O'Connor, 1996]。いまだ公式統計によって把握されていない情報をゼロから収集するためには，まずは限定された地区を対象に質的な状況把握をおこない，それをもとに全体把捉的な大規模調査へと発展していくことが望ましいことは，いうまでもない。む

しろ調査研究の開始において直面したいっそう難しい問題は，文化産業（IC）という概念の操作化にあった。幾度かの議論の末，その概念は，地域文化ないし地域生産のなかでもシンボル的価値の高い生産部門に依存しているという前提にたった非常に柔軟なものとして措定された。以下では，1996-1997年にミラノの調査研究チーム[*1]がパイロット的に実施し，『流行地区（*Un quartiere alla moda*）』[Bovone, 1999]で報告された調査，ならびに2000年に報告された『文化を企業する：都市再生（*Intraprendere cultura : Rinnovare la citta*）』[Bovone, et al., 2002]にまとめられている欧州のICISS計画に基づくイタリアのRUCI［Riqualificazione Urbana produzione Cultrale e nuove Imprenditorialita］計画による調査経過について，まず説明することにしたい。

　調査研究の方法については，いずれの場合も複合的な方法が採用された。本章第4節で調査地区の概況を再整理することになるが，探索的調査では，キーパーソンへの聞き取り，エスノグラフィー的手法による観察，いくつかの企業に関する事例研究，市街地図・都市計画の精査，人口流動や選挙行動，居住形態などに関するデータ収集などが進められた。RUCI調査では，いくつかの企業データの分析に加え，調査票調査やその他の質的調査が実施されている。この点については，本章第6節でさらに詳細に触れることになろう。

---

*1　本章の随所で言及するミラノの調査研究チームは，筆者が代表するミラノ・カトリック大学「ファッション文化生産研究センター」［Centro per lo studio della moda e della produzione culturale］の研究員から構成されている。最初の研究報告書の作成メンバーは，リータ・ビーキ，エマヌエーラ・カニアート，エマヌエーラ・モーラ，ルチーア・ルッジェローネ，パオロ・ヴォロンテ，第2の報告書は，マウロ・マガッティ，エマヌエーラ・モーラ，ジャンカルロ・ロヴァーティによる。また，両調査とも，サッサリ大学のアントネッタ・マッザッテとアンドレア・ヴァルジュの協力を得ている。

2 キーワード：文化,文化生産,ファッション

まず，以下の議論で頻繁に言及する用語の意味について，明らかにしておくのがよかろう。それら用語とは，文化，文化生産，文化産業と文化企業［imprese culturali］，文化的企業家［impreditori culturali］，文化的媒介者［intermediali culturali］，ファッションである。

かなり以前より人類学と社会学では，あいまいな文化概念の明確化に取り組み，規範や価値，信念，態度といった，動物と人間とを区別するシンボル化能力に文化を認める機能主義的な概念規定への一般的了解を越えて，今日では文化の潜在的・抽象的側面より明示的・具体的側面を強調し，また，文化の静態的局面よりも動態的局面に大きな注意をむけてきた。

ハンネルツは，『文化的複雑性（*Cultural Complexity*）』において，文化概念の定義にともなう困難について指摘している。

> 「ホモ・サピエンスは，〈意味を創り出す〉生き物である。…この意味創出が人間生活にとっていかに重要であるのかは，観念や意味，情報，…理解，知性，…意見，…信念，…文化など，数多くの概念群をみればわかる。近年，とりわけ文化が意味の問題として取り上げられている。文化を研究することは，観念や経験，感情だけでなく，それら内的性質がまさに公的性格を帯びた社会的意味を獲得するにいたった外在的な諸形態をも研究することである。」［Hannerz, 1992:3］

文化が経験的に記述可能な客体として結晶化され，観念や想像が

意味の一時的な措定としての文書や会話文にならなければ，確かな対話は成立しまい。ダイアナ・クラインは，以下のように明快に説明している。

「古典的な社会学や人類学の理論は，現実よりも観念やイデオロギーでの一貫性や論理性において文化概念を強調してきた。…今日，文化は，明らかに社会的構築物ないし社会的産物としての文化，言い換えるなら，記録された文化，印刷やフィルム，工芸品，最近では電子メディアにおいて記録された文化をつうじて表現され，議論されている。」[Crane, 1994:2-4]

もちろん文化は，意味のまとまりや知識，信念として我われの精神のうちにあるが，それが，我われの知識や信念を伝達可能なものとし，意味を了解可能で社会的なものとするような言説や行動となって現れたとき，興味深いものとなる。つまり文化は，たとえば会話や歌を記録するテープや書物，我われの行動や見たもの，他人に見せたいものを記録する絵画やビデオなど，物質的な支えを見つけ，意味を〈文化的対象〉のうちに結びつけることができる [Griswold, 1994]。

現代社会学や，とくに文化社会学の一派として周知のカルチュラル・スタディーズ [Hall, et al., 1980; Morley, 1992] では，我われの思考そのものより，思考内容が社会化されたり，了解ないし了解されなかったりする事実の方がより重要である，と考えられているようである。我われが出会う物事としての対象は，言説や思考が編み込まれる確固たる中核をなしている。文化は，あらゆる人びとによって構築されている。とりわけ人間による生産活動は，ある一定

第4章　現代イタリアにおける都市文化とファッション

の限られた人びとにのみ委任されるようなものではなく，あらゆる人びとが生産者となり，その責任者となりうるのであり，すべての人間は，程度の差こそあれ，文化の構築をめぐる舞台で演じるための道具をもっている。それら道具は，たんに意味のコードを解読するためだけのものでなく，ときに対抗的立場に立つことになる不断の交渉過程において，再コード化をおこなうためのものでもある［Hall, 1980］。

　このような文化の〈複数性〉に関する見方は，文化構築の実践において諸個人間に形成される位階構造ないし階級関係に再考を迫ることになる。あらゆる文化は，たとえそれが媒介的なものであったとしても，もはや支配階級ないし著名な専門家の手に独占されるようなものとしてではなく，意味の絶えざる生成過程としてみなされることになる。そこにおいては，意味それ自体も，流動的かつ潜在的で，多重的なものとなる。支配的文化は，個々人や特定の下位文化の手によって再解釈され，再度議論の対象に付されることになる［Crane, 1992: chap. 5］。

　これと同様に，文化産業という概念に対する社会学側の対応にも，変化がみられてきた。

　そもそも〈文化産業〉という言い方は，新しいマスメディアの登場によって，言説やイメージ，音を組立作業の論理のもとで無限に生産していく巨大な装置を指示するため，40年代に発案されたものである［Horkheimer and Adorno, 1947］。当時の見方に立つなら，文化産業は，人びとの意識を麻痺させる装置であり，大衆労働者たちに教養人のための高級芸術とは無縁の暇つぶしの道具をあたえ，下品な美的センスに覆われた無意味で規格化された文化生産物を消費させることによって，彼らの余暇時間まで搾取することを意図す

る仕組みであった。

　今日の文化生産にみる巨大なメディア装置は，いまだ健在でより強力なものとなってはいるが，より小規模な情報メディア企業と共存する環境において，巨大ネットワークは小規模ネットワークと接続される可能をもち，場合によっては，その力と規模に急激な変化がもたらされることもありうる。画一化された娯楽が唯一の提供品ではなくなり，よりスタンダード化されていない要素をそれ自体のうちに分かちがたく取り込んでいる。高級文化と低級文化，芸術作品と複製芸術は，それぞれ独立した領域を構成するのではなく，分離することができない [Featherstone, 1991]。もはや芸術作品は，その唯一性や再生産不可能性によって自らを呈示することはなく [Benjamin, 1955]，また再生産可能な低級文化の方が，すでに高級文化より数量的にも上回っている。映画やコミックだけでなく，罪深い広告までもが，芸術作品と強く結びついた生産物として最頂点に達している。少なくとも社会学的観点からみるなら，ダントは，「芸術作品のコンテクストが，それを他の対象から区別する」と指摘している [Dant, 1999:158]。たんに抽象的な審美的価値をもつというだけでは十分でなく，その価値は，作品制作者の精神の内にだけでなく，おそらくその鑑賞者側のそれにおいても備わっているに違いない。美的メッセージが第一級の価値をもつか二級のそれなのかの判断は，制作者の意図においてだけでなく，異なる受け手主体側においても同様になされる（かならずしも，両者の判断が相応しているとは限らないが）。

　したがって，当初の文化産業に対する考え方は，今日においてはまず，容易に上下の区別をつけえないようなマスメディア関連商品や芸術作品など，極めて多様な広がりをもつ生産物を含むことにな

る。またこの用語は，昔と比べて現在では非常に差別化された（物質的な用途をもつ）商品生産を指示するためにも頻繁に使用されている。

　じっさい文化は，日常生活に供するモノ——食品や家具調度品，衣服，日用品——に対して社会的に認知された特定の形態を付与する。これらのモノが差別化され，多様化されるほど，社会はより複雑化し，いっそう豊かで洗練されたものとなり，逆にモノとしての商品の多様性は，ますます物質的な使用面からは説明し難いものとなる——衣服は身体を覆う機能をもつが，このことによって，生産され購入される衣類の量を説明しえないことは，いうまでもない——。逆に，そのような多様性は，それらのモノが付帯させている非物質的要素から説明されることになる。

　文化の構成要素として無視しえない〈意味〉が，我われの衣服の選択を説明する。工業社会や大衆消費社会が機能しえたのは，まさに商品が，より興味を引く美しい様式へと絶えず改良されたり別の形態に結び付けられたりして，他の消費者ないし生産者のカテゴリーや，より一般的には自らが接近ないし回避したいと考える社会集団の諸カテゴリー［Douglas and Isherwood, 1979］において，他者を引き寄せる（ボードリヤールのいう「真の意味」[Baudrillard, 1972]）からである。ファッション部門がまさにその典型であり，そこでの商品は，採用される技術や複雑で手の込んだ製造工程によってではなく，他者に理念や経験といった繊細なものの所有を可能とさせることはもちろんのこと，それらを販売しうるがゆえに，市場価値（もしくは他の商品と比較した場合の付加価値）をもつのである。まさに，意味のヒエラルキーがつねに明確とはいえないことや，不安定なポスト近代的主体が自己を結びつけうる場所を探し

求めていることによって,売買の対象となるものは地位や「差異」のシンボルとしての度合いをますます低め(この点は,ブルデューも主張している[Bourdieu, 1979]),より一般的にいうなら,そこでのアイデンティティに関わる要素は,ポスト近代的個人が追求する自己定義や自己像のひとつの可能性を切り開いていくことになる[Bovone, 2003]。そしてとうぜん大量生産も,このような差異化の必要性,すなわち,他者との競争に不可欠な審美的特性を獲得するための洗練された探索やコミュニケーションによって,凌駕されていくようになる。

フレデリック・ジェイムソンは,「イメージ依存症の文化形式」[Jameson, 1993:46]と定義するポスト近代文化への痛烈な批判において,これら現代社会の様相を次のように指摘している。

> 「もはや誰をも驚かせはしない。…今日の美的生産は商品生産一般に統合されている。これまでにない規模で,より新しい商品(衣服から飛行機まで)の生産を追求しようとする熱狂的な経済上の要請は,いまや美学上の革新や実験に対して,ますます構造上の機能や位置づけにおいて不可欠なものとなりつつある」[Jameson, 1993:4-5]。

これらすべてがもはや誰をも驚かさないのであれば,それは,次のことにもよっている(ただし,ジェイムソンはこの点に同意しないであろうが)。すなわち,きわめて多様な商品を前にした選択決定の諸段階において,それらの間に明確な区別やヒエラルキーを見いだすことが困難なこと,多くの生産者が関与しており,また異なる生産局面での責任者の影響力が相互的であること,権力は不均等

に配分されてはいるが一義的でなく，その所在を同定することが容易でないこと，である。無一文から幸運にも重要人物が突如現れることがあり，資本よりもときにアイデアがいっそう重要なものとなり，企業の規模はあまり関係がなくなっている。むしろ，イタリアの生産モデルの特長としてよく言及される零細企業こそが文化生産システムの典型となり，北部ヨーロッパ諸国においても [O'Connor, 1996]，それは若者への労働機会の提供やポスト近代都市の復興に思いがけない繁栄をもたらすようになっている。さらに，ますます洗練化され，差異化されてきた一般大衆の側から，多種多様で予測困難な文化的複合を満足させるような，非常に柔軟性に富む差異化された生産物が要求されてもいる [Lash and Urry, 1994]。

したがって，しばしば文化産業と同列に扱われる〈文化生産〉も，非常に意味幅の広いカテゴリーとなり，それを定義するには相当骨が折れる。たとえばクラインは，少なくとも〈記録された〉文化生産の3つの主要なタイプ——中心的，周縁的，都市的——を区別している [Crane, 1992]。これら3つのタイプのうち，第1のそれには，全国的なネットワークによって大規模に組織化されたコミュニケーションや娯楽に関連した文化産業の伝統的タイプが該当し，第2のそれには，第1のタイプに対応した文化産業のうち，差異化された人びとを対象とする独立した領域，そして第3のタイプには，都市部にのみ整備された環境と特定の居住者を必要とする芸術生産が当てはまるが，それらは，現存する文化生産物の一部を列挙しているに過ぎない。そこでは，日常生活において利用される大量の生産物や無数の人工物，すなわち，我われの食や住居，労働といった生活需要に結びついた機能をもち，我われの生活の意味を充実させるがゆえに選択され，評価されるものが取りこぼされるこ

とになる。それらは,上でも述べたように,とりわけ我々の非物質的欲求を満たすものである。

ようするに文化産業とは,おもにシンボル的ないし美的な要素によって市場価値をもつ財やサーヴィスを生産する部門ということになる。したがってそこには,とうぜん情報コミュニケーションや娯楽に関する伝統的な文化産業だけでなく,食料品からファッション,観光,デザインに至るまで,〈メード・イン・イタリー〉製品に典型的な数多くの商品・サーヴィスの生産も含まれることになる。

ティチネーゼ地区の調査においては,文化生産システムやファッション・システムそのものより,むしろ文化生産に携わる社会的アクターとしての諸個人に焦点を当てることを狙っていた。文化生産が示すダイナミクスを理解するための,言い換えるなら,それが都市部の経済や将来の社会に果たす役割を理解するための基本的かつ本質的な要素とは,まさに自らの文化資源を危険にさらしながらも生計を立てていくことを決心する社会的アクターの自覚的認識の程度に求められる。今日の消費の大部分において経験的な意味やアイデンティティに注意が喚起されているように,そのような自覚的な認識は,あきらかに自分の経験・アイデンティティと消費者の経験・アイデンティティとの自覚的な接触を見いだすことに関係している。じっさい〈文化的企業家〉は,彼らが提供する商品をつうじて,自ら具体化した理念をあえて提示しつつ,異なる世界とのコミュニケーションに入り込む。つまり彼らは,ピエール・ブルデュー[Bourdieu, 1979]の表現を借りて1994年に我々が提示した意味での〈文化的媒介者〉といってよい。

有名な著作『ディスタンクシオン(*La Distinction*)』の最後の部

分においてブルデューは,(伝統的な芸術家や知識人と区別される)〈新しい文化的媒介者〉たちが,新興プチブルとして上流階級の良質な趣味趣向の〈伝導ベルト〉の役割を果たしていることを指摘している。彼らとは,「ラジオやテレビ,調査機関,研究所,大新聞や雑誌といった文化生産の大規模な官僚的機構や,とりわけ公共的ないし文化的事業の専門職において,穏やかな操作という働きかけを担う…知識人」[Bourdieu, 1979:422]であった。

90年代初めに我々が実施した調査では,この概念の適用範囲をより拡大し,芸術やファッション,観光,ある種の自由業(建築家やジャーナリスト),企業経営者にまで拡張した。とくに我々にとっての新しい文化的媒介者とは,古典的立場に準拠するブルデューとは異なり,かならずしも権力を握ることによって下位階級からの距離を維持することに努めるエリートというような悪夢的なものでなく,以下のような者たちであった。

「(彼らは,)ただ下位階級が受動的に受け取るような支配階級の趣味趣向を媒介するだけでなく,より一般的には,巨大な民衆層にむけて文化を伝達すると同時に,意味を洗練化し,再洗練化するような者たちである。…そこでは,表現性と市場性,知的探求とマス・コミュニケーション,保守と解放,といった異なる論理が交差する」[Bovone, 1994:25]。

この箇所での言及対象となっている人びとは中小企業の経営者だけであるので,ある意味では同質的な者たちといえるが,別の箇所では,たとえば企業家の教育レヴェルなど,より異質的で多様な者たちにも考察の目が向けられることになる。いずれにしても,この

研究においては，文化産業というよりむしろ〈文化企業〉に関していっそう強い関心がむけられている。というのも，我われが考察するのは，小規模生産ないし，ある種の個人的生産（その点で，巨大産業の論理における大衆的生産とは異なる）であり，また個人もしくは家族，ごく少数の従業員からなる零細企業の企業家たちだからである。さらにそのうえ，都市によくみられるそのような企業が，たんにモノの生産だけでなく，とりわけサーヴィスを提供するものであることを考慮していたからである（つまり，工業の論理から排除される第3次産業に帰属する部分を含んでいる）。

ミラノという都市の文脈と本書の趣旨からいって，ここで最後にファッション生産に関してその意味を明確にしておく必要があろう。

最初に述べたようにファッション［moda］という言葉は，多かれ少なかれ「流行している」多種多様なモノに適用され，より限定されたモノを指す場合においても，一般的には服飾に関連して使われる［Braham, 1997］。前者の意味においては，今日ますます多くの商品（モノだけでなく，サーヴィスや場所も含む）が，流行変動の影響下におかれつつ，美的・社会的意味によって差異的価値をもつようになり，比較的短期間にある特定の社会環境において受容される多彩な変種を生みだしている。その意味で流行は，文化生産の一側面として，不断の変化，すなわちコードの不安定さを強調するものといってよい。

今日の流行は，もはや社会的流動性のメカニズム，すなわち有閑階級での新しい発明を即座に模倣する下層階級との距離を維持しようとする上流階級の規律化された行動様式によって決定づけられることはない。このようなプロセスは，古典的理論において描かれて

きたものであるが［Simmel, 1911; Veblen, 1953］，ブルデューのいう〈血肉化された文化資本〉，すなわち，外見や衣服の装いの仕方すら規定する生得的な趣向性として広く浸透し，安定性を獲得した全体性の一形態として指示される〈ハビドゥス〉概念にも関連づけられる。現代の消費理論では，それとは別の論理が強調されており，そこでは，持続性や障壁・境界構築に結びついたあらゆる基準が追放され，真の意味での「つかの間の美学［estetica dell'effimero］」によって置き換えられることになる［Appadurai, 1996: chap. Ⅲ］。ファッションとは，まず第1に新奇性への追求であり，次に，発見された新しいものを伝達する欲求である。そこでは，原理的にはあらゆる人びとが，その道筋をつけることができ，また主人公になりえるのである。

　このことが目立った仕方で適用されるのが，衣服にみられるファッション・アイテムであり，とくに婦人服の場合のそれである。じじつ，そこでは無限のオプションとグラデーションが存在し，それらのもつ意味は，機能性という点では余計なものでしかないが，美学的-社会的には興味深い範囲で流動的に変化する。その他のあらゆるファッション・アイテムと同じように衣服に関しても，誰が流行を決定するのかを判別することは困難である。文化的情報の伝達回路は複雑化しており，今日では明らかにデザイナーや企業家，生産工程の各段階での専門家，メディア，消費者が，けっして決定的なものではありえない多様な方法で，意味の構成を競い合っている［Bovone, 2000; Ruggerone, 2001; Volonte, 2003］。

　このことが確かであるなら，衣服ファッションだけでなく，これまでにすべてでないにしても部分的に目をつぶってきた，文化生産という言葉がもつ別の意味表現についても考慮しないわけにはいか

ない。じっさい広い意味において，文化生産の主体は，発案者や生産者，伝達者，販売者といったように，自らの経済活動を共振させながら，文化やあらゆる種類の文化的産物を生産・再生産し生計を立てている者たちだけでなく，ド・セルトーが「知られざる生産者」[De Certeau, 1990:45]と呼ぶ消費者自身も，文化生産のマクロ・ミクロ的な回路を通じて提供されるさまざまな商品に対し，支持するか反対するか，市場から提供される意味や支配的文化もしくは小規模な回路から提供されるいっそう多様化された文化を，受容するか再構成するか，といった予測困難な仕方で反応する。ド・セルトーにしたがうなら，狭義の文化生産は，市場経済の支配的規律に従って自らが活動場所を規定しているという点で「戦略的」なものであり，他方，消費者によって操作される文化生産は，特定の活動場所をもたず，また大規模な計画性や計算可能性に欠くという点で「戦術的」なものといえるだろう。

「合理化され，拡張主義的で中心化された華やかで派手な生産は，〈消費〉と呼ばれるまったく異なるタイプの生産，つまり，抜け目なさや時宜的な断片化，密猟，非合法性，不断の不平不満によって特徴づけられる生産によって対峙され，見えないものにされている。なぜならそこでは，いかなる方法であろうと生産そのものによってではなく，与えられたものを利用する手管をつうじて姿を現すからである」[De Certeau, 1990:53]。

このような戦術は，今日ではますます研究され，企業の戦略的計算のうちにとらえられている。したがって，提供された対象物の意味に対する消費者側からの働きかけは，（狭義の）生産者と消費者

第4章　現代イタリアにおける都市文化とファッション

とを結ぶ関係として，本章で注意をむけることになる企業の文化生産に関して考慮されることになろう。後に続く本章の結論部分では，とくに我々がこれまで研究してきた小規模な文化企業の事例において，すでに述べた文化生産の2つのタイプを厳密に区分することがどの程度有益なのか，について考察することになる。

なお，以下において流行地区ないし流行する財・サーヴィスの生産／消費に関する議論を進めるにあたっては，ファッションを広義の意味として使用し，衣服ファッションやそれがミラノで果たす役割については，一瞥するにとどめることをあらかじめ承知されたい。

3　ポスト近代的都市の資源

ポスト・フォーディズムの時代の急激な変化とともに，工業生産の大部分は南部世界へと移転され，都市は，もはやその中心ではなくなり，代わって金融市場やコミュニケーションの流れ，消費やファッションのシステムの原動力，公共的ないし経済的サーヴィスの発信源の中心となった。しかしながらより顕著な変化は，まさに中心に近づくほど可視的になるような，同心円状に広がる「一時的な空間圧縮」[Harvey, 1993] であった。グローバル・コミュニケーションが，きわめて短時間かつ低コストに情報，ひと，商品の移動を可能にした。グローバル化社会は，すべてのものが同時存在する社会である。新しい事柄が，ファッションの速度や商品の衰退を左右し，使い捨ての精神が，商品の品質と耐久性への追求にとって代わられた。

商業中心地や流行地区へと転換された旧工業地帯は，都市を生産

の場所から消費の場所へと変化させることになった。生産の場（近代）が，消費の場（ポスト近代）に変貌したといってよい［O'Connor and Wynne, 1998］。マンチェスターやグラスゴー，ニューヨークと比べて，工業生産体制が非常に遅れて開始されたミラノのような都市では，消費へと産業転換が可能な前近代的な生産地区がいまだ残されている（農業集落や職人工房など）。

都市の労働市場は，ファッション関連の諸部門——服飾製品から個人向けサーヴィス，大量消費向け商品の浸透と商業化——における発展と，特定の企業向けサーヴィス部門——あらゆる形態の情報伝達，資金支援，経営コンサルティング——の進展とによって特徴づけられる。それらすべての部門は不安定で変動が激しいため，労働者は不規則な仕事やパートタイム労働，未熟練労働に就く傾向にあり，じっさい職業キャリアに柔軟な若者層や移民が，低賃金ではあるが，より洗練されたサーヴィス提供にとっては不可欠な労働に動員されている［Sassen, 1994 : chap. 6］。

経済取引の情報化は，ある種の人びとが予測したのとは反対に，都市の特権的地位を剥奪することはなかった。脱中心化された相互作用ネットワークは，かならずしも都市圏の中心化の伸びと対立することはなく，都市は，相変わらず取引，情報，権力にとって優位な場所でありつづけ，都市を統治するものは今までどおりそこに住み，また多様なレヴェルの下層労働を引き寄せている。また，マヌエル・カステル［Castells, 2001: chap. 8］やサスキア・サッセン［Sassen, 2000］が強調しているように，そこは，電子的なネットワーク回路を補う身体接触の場所ともなっている。そこでは巨大都市は，以下のようなものとみなされている。

第4章　現代イタリアにおける都市文化とファッション

「国家およびグローバルな規模における経済，テクノロジー，社会的ダイナミズムの中心である。それらは，発展にむけての実質的な原動力であり…文化的・政治的な革新の中心であって…あらゆる種類のグローバル・ネットワークの接合点である。インターネットは，それら中心部にある電気通信に依存している」［Castells, 1996：409-410］。

ここで述べたことがイタリアにおける都市人口の減少と両立していることを理解するには，移民や短期的な居住地移転などを含む，都市の流動性全体を考慮に入れる必要がある。

マルティノッティによるデータが，都市人口の長期変動に関する大規模な変化をとらえている［Martinotti, 1993］。大部分の住民が都市城壁の内側周辺で働いているような伝統的都市や，地域産業が周辺地区からの通勤者を引きつけていた「第1世代の都市」が衰退した後，今日の状況は，いっそう複雑になっている。人口減少が続く「第2世代の都市」では，ますます多くの「都市消費者」，来街者，都市利用者を呼び寄せているが，彼らは，都市に定住することなく，役に立つ限り——商品，生産空間，娯楽，文化——において都市を利用している。ある特定の行政区域（市や地区など）に居住することがそこでの就労を意味しないことが明らかなように，現代の都市を特徴づけるような仕事内容や契約によってそこで働く労働者たちは，ますます数時間や数日しかそこで仕事をしなくなり，その分，外部地域から買い物や娯楽のために来街する者たちと同じように都市を消費する機会が多くなっている。

そのため，旧来より生産組織によって規定されてきた経済-政治-文化的支配の装置をもつ場所において，グローバル化された都市

は，それら経済・政治・文化が相互に錯綜する多くの装置を我々に提供することになる。以前と異なるのは，ほんの少し前の時代に廃れてしまった都市の蓄積物をとおして我々の目に映る都市の結末であり，また，異なる者たちによるその利用の仕方である［Savage and Warde, 1993 ; Nuvolati, 2002］。

しかしながら逆説的にも，情報伝達手段の強化によって変化の速度を管理可能なものにしつつも，同時に用途を決定されない無計画な広大な空間が放置されることとなった。多くの場合，それら都市内部の地域は，かつての工業生産の主役であり，近代都市計画が多かれ少なかれ成功していた場所であった。「都市概念が解体し」，実現されることのない合理化のユートピアが露呈することになる。都市においては，中央権力と極端な周縁性がもたらす問題が集中し，異なる文化が生成ないし激しく対立している。したがって，なすべきことは，「都市システムが実施ないし廃止すべき，また衰退のなかで生きながらえている単数もしくは複数の微視的な実践を分析する」ことである［De Certeau, 1990:145］。

人びとと新しい都市的装置との間での，大かたは評価され，したがって多かれ少なかれ満足すべき関係について無視できない問題として，フランスの人類学者グループは，場所と，その解体によって生みだされる「非場所」としての空間とを区別してきた。ド・セルトーによれば，場所は，「安定性」や「各人が自ら定義するところの『適切』かつ明確な場における…共存関係としての…秩序」であり，他方，空間は安定的でも明白なものでもなく，「動的な諸要素が交差する場であり，そこにおいて空間は多価的な単位として方向づけられ…世俗化され…作動するよう仕向けられている」［De Certeau, 1990:173］。空間は，生きられた場であり過程であって，場所

第4章　現代イタリアにおける都市文化とファッション

の計画性や秩序とはかならずしも対応しない論理に従っている。しかしオジェがいうように，増大しつつある純粋なる空間は，社会関係に結ばれ細分化された文化的な過去によっては同定されることはなく，またそうであるがゆえに，それは，精緻に計画化されたとしても，そこを通過する個人にとっては，意味のある場所とはならない。逆説的ではあるが，「超近代性」は「過剰な空間」によって，すなわち，現実的にも潜在的にも世界のあらゆる地点へ到達しうる可能性によって特徴づけられるにもかかわらず，新しい空間消費者たちは，誰もいない大地を，言い換えるなら，非場所である道路や地下鉄，空港，商業センターを通過しているのであり，そこにおいて彼らは，真正なる市民としてではなく，純粋に数量として捉えられる存在となっている［Augé, 1992］。

つまり都市は，社会性の機会と匿名性の機会，場所と空間-非場所，より一般的にいうなら，発見され模倣される役割を担う広大なレパートリー，自己との出会いを変化させるような機会を絶えず提供する他者への接近可能性［Hannerz, 1980 : chap. 3］，購入されるべき大量の商品，他者が所有し，またたんに展示されている品物，などを提供することになる。まさにそこは，たびたび引用されるジョナサン・ラバンの巧みな表現にしたがえば，「スタイルの集散地」ともいえる［Raban, 1974］。

非決定性，断片化，文化的ブリコラージュ，実験，美的快楽の追求，その他の類似したカテゴリーなど，ポスト近代都市を定義する言葉は，建築スタイルの精緻な定義よりはるかに多いが，そのような用語で語られる都市の事例は，とりわけイタリアにおいては数少ない［Amendola, 1997 ; Strassaldo, 1988 ; Mazzette, 2003］。そのような断片化された都市は，おおむね合理性を欠き，全体的で機能的な

手法による運営管理がなされない一方で,居住者の主観的趣向には適合させられているものの,そこでは総合的な表象としての性格づけは阻まれている。したがって,そのような都市を考察するにあたっては,旧き伝統や新しい使命,とりわけ「再魅了化」という新しい形態において混ざり合うポスト近代性［Maffesoli, 1990］の特徴において,それを個別の区域や地区,集落へと分解するのがよかろう。じっさい,現代社会の消費にみる組織形態を新しい宗教的制度化とみなす論者もおり,そこでは,特別な「消費の大聖堂」での魅惑的な儀礼と同時に,画一化され超合理化された行動様式への忠誠が約束させられている［Ritzer, 1999］。ただ,文化地区は人びとによる「巡礼」が収斂する場としてみなされうるものの,それだけに尽きるわけではない。じじつ,我われがティチネーゼ地区の零細な文化企業に関する研究を開始した当初の考えは,それとは少し異なっていた。我われにとってそれは,中心化されず柔軟で,巨大機構の機能性に必要な極端な合理化には容易に溶け込むことのない生産組織であり,文化組織なのであった。

　我われの仮説は,すでに指摘したように将来の都市像を象徴するミラノ市全体に拡張できるものではあるが,少なくともティチネーゼ地区に関しては次のようなものであった。すなわち,都市生活は,「脱領域化」［Canclini, 1990］やそれが帰属する都市的文脈からの疎外という大潮流の方向へとは必ずしも向かわないということ,また,自らの領域を再文脈化しようとするメカニズムにとって推進力となる地区定着化への新しい契機は,グローバル化の動きにまったく対立するわけではなく,むしろそれと両立しうるような状況下において,都市に生きる人びとと,そこに居住する者たち,そこで働く人びとと,都市に移り住む特定の社会的カテゴリーなどによる個別

的な状況のなかで見いだされる，というものであった．

4 ミラノの流行地区で働く(そして，生きる)ということ

我われはティチネーゼ地区を都市文化の新しい趨勢の事例として採用したわけであるが，ヨーロッパのあらゆる都市，とりわけイタリアの都市と同様にミラノにおいても，その新しい趨勢は，伝統との混合なくしてはありえない．

そのことの"客観的"記述を目指し，地図や歴史的資料，写真，市街地レヴェルでの境界区分に関するデータ，景観構成，地区内の就業者や居住者，来街者に関するデータを収集した．また，重要な場所については，直接調査者自身による観察を実施した．

とくに我われは，当該地区に生活拠点を置く，できれば数世代にわたって流行地区を創造すべく文化的ビジネスを展開している人びとを地区の主役として位置づけ，彼らに対する意見聴取を積極的に進めた．都市を語られるものとしてとらえることで生まれる異なる語りは，都市の異なる物語として収集されなければならず，真の姿を無理に引きだすような解釈としてではなく，異なる見解同士が共存しうるようなイメージ像として収集される必要があった．我われの考察も，それら見解のひとつということになろう．

4.1 地区の特徴

ティチネーゼは，おそらくミラノで唯一絵画的な情景を残している地区で，そこには天空を映しだす運河がある．しかしながら，その清らかさと美しさを維持することはもはや困難となり，今ではそ

の運河としての機能も失われている。当該地区は，ながい間，周縁的地域とみなされてきたこともあり，今では廃れてしまったその運河[*2]は，道路事情を改善する必要性によって犠牲にされることを免れ，後に別の資源として，すなわち美的資源として見直されるまでそのままの状態で放置されてきた。

50年代までは，まだティチネーゼの運河も物資輸送などで活用されていて，その時期まで当該地区は，港町のように旅人が行きかっていた。今日にみる多くの公共の場は，当時の船員たちの休息の場を受け継いだものであるが，この50年間でその様相も大きく変貌していくことになる。近年，ようやくその美的資源が経済的価値として認められるようになり，当該地区は，その運命にしたがって，新しく生まれたポスト近代都市に典型的にみられる，イメージ志向の度合いを強めた居住地や職場を提供していった。

運河についていえることは，とりわけその周囲に広がる建築財産についても当てはまる。老朽化した家屋建物やその頽廃したあり様は，絵画的な風景で生活し，働き，散策することや，市内の多くの地区ではほとんど失われてしまった本物の雰囲気を再発見することを望む者たちにとって，肯定的な要素となっている。廃棄するということは，たしかに次なる投機をもたらすものだが，そのような修繕改築は，より進展した基準や，より管理された方法によって実現されるべき適切な時期まで遅延されることもある。建物の美装改築や現在のような所有財産権の細分化の状態が，費用回収の困難な社会階層にとってコスト過剰となり，結局はその建物から退去せざるをえない事態を招来させたことも，また間違いないことであった。多くの場合，古くからの居住者や働き手，すなわち絵画的風景そのものを受託していた人びとの地区は，空洞化していく方向にあっ

第 4 章　現代イタリアにおける都市文化とファッション

た。

　この地区には，もちろん運河の他にも，その地にしかない名所やミラノの歴史上重要な旧跡があり，とくにそこには由緒ある教会やローマ時代の荘厳な遺跡が残されている。ただ居住者自身も認めるように，ティチネーゼの知名度は，そこでの社会生活の特異性，すなわち，簡素な生活様式や職人労働者の組織，家屋・中庭の形態などが直接的で強固な社会的絆をもたらしてきたという，ごく最近までみられたその過去によって支えられている。

　一般的に，これまでミラノがつねに人口移動の交差地点であったとするなら [Foot, 2001]，そのことは，とくにティチネーゼ地区について当てはまる。なかでも，市内の歴史的中心地区の周縁に位置するという地理的条件は，19世紀までその地区を都市と農村間の動的関係と結びつき，さまざまな人びとが往来することや犯罪率の高さをもたらしていただけでなく，その地区の職人的性格をも維持させていた。幾世紀にもわたる市民生活上の特徴は，そこが都市の文脈にありながら高級住宅や邸宅を欠如させてきたことからもうかがえる。市の境界付近に産業集積がみられたことは（アンサルド社やリチャード・ジノリ社など），90年代をつうじて「欄干住宅」[*3]といわれるミラノの庶民住宅——第 1 次世界大戦後の南部移住者たちは，そのような住宅に生活することになる——が広まっていったことに貢献している。60年代にはいり，その地区に部分的にではある

---

*2　船舶の航行が可能なその運河は，1100年頃に築造され，1930年代まで市中心部を全周にわたり囲んでいた。その後，環状道路の建設のために，その大部分が覆われることとなった。

*3　中庭を囲むように集積した小規模アパート群で，各階の部屋同士は欄干付の狭隘なバルコニーによって結ばれ，その端には共同の衛生設備が設置されていた。

が中流階層向け住宅が新たに建設され、地区全体の様相が変貌していくようになる。それを免れた場所では、70年代（異議申し立て運動期）に旧来から居住していた職人や庶民と、ときに放置された廃屋を占拠するような形であらたに侵入してきた極左学生たちとが混ざり合うようになる。80年代には、行政があまり関与しないよう配慮しつつ民間の手によって修復修繕が進められ、90年代にようやく法的規制に基づく改善への必要性が議論され、地区における過去の息吹を再生すべく、市行政当局による最初の都市計画が開始されることになった。

　そこで考慮された唯一の基準は、古代・過去・現在・未来を効果的に接続するための美的景観に求められていたが、それをいかに実施するかという点で意見を一致させることは、つねに困難をともなうものであった。過去の再生が完璧であるなら、必然的に多くの要素が失われ、また、再生が実施されないか、誤った方法で実施され、状態が悪化するなら、やはりそれら要素は失われることになる。したがって、ティチネーゼにおける老朽建築物に対する改修や新しい使用法においては、旧い職人工房を新しい作業場として改修することや、住居としての工場倉庫のロフト化、地区全体を解体取り壊して完全に過去を抹消したうえでの新規建築、など多くの方針が示された。美装化は、じっさいそのような再生化のあらゆる要素にまでゆきわたり、もっとも機能性の高い部分や外装・内装において徹底された。欄干住宅の旧い共同衛生設備の名残で、よく写真に撮られることで有名な「路地裏の洗濯場」や、中庭ないしアパート階段の踊り場にある炊事場、後にレストランへと改造されることになるバルコニーにいたるまでが改修され、また、以前はチーズ製造の工程作業場であった錯綜とした中庭も、いまや各種の仕事場や写

真スタジオ，陶芸・貴金属工房，ファッション・ブティックなどに変貌している。

4.2 創造的地区における多文化

断片化された"都市再生"——この表現は，民間事業や建築関係の責任者たちが使用していたが，最近になってようやく一部の公共事業関係者も使いはじめた——は，とくに地区に根を張る異なる文化の存続にとって有利に働くこととなった。しかしより難しい問題は，それら地区の文化を構成する諸要素が良好な状態で統合されてきたかどうかを見極めることである。

継起的に地区に居住しはじめた異なる人口は，各々が適した空間によって分割されている。戦後の南部からの移住者や70年代の運動青年たちは，工具や職人が住む庶民的な地区に，それぞれの理由から安い住宅を見つけ，そこに居住するようになった。他方，それとは逆に，最後にこの地区に移り住むようになった人びとは，矛盾した欲求をもち，新しいものを忌避すると同時に，地区そのものをもはや自由にしえなくなった古くからの多くの住民を困惑させるような方法で，すでに高価なものとなった過去の遺物を活用することを好む。戦後，工業化の立ち遅れた諸州での高い失業率によって引き起こされた工員の移住や，70年代の極左セクトによる定住の後に続く移住の波は，より洗練された趣向をもつ「美的愛好家」たちによって構成されていた。そのうちの最初の者は，あまり高価でない住居や周辺地域にプロレタリア的雰囲気を捜し求めていた知識人-芸術家-ボヘミアンたちであり，ティチネーゼ地区に知的・政治的前衛色を強めていった。そして，少なくとも部分的には地区再生が達成され，なかば市の中心部となりつつあった80-90年代において

は，一般的に美的なものに関わる専門知識をもつ裕福な社会階層（古物商，建築家，工芸職人，デザイナー，出版人，写真家，ミュージシャンや音楽関係者など）や，娯楽産業やフィットネスクラブ，ブティックなど美的関連産業の経営者たちが，後を引き継いで移住してきた。そして，とりわけ建築家たちは，その再編地区に仕事と居住の地を見つけることになる。

ティチネーゼの人口移動の流れは市内でもっとも目立つものであり，職人的生産や小規模な地域商業に依存していた過去は，多くの側面において大きく変貌していった。そこでの文化産業のすべて，ないしはそのほとんどは，げんに全国的・世界的な息吹を感じさせ，人口流入にみる顕著な流動性は，労働者だけでなく消費者をも巻き込んでいる。この地区は，都市の活気を大きく支える余暇のための空間を提供する他に，地区の外部に居住する多くの人びとに職場をも提供している。市内の歴史的中心地区と同様，ティチネーゼ地区は，流行商品を求める消費者や，またとくに歴史的中心地区と比べて，いっそう夜を楽しむ消費者を惹きつけている。

ティチネーゼ地区の居住者人口の構成は，大卒で専門職に就いているような若者と，教育レヴェルが低く下流階層に集中する高齢者たちからなる「混成」を特徴としている。それら若者や高齢者の多くは単身世帯であるが，じっさいそこは，子どもを育成するのに適しておらず，またそうするための環境や構造を欠いてもいる。

さらに興味深いことは，最近25年間にいくつかの新たな移住期を経た後においても，当該地区の政治的投票行動にみる左翼傾向に変化がみられないことであり，旧来の工具を中心とした居住者の票が，地区センターを自主運営する対抗的な若者たちのそれや，専門職の若者および知的芸術家たちの急進的自由主義陣営の票（とく

に，環境保護や緑の党に志向する），オルターナティヴな消費行動を追求するような「周縁的」なそれにとって代わられている。これらの異なる主体が，ティチネーゼ地区において，じっさいにどのような交代過程を展開していったのかを正確に指摘することはむろん難しいが，少なからずの場合，ある種の社会的カテゴリーに帰属する者たちが，イデオロギーの一貫性とまではいわないにしても，政治的志向性の持続を図りながら，その社会的役割を変えていったこと（おそらく，過去の学生運動家たちは，いまや専門的自由業や自治体の管理職として文化的媒介者となっているであろう）や，新しい文化的企業家たちが，理念上というよりむしろ美的ないし経済的な動機づけから，当該地区の伝統的なプロレタリア的傾向に引き寄せられていったことなどが考えられるであろう。一般的に，経済的繁栄による政治的傾向への直接的な影響を若干でも考慮するとき，近年のミラノは，明らかに中道右派陣営への指向性を強めているなかで，当該地区の左派傾向とそれとの差は，あいかわらず維持されている。もはや今日では右派・左派という政治的区分すら意味をなさない状況にあるものの，この地区に一般的にみられる指向性は，やはりアナーキー的-革新的精神と相関するものであろうし，また，それは非常に差別化されたライフ・スタイルにとって都合のよいものでもあると考えられる。

5　産地としての地区にみる
メード・イン・イタリー

　文化地区は，その定義からいっても，生産-消費サイクルの中心といえる。つまり，そこでは文化的な財とサーヴィスが生産される

と同時に,それらを消費する場も提供されている。生産の現場に直接市場をもつことによって,はじめて成り立つような生産——たとえば,職人工芸や娯楽施設,小売業など——があるだろうし,ときに自らの居住地として当該地区に拠点をもつことによって,文化生産者や文化的企業家たちは,自分自身ないし近隣の者たちが生産した財・サーヴィスを直接消費することもできる。そのような地区は,新しいライフ・スタイルを創造し,販売し,それによって生活する場を提供している。

5.1 流行地区の共力作用

多くの人口が行き交う欧州の旧い地区では,どこであってもその定住形態や人びとの活動は歴史的景観や風景と結びつけられることになるが,この地区が興味深いのは,地域外から多くの消費者を引き寄せ,多様な文化が出会う場所として「都市の魅力的地区」[Sassen, 2000:153]となっている点にある。これまで述べてきたように,地区の文化的財は,地区居住者以外にも提供されており,経済的・文化的資源を十分備えつつ,地区が提供するものを評価しうる差異化された都市利用者や,週末の夜を過ごしに県下からやってくる多くの若者たちを呼び集めている。地区において裕福な移住者と混ざりあいながらも,ある特定の時間と場所において姿を現す貧しい移住者たちは,付加価値の高いサーヴィスを提供するため,また多国籍企業の事業を維持するために不可欠な労働に就いている者たちである。都市の合法的使用は,しばしば豊かさや余暇時間での過激な過ごし方から生じる非合法的利用と混ざりあっている[Rojek, 1999]。

一般的にグローバル文化が排除より包摂に指向するなら,そのよ

うな混成化は停止することなく，対立と闘争とに満ちた不断のプロセスを歩むことになる。バウマンが指摘するように，余所者の概念は相対的なものであり，ある意味で匿名的都市においては，つねに誰もが他者にとって余所者となる。ただ，市民としての真の幸福は，いかに周囲にいるそれら他者の差異を価値づけることができるかにかかっている。

「都市生活にて幸福を得るための秘訣は，自らの到達点と方向性とを定義づけることが不確かな偶然性に生きていることを知り，またそれと同時に，余所者としての他者にみる不確かな状況から生みだされる脅威を阻み，無害化することを知ることにかかっている。しかし，この2つの目的は明らかに対立している。なぜなら，都市においては誰もが余所者であり，余所者の状況をもたらすあらゆる関係は，回避すべき脅威を制限するものの，それによって息吹が与えられる自由をも制限するからである」[Bauman, 1999：82]。

とりわけ地区の散発的な利用は，そこに定住するものたちと対立することになる。居住者および地区内に自分の活動拠点をもちながら昼ないし夜——多くの場合は昼夜間をつうじて——を過ごす小企業家たちは，安全かつ清潔で，静かな環境を望んでいる。

そうであっても，流行地区で生成される共力作用は，じつに多岐にわたっている。英語の"エンターテインメント"からの造語である3つの複合名詞が，典型的な余暇活動のタイプを表現している。すなわち，"食べる楽しみ（イーターテインメント）"[eatertainment]，"買い物の楽しみ（ショッパーテインメント）"[shopertainment]，

そして文化的活動の本来的ないし伝統的な意味である"学ぶ楽しみ（エデュテインメント）"［edutainment］，である。ハンニガンは，これら用語を人工都市に適用していたが，それは，テーマパークや郊外住宅地区，クルージング客船など，無から築きあげられた「ファンタジー・シティー」であり，この場合の共力作用は，まさにリッツァーによって理論化された周知の「マクドナルド化」のプロセス［Ritzer, 1998］，つまり多国籍化した消費に基礎づけられた行動の無批判的画一化であった。これに対して，イタリアの諸都市や創造的な地区においては，しばしば自然発生的で無秩序ではあるが，地域の伝統にも根を張った，より多様化された状況が試行的に展開している。

　たとえば，料理がそうである。それは，すでに気晴らしの点で重要な要素となって久しいが，国民の抱くイメージのレヴェルでは，異なる移住の波においてオリジナルのままか，差異化された形で持ち込まれてきた地域の歴史と結びつけられている。地元固有の料理は，文化を堪能する旅行者やビジネスマン，旅なれた若者，保守的志向の強い居住者に期待されている。このことは，ミラノのようにコスモポリタン的な状況にある都市では，たんにロンバルディーア地方に限られた伝統料理だけでなく，移住による遺産ともいえる多様な地元料理や民族料理もが好まれていることを意味している。イギリスや北米での調査では，しばしばディナーを外食で過ごすことや，そのことを会話の話題にすること，異なるタイプのレストランにいくことなどが，社会経済的地位や教育レヴェルなどと相関することが明らかにされているが［Warde, et al., 1999］，イタリアの場合は——このようなテーマの経験的調査は実施されてはいないが——，そのような相関関係はより低くなるはずであり，また料理に

対する専門知識や自己認識は，いっそう広く浸透しているに違いない。自分の地元ないし他の都市の料理に本物性を追求することが場所の本物性の追求と相関することは，明らかであるように思われる。

5.2　ポスト産地

　がいして本物性を追求するということは，ときに生産や消費に関して幅広い選択肢を集約する特権的能力をもつ上流階級によってはもはや決定づけられることのない趣味趣向に依拠しながら，それらの選択決定を正当化していくひとつの方法である［Mayer, 2000］。たとえある種の者が他の者より，もしくはその職業によって，自分の好みにいっそう忠実でありえ，また，流行地区において流行を創りだすことができる者を特定できたとしても，それを独占的になしうる者など誰もいまい。第2節で述べたように，以前の研究で「新しい文化的媒介者」［Bovone, 1994］と我われが呼ぶ者たちは，より多くの意味コードに接近可能で，意味の変容プロセスにたずさわり，そこで扱う意味を異なる人びともしくはメディアを前にした混成的な大衆に適合させながら，あるコンテクストから別のそれへと転換する。自らの仕事をつうじて意味を洗練化させながら，それを再度販売可能なように操作し，また，自ら流行のライフ・スタイルを専門とする消費者として意味を操作し，最終的にそれをショーウインドウにおいて提供する。すでにブルデューが指摘しているように，「欲望の商人たちは，自らがモデルとして，また自分たちの提供商品の保証として，つねに自己を販売している。彼らが優れた代理人であるのは，彼らが自らを呈示する仕方をよく心得ており，呈示し表現するものの価値を信じている場合に限られる」［Bourdieu,

第Ⅰ部　ファッションと消費社会

1979:422]。

　まさにこのような新しい文化的媒介者が，ティチネーゼ地区の意味を変化させてきたのであり，"ミドル・クラス"としての意味の使用を正当化しつつ，自らそれを選択し，自分のライフ・スタイルでの使用に合わせて意味を再構築する。意味が不安定な時代［Appadurai, 1986］にあっては，すべての者がなんらかの形で責任者であるといえるが，文化的媒介者は，その点で他の者よりいっそう自覚的であり，地区が提供するものに対する優れた「自己反省的消費者」であって，文化的実践として有効性をもつものを自らの生活や生産において翻訳しうるかぎりにおいて，そこでの「批判的基盤」［Zukin, 1993:215］を構築する。

　いずれにしても，イタリアの場合には，この国の歴史や伝統的な生活様式と密接に結びついた生産の特異性が認められる。すでに指摘したエンターテイメントにみる多様な傾向は，創造的地区での文化生産や，〈メード・イン・イタリー〉として知られるイタリアの経済システムを支える諸部門と広く関係づけられる。

　「いったいメード・イン・イタリーとは，いかなるものであろうか？　それは，イタリア人が専門家として優位に立ち，イタリアの名前を世界に轟かせるところとなった製品やサーヴィスのことである。［…］がいしていえば，［…］それは，ただ"ファッション・システム"だけを指すのではなく，地中海特有の食品，家具やランプ，調理用具，家庭電気製品など，家庭における多様な調度品，そしていうまでもなく，イタリアが美しい風景や美術的財宝によって魅了する観光をも含んでいる。じっさいイタリア人は，良く装い，良く飾りつけ，良く食べることにおいて専門家で

ある。そしてさらに彼らは，国内外の人びとに最高のバカンスを楽しませる専門家でもある」[Fortis, 1998：8]。

伝統的な諸部門や伝統的に中小企業の構造に連関した諸部門が，イタリアをグローバル経済の主人公にしたてあげている。イタリアの都市は，文化的遺産や社会性によって独自の仕方でポスト工業都市に典型的にみられる諸部門——娯楽，ファッション，デザイン，食品，観光，芸術・工芸——を発展させてきた。それらイタリアの生活様式に根を張る諸部門は，自分たちが消費したいと思うものを他者に対して生産する能力をもっているが，とりわけイタリアは，遠い過去から現在に至るまで，高い「デザイン集約性」[Lash and Urry, 1994：15]を備えた製品生産に関して優れた能力をもっているように思われる。それら製品は，大衆向けの商品であれ小企業が得意とするニッチ市場向けのそれであれ，また個人向けないし企業向けのサーヴィスであろうと，いずれもその機能性は，つねに審美的価値と強く結びついている。ファッションがポスト工業時代の経済的奇跡の立役者であるとするなら，まさに戦後の産業ブームの推進力は，ミラノがとくに優れた能力を発揮するところのデザイン力にあったといってよい[Foot, 2001]。

〈メード・イン・イタリー〉が地域に深く根を下ろしていることの典型的な例は，産地をみれば明らかである[Bagnasco, 1999：87-120]。周知のとおり，60-70年代に北西先進諸国を襲った危機からイタリアを免れさせたのは，まさに国内の中小企業による専門的で柔軟な生産体制，とりわけエミリア州やヴェネト州，トスカーナ州，マルケ州などの中規模都市におけるそれであった。

21世紀におけるイタリアの都市，すなわちミラノは，もはや財の

生産地としてではなく,消費場所として組織化されており,小規模な地場産業と80年代から主要生産部門を脱地域化してしまった巨大企業とを,またローカル市場とグローバル市場とを結びつけるネットワークにとって不可欠な要所となっている。すでに指摘したように,21世紀の都市は,流行に関連した消費部門とともに,金融や情報コミュニケーション,コンサルティングなど,いまだ脱中心化の影響力が絶対的なものでない領域である生産支援・調整部門において,その地域専門性を高めている [Lash and Urry, 1994:112-127]。

したがって文化地区は,21世紀のポスト工業的産地として考えられるだろう。それは,大量規格品の生産によってではなく,しばしば束の間で瑣末な物質的支えを不可欠とする意味の生産によって特徴づけられる。そこにおいては,モノとしての製品は外部生産され,地区ではただ受け渡しされ,新しい意味が付加されるだけの場合がいっそう頻繁に起こっている。シンボル性が高くサーヴィス財と同一視しうるような文化地区での生産は,その大部分が地域で直接消費されている。従来の産地と異なり,そこでの共力作用は,地理的条件によってもたらされた伝統に根ざす地域的能力を増大させながら活用する生産形態,また,類似した生産の集積からではなく,生産者であり消費者でもある非常に差異化された小規模の文化的企業家たちがひとつのカテゴリーに収斂することで成立する多種多様な生産形態によって生みだされている。このような場合にみられる「地域的コンテクスト」は,生産能力を同質化することによって差異性を均質化するようなことなく,むしろ,「各々の日常生活,認知的および生産上の活動で練り上げられた個人的・集合的アイデンティティを明示化し,かつ共有化することを可能にしていたのである」[Rullani, et al., 2000:44]。

第4章　現代イタリアにおける都市文化とファッション

6 ミラノ市ティチネーゼ地区における文化的企業家たち——理念型に対する検証——

これまで述べてきたように，1996年以来，我われの調査フィールドはティチネーゼ地区に設定されてきたが，それは，そこがポスト工業都市の空間に生成される諸傾向を研究する「文化的実験室」であったからである。欧州政府のプロジェクトによる調査の第2段階では，とくに地区の文化的企業家，つまり，ファッション，家具調度品，情報コミュニケーション，観光などの商業的サーヴィスおいて，なんらかの生産に携わる零細企業の経営者たちに照準を合わせることになった。

6.1 理念型からの出発——都市の流行を創造する者たち——

都市を消費対象として扱わない限り，世界的視野から都市それ自体をとらえることは不可能といってよい。じっさい，観光の観点からいっても，今年の流行はロンドン，アムステルダム，タンジールなどといったりする。他方，ある地区が流行している，ということは，そこに住み，生き，通い，都市の様式を作りだしている社会的カテゴリーがそう定義づけるなら，それで成立する。それらカテゴリーとは，文化ないし情報コミュニケーションに関する職業に就いている者たち，すなわち，イメージを専門に取り扱う者や，ファッション，娯楽，都市のイメージを管理する者たち，ミラノのような産業都市において文化企業に携わる従業員や経営者，政治家，財・サーヴィスに結びつく消費者，若者，知識人，青年，とりわけ，お金と自由のきく時間をもつ単身者たちである。

この10年間にミラノで実施された調査で，都市のイメージ操作に携わるそのようなカテゴリーが果たす役割の一端が明らかにされているが，自らの活動を展開するコンテクストと意味生成能力への自覚という点では，いわゆる新しい文化的媒介者［Bovone, 1994］の方が，都市に巣くう若者族より勝っているように思われる［Bovone and Mora, 1997］。

とくにティチネーゼ地区に関しては1996年の予備調査において，すでに居住者や労働者の側から地域への関与について詳細に報告されていた。したがって欧州調査では，その結果をさらに深化させるべく，当該地区の創造性に影響を与えていると考えられる対象，つまり検証すべき仮説として，自らの責任で投資をおこなう文化的企業家たちに調査対象を限定することになった。

我われの調査では，彼らは文化的生活や地区の生産に対して肯定的な役割を果たしている，と予測され注意がむけられていた。文化的企業家たちは，自らの"テイスト・メーカー"としての役割を強く自覚していること，理念的にも財政的にもリスクを負担していること，意味と利害関係にもとづく共力的ネットワークを創造する推進力となっていることを推測し，できればそのことを検証したいと考えていた。我われが調査開始時点で想定していた文化的企業家に対する理念型は，複合的なものであったが，少なくとも文化的関係や社会的関係という関係創造の主体としてとらえられるものであった。

文化的企業家タイプは，すでに我われが数年前にミラノで実施した調査において使用した用語の意味での「文化的媒介者」，言い換えるなら，多様なコミュニケーション領域における専門職業者たちである［Bovone, 1994］。ここで紹介する調査では，生産領域に限定

された企業家ないし部門を対象にしており，最初の調査で考慮に入れたものとは，まったく異なっている。ただ，とりあえずここで確信できることは，それら文化的媒介者に関してブルデュー［Bourdieu, 1979］がそうであったように，支配階級との共犯認識や消費者を相互に差異化するような文化的障壁を摘出することに集中するより，むしろ，彼らがいかなる文化的要素を構築しうるのかということを調べることの方がより興味深い，ということである。ポスト近代都市における経済的・文化的生活に対し彼らが果たす重要な機能にひとたび気づくなら，彼らがいかに働き，いかなる文化的要素を取り扱っているのか，彼らが相互に，また生産過程において自分の直近ないし上方か下方にいる他者との間でいかにコミュニケーションをしているのか，なぜ，そしていかにして自己の消費生活スタイルと企業生産との関係を自己の理念において実現するのかを具体的に理解することは，きわめて重要な意味をもっている。

　さらに文化的企業家は「社会的媒介者」でもあって，ボワスヴェン［Boissevain, 1974］の言葉を使ったムッティの説明にしたがうなら［Mutti, 1998: 69］，「そのような革新的な行為主体は，異なる社会関係の間を接続（または橋渡し）するチャネルを創造しつつ変化を促進し，［…］ローカルな現実と外界（都市，市場，国家）との間の交換を統制する」のであり，いうなれば彼らは世界を統制する主体といってもよいだろう。

　信頼とは，社会資本すなわち現代の経済社会学が広く再評価する非合理的な動機づけであり［Fukuyama, 1995 ; Gambetta, 1998］，それは社会的流動とそれを媒介として自らを創出・維持する文化的流動とを可能にしているが，ではいったい特権的な社会関係とはいかなるものなのか？　それら関係は不可欠なものなのか？　信頼は，

たんに伝統的，地域的，家族的基盤に支えられているだけなのか，それとも新たに革新的な進路を方向づけるものなのか？

　すでに触れた我われの調査で明らかになった文化的媒介者の特徴は，そのような主体の再帰性であり，自己の経験を合理化する習性，自己が抱える限界や矛盾，自己対立によって自己を把捉する能力など，つまるところ，利用者や顧客に提供するために新しい文化的対象を創造する者や情報伝達者たちが抱える職務やその困難性に対する自己意識としての再帰性である。ティチネーゼ地区の文化的企業家に関するこの調査で，さらに我われは，そのような再帰性・自己意識が場所に対するそれに支えられているのかどうか，自己の労働における経済的価値と文化的な本物性とが固有性や独自性をもつ雰囲気を備えた場所としての地区への認識に支えられているのかどうか，をも究明しようとしていた。そして，企業が社会的・文化的に地区に根を下ろすことや，グローバル市場に向けて進展していくことを保障するような有効的なネットワーク，すなわち信頼性に支えられたネットワークは，どのレヴェルまで到達可能なのかを明らかにすることであった。

　まさに文化的媒介者は，たまたま適切なタイミングで勝利者の理念において成功を勝ち取ったような，たんなる企業家より以上のものである。我われの理念型に照らし合わせるなら，文化的企業家は，自らのビジネスにおいて文化的および関係的な構成要素について知り，自らの資源を自己把握しなければならないし，それを自覚的に投資しなければならない。

6.2　多角的アプローチ

　すでにみた調査目的からも，我われは非常に複合的な調査設計を

第4章　現代イタリアにおける都市文化とファッション

企画することになったが，そこでは，まず調査対象である現象——ティチネーゼ地区の文化企業——全体を再構成する試みから開始し，つぎにコンタクトのとれた企業責任者から有意なサンプル企業を取りだし，そのおもな特徴を把握するための量的調査を実施したうえで，最後に企業家たちの経済的・文化的動機づけに関する質的な検討作業が進められた[*4]。

我われの調査の出発点は，まず商工会議所［Camera di commercio］にあるミラノの企業一覧から，対象地区の文化企業のリストを抽出することであった。とうぜんその段階では，当初の「文化企業」概念がもつ広い意味を最終的に操作化することが不可欠となる。そこで，我われは5つの主要部門，すなわち伝統的な文化産業（情報コミュニケーション・娯楽），衣服，食品，観光，家具インテリアを考慮の対象とした。じっさいメード・イン・イタリーを構成する諸部門——衣服，デザイン，食品，観光——にそれら伝統的な文化産業を加えたのは，地域経済力を統合的視点から考察するためである。

観光を除くそれらすべての部門については，製造・販売・サー

[*4] 量的・質的調査の双方において，我われは"ネットワーク分析"の要素を加味した。ただ，あらかじめ規定されていた一連の調査過程において，ネットワーク分析の位置づけは中心的なものではなかった。しかしそうはいっても，それが文化企業・媒介者たちによる複雑なネットワークの輪郭を描くうえで興味深い知見をもたらすことに寄与したことに変わりはない。また，ここでの調査は，当該地区に対する2つの活動に介入することとなった。その第1のものは，24の企業における職業訓練コースであり，第2のそれは，企業家と顧客，企業家同士や各種団体などにおいて新しい関係構築を図るべく開始された地区のインターネット・サイトに関するものである。この2つの試みは，企業家の間に大きな成功をもたらしていたが，それらを維持するのに必要な公共機関や民間団体からの協力が不足していたために，我われの調査チームに協力依頼がなされることとなった。

第Ⅰ部　ファッションと消費社会

ヴィスの3つのマクロ領域を区別し，地区の範囲に関しては，ティチネーゼ門とティチネーゼ通りを含む三日月地帯を，中心・中間・周辺の各ゾーンに区分した[*5]。これら分類区分は満足のいくものではなかった。というのも，そこで利用されたデータは，ポスト工業時代の社会変動をほとんどとらえていないIstat〔イタリア国立統計局〕の資料や，対象地区の企業を抽出するには蓋然的に過ぎる行政地区の区分基準に依拠していたためである。

　これら入手可能な1992-1998年分のデータにみられる限界は，我われの調査をパイロット的な性格にとどめることとなったが，とりあえず90年代の市区レヴェルでの文化企業の推移は，おおよそ把捉されることになった。

　調査の第2段階では，全部門に占める個々の部門の比率にしたがい層化抽出された企業家508サンプルが考察の対象となった。地区の地理的範域の限定については，地区内道路を単位とした緻密な作業によって中間ゾーンと代表性の高い地帯を抽出することができた（じっさい，三日月地帯の中心ゾーンは中心市街地と混合しており，また周辺ゾーンは，予備調査よりかなり狭い範囲に限定されることになった）。当初に我われがティチネーゼとみなしていた三日月地帯には，1998年の段階で11,422の文化企業が登録されていたが，サンプル抽出の対象となったのは，そのうちの2,000社となった。聞き取り調査の対象者数を十分確保し，理論上必要な各々の対象者数を満たすためには，公的な企業リストでは十分でないことが明らかであったので，その他のリストもあわせて活用された（企業

[*5]　ミラノ市全体の輪郭はほぼ円形状となっており，現在は消滅した古代の城壁門のひとつであるティチネーゼ門（ポルタ・ティチネーゼ）は，ポルタ通りによって市街中心部と結ばれている。

第4章　現代イタリアにおける都市文化とファッション

の電話番号帳，各種団体や被面接者からの情報など）。このような手のかかるサンプリング作業によって，調査対象ゾーンは徹底的に細分化され，サーヴェイ調査をつうじて最終的に必要要件を満たした企業家の4分の1に対し面接を実施し，それをつうじて，経済的成功の要因をはじめ，おもな職業的・文化的特徴を究明することになった。

最後の調査段階である第3のそれでは，70回にわたるインテンシヴな聞き取り調査を実施し，対象企業ないし聞き取り対象者となった企業家たちを文化的なものとしているのは何か，といった問題の核心に迫ることになった。この点に到達しうるのは，ただ「ライフ・ヒストリー」[Bertaux, 1998]をつうじてのみであり，それはこの数年間において企業家自身が，商品-サーヴィスによって構築した関係や商品-サーヴィスとそれを売る対象である顧客との間に構築することを目指す関係とについて語る，ということである。そのような語りは，動機づけを直接的でない方法で抉りだす非構造的面接調査，つまり企業家に対し，自己描写や話題の順序，その重要度などを決定する自由を可能な限り許容する方法をつうじて収集された[*6]。対象者サンプルは，サーヴェイ調査でもっとも興味深い回答をした40サンプルをまず選別し，先に述べたすべての部門，異な

[*6] 聞き取りは，「いまこの地区の企業について調査しています。そこでお尋ねしたいのですが，あなたの現在のお仕事やこれまでの活動経緯など，思うところから始めて下さい…こちらからは多くの質問はしませんが，よく理解できないときにだけ説明を求めることがあります」といったような，非常に緩やかな質問形式によって進められた。インタビュアーは，あらかじめ多くの質問事項を用意せず，むしろ非常に細かな筋書き——さまざまにサブ項目からなる話題項目リストなど——を持参して，相手の話を引きだすような言葉を投げかけながら（なぜ？…どのように？…つまり？…もう少し詳しくお聞かせ下さい…よくわかりません…話をまとめると…など），さらなる説明を求め，理解を深めるためのメモとしてそれを利用した。

る年齢・性別の企業家，異なる時代にティチネーゼ地区に参入した企業を網羅するよう構成された。

6.3 流行地区の文化産業はファッションだけではない

1998年にミラノ市に法人登録されている企業数約130,000社のうち約3分の1にあたる50,000弱の企業が，我われのいう広義の「文化産業」に含まれる。これらのうち，約3割を占める主要部門は情報コミュニケーション・娯楽部門，すなわち伝統的な文化産業であり，次にファッション関連，食品関係の部門と続く。

市街中心部から市境界域に広がる三日月地帯に位置するティチネーゼ地区には，ミラノの文化産業全体の約4分1の11,000社が操業している。

とくに興味深いことは，市全体と比較して当該地区は，ファッション関連部門の比重が低下しつつあるとはいえ依然高い，という点である。ただ，ミラノはファッション・システム〔ファッションに関連する複合産業地域〕としてつとに有名であるが，サーヴィス業が当地での唯一のマクロ領域でないのと同じように，それだけが文化的力をもっているわけでは当然ない。ヨーロッパの他の産業都市と比べるなら，それら諸都市とともにミラノの脱工業化のプロセスを支えてきた，そしていまなお支えているのは，明らかにポスト工業的な経済活動であり，すべての関連部門が重要な要素として自らの役割を果たしていること，すなわち，サーヴィス・製造のマクロ領域での発展および革新性と伝統的小売部門でのそれとの間を結ぶ地域的な連携である。

ティチネーゼ地区ではこの点がとくに強調され，そこでの文化産業は，この数年間においてミラノの他の地域と比べ良好な状況にあ

第4章　現代イタリアにおける都市文化とファッション

る。サーヴィスの専門分化がいっそう加速し，最新のデータによると，地区における食品関係サーヴィスやファッション関連ビジネスの余波を受けつつ，文化地区に特徴的な"エンターテイメント-イーターテイメント-ショッパーテイメント"にみる関連性，すなわち生産・消費の絶妙な連動サイクルを持続させうるための適性が確認されている。

　サーヴェイ調査のデータは，平均値からは明らかにしえないような個別状況ごとの差異を浮き彫りにしながら，企業の経済的推移をより深く掘り下げて理解することを可能にしている。逆にいえば，そのような差異は，はじめに提起された多くの問いに対する単一的で単純化された説明を拒否することになる。

　なによりもまず，それら企業の形態が"メード・イン・イタリー"のシステムに典型的な特徴をもっていることを指摘する必要がある。それは，圧倒的多数を占める平均従業員数5名以下の小規模零細企業に関係する問題であり，それら企業は個人事業ないし家族経営の形態をとり，そのうちの4割は企業所有者を含めて従業員数が2名を超えることはない。

　同様に，当該の流行地区は，明らかに伝統的要素を価値づける能力をもち，継承された環境やイメージを長期的に保持していくことを前提に，より若い世代から次々と打ちだされる提案を処理している。じっさい全体の1割の企業が50年以上の歴史をもつ一方で，その約倍の数の企業は創業4年以下となっている。また，聞き取り対象者の平均年齢は45歳であるが，このデータは異なる年齢階層の対象者の存在を見え難くしており，げんに全体の12-13％は，より若年層（30歳未満）とより高齢層（61歳以上）に属している。したがって，先に挙げた諸部門に関して考慮すべきモデルとしては，多

くの場合，過去の伝統に根を下ろしながらもその'歴史的'要請から（市場での）新しい傾向が生みだされつつある，という点が指摘されることになる。

　聞き取り対象の企業家の半数は，企業家の子息ないし孫として経営者文化の土壌において養われ，その23％が先代と同一部門に属している。ただ相続や後継者としてそのまま経営権を握ることになった者は，ほんの17％に過ぎない。他方，企業家の半数以上が，企業内に自分の家族・親戚を抱え，2人以上身内のいる企業が2割以上ある。ここにもイタリア・モデルの特徴としての，家族的伝統と革新性との興味深い結合を認めることができる。

　聞き取り対象者のじつに38％が現在の会社以前に別の企業の経営者であったことは，このようなタイプの労働者にみる極端な柔軟性と，それに関係するシステムの脆弱性を示唆している。また，対象サンプル全体や女性労働者のカテゴリー（対象者の3分の1）についても，職場環境の変化は非常に一般的にみられ，その多くが現在とは異なる部門での経験をもっている。とくに女性の方は語学に堪能で，かつ若年階層に占める割合は男性より多く，起業家の割合が男性55％に対し，女性は61％となっている。いずれにしても，当初に利用した商工会議所の統計データにはジェンダー関連の変数による特徴がみられないものの，サーヴェイ調査では，文化産業が女性による新しい労働力を吸収しているという重要な点が浮き彫りにされている。さらにカステルによって指摘されているように［Castells, 2000］，女性は，さまざまな役割間をうまく切り抜けていく点で優れており，ヒエラルキー的でなく，またインフォーマルでもない関係に身をおくことに慣れていることや，長年にわたり教育や芸術，イメージの世界に関連した部門で活躍してきたこともあ

第 4 章　現代イタリアにおける都市文化とファッション

り，ネットワークや文化の中心性によって特徴づけられる新しい社会経済的局面において重要な繋ぎ手としての役割を果たしているといってよい。

　さらに，サーヴェイ調査での動機づけに関する聞き取りでは，企業家たちの地区への幅広い関与の仕方について間接的な情報が得られた。4 割の企業は，地区への参入からまだ半年以下しか経っておらず，また多くの場合は他の場所からの移転であるが，そのことは，新たな地区で根を張ることへの挑戦，これまでの経験を再調整する必要性を要請すること，より一般的にいえば，地区出身者ではない者をも地区が自ら生成するイメージに適合した部門で操業させるような，文化地区としての魅力が近年形成されてきたこと，を明らかに示している。また，地区への定着に関するさらに別の事実として，企業家の半数が仕事場の近くに居住し，そのうち 7％が職場と同じ場所に住んでいることからもわかるとおり，職人的企業に典型的にみられる職場兼住宅という選択肢がいまなお持続していることが指摘できる。しかしながら，企業の行動半径はかならずしも狭い範囲に限定されているわけではなく，じっさい対象者の 4 分の 1 は，国内中南部や海外に顧客や取引先をもっている。

　インテンシヴな聞き取り調査は，ティチネーゼ地区の企業家精神にみる文化的な構成要素を明らかにしているが，それらの要素は，異なる意味世界を結びつけ，文化的な物品対象をつうじて創造する企業家の能力を示すものであり，生産者側での家族や従業員，取引先，仕事上の協同者，消費者側での顧客，友人，近隣者，家族など，多様な主体を結びつける架け橋となっている。これらの多様な主体のうちのある者たちが，ときに数十年ないし数世紀をかけて醸成されてきた地区の理念や競争力，価値を支えているのである。

いうまでもなく，調査対象のすべての企業家が，商品の意味操作について同じ能力をもっているわけではないし，彼らの自己認識，関係構築への欲求についても同じではない。この点について調査では，とくに企業家・媒介者の異なるタイプ図式を抽出することを試みた。まず第1の二項対立図式――いうまでもなく二項は連続的なものと考えた方がよい――は，自己の活動に「自己そのもの」であるところのすべてを投入することによって，顧客が自らのアイデンティティを構築するのに役立つ要素を売る（もしくは，譲る）タイプの者と，逆に市場からの細かな要望に対して意味レヴェルでの操作を意図的におこなう者との間に成立する。

第1のタイプの企業家は，真なる意味での創造者であり，商品（布製の環境に配慮した鞄）やサーヴィス（旅行愛好家が自ら旅行代理店を開くこと）を発案する者や，収集家，古物商，民芸品販売業など他者が製作した物品で商売をする者たちである。このタイプは，趣味趣向の橋渡しを創りだす専門家であり（「私が選んだものを気に入った客が買いにくる」），経済的収益のことは，つねに決定的なものとして受け入れているわけではなく二の次となる。いずれにしても，一般的に企業家として，自らの営業方法やその内容に対して非常に柔軟で自覚的である。

第2のタイプは，自ら設定する明確なテーマに向かって突き進む無邪気さをもちながらも，経済的動機づけと美的‒文化的なそれとの間に矛盾を抱えている者たちである。とくに経済的動機づけは，市場との適切な関係，そして必然的に支配的企業との間にそれを見いだすことを要請することになる。市場の要求は，巨大文化産業に主導されるトレンドとは異なる選択機会，すなわち，しばしば小企業だけしか創りだすことのできないような固有の価値づけを引きだ

す機会を直接もたらすことがある。すでに指摘したように企業家の第1のタイプが，自らの商品に自己投影し，それを媒介として自己のアイデンティティを構成する要素を顧客に対し転売するような，より強いアイデンティティ指向性をもつとするなら，第2のタイプは，とりわけエリート文化と大衆文化との間を橋渡しすることに意識的で，我われがいうところの「分節化する企業家［imprenditore-articolatore］」("分節化する"という動詞の意味は，デュ・ゲイらによる［Du Gay et al., 1997］）といってよいだろう。ただ文化的要素やアイデンティティ的要素のより目立った特徴は，企業年齢や調査対象者の性別によって大きく変わることになる。

ともあれ，家族的伝統というものがある場合には，それは自己選択を妨げる鎖としてよりも，むしろ財産となるのであって，それはブルデューによる新しい文化的媒介者の理論や彼の「資本」概念にみる多様な観点を参照することによってのみ明らかとなる［Bourdieu, 1987］。これまでの調査やここで考察している文化的媒介者は，ブルデューが挙げるあらゆるタイプの資本に富む者を指しており，たんに明々白々な「経済的資本」や「制度化された文化的資本」——サーヴェイ調査において対象者の半数以上が少なくとも高卒で，その比率は40歳以下では非常に高いものとなっている——，「シンボル的資本」（意味を理解し操作する能力）だけでなく，「社会的資本」，すなわち信頼関係といった資本についても富んでいる。企業家の家系出身者の場合，彼らは自分たちの受け継ぐものと果たすべき役割とを認識し，「血肉化された文化的資本」の総体において，これらすべての資本を自己責任において危険に晒す類まれなる能力をも相続することになる［Bourdieu, 1979: chap. 2］。

古くに創業された企業の相続者たちは，この「生まれながらの資

産」についていっそう自覚的であることは明らかで，彼らは，価値ある企業を操業することへの自覚を与える伝統を捨て去ることなく，それを革新することを追求する。他方，企業の経営者や自らが創業者であるような，より高齢の企業家たちは，自らの個人的な意向だけでなく，歴史的タイミングや市場の進展具合に応じてそれを断念しうる能力をもあわせもつことを強調しつつも，企業の歴史と自分の個人史とを重ね合わせる傾向が強い。企業への適応力やアイデンティティに支えられた情熱が，より若い経営者たちの原動力となっていることは，いうまでもない。また，聞き取り調査の回答をみるかぎり，女性企業家たちは，自らの活動がもつ表出的で関係的，内容至上主義的な諸要素に重要性をおく一方で，経済的ないし技術的な諸要素は度外視する傾向を示している点で，際立っている。

　男女を問わず企業経営者たちが幾度となく強調するアイデンティティ的要素は，対象地区であるティチネーゼの背景を構成している。最近においてそのような要素を選択採用した者は，自己ないし自分の製品に適したそれを選択したのであろうし，長年それを見いだしてきた者は，自らの活動の進展をつうじて，その要素が発展してきたことを認めるであろう。ファッション関係であれ情報コミュニケーション，インテリア関係であれ，巨大産業よりむしろニッチ的な領域に専門特化する小規模の文化企業は，地域的なレヴェルやグローバルな流れにおいて，専門特化された領域でつねに限定的な態度を示すような人びとだけでなく，より要求度の強い者たちに対しても，しばしば自ら共鳴箱としての役割を果たしている。地区は企業のリスクを低下させるように思えるが，それにもましてそこは，都市の匿名性を避けながらもそこで生きることを望み，また個

第4章　現代イタリアにおける都市文化とファッション

人的に接触可能な相手企業や最終的な消費者としての顧客に向けて画一的でない財・サーヴィスを生産することを望む者たちに対して，さまざまな関係を維持していくことを支えている。したがって地区は，都市にとって特別の意味をもつ場所となっているのであり，その点でそこは，ジンメル［Simmel, 1957］が匿名的市場向けの生産と，それ以前にみられた有閑階級向けの生産とによって特徴づけていた，都市の経済関係にみる特異なカテゴリーとは対立している。流行地区の文化生産は，これら異なる2つのカテゴリーのどちらか一方を強制するものではない。地域に生きる人びとは，輸出の対象となるグローバルな世界にいる者たちにとっての試験版なのではなく，すでにその一部として組み込まれてしまっている。このことは都市利用者の問題であり，すでに指摘したようにティチネーゼ地区には，旅行者やビジネス出張者，県内の若者たちが街の徘徊を楽しんでいる。

　地区は共感をもたらす環境をも提供する。企業は，しばしば家族や友人とともに設立され，共有化された情熱によって経営を発展させてきたし，顧客は新たな友達となり，同僚とは一緒に余暇を楽しむ相手となる。財・サーヴィスを提供する者にとって，新しい顧客を発見するもっとも有効な方法は，口伝えで交わされるコミュニケーションであって，街角での直接的関係がショー・ウインドウのなかで作り上げられる。

　調査対象者にとって，多岐にわたる自己資源に対する信頼と自覚は，固有のリスク管理能力と，ポスト近代都市を特徴づける不安定さに対するバランス能力とを保証するであろう。なかでも重要なのは，しばしば限定的な企業規模がむしろ企業力を生みだす，ということを自覚することである。というのも，そのことよって企業家

は，高い品質を保証しつつ商品に最大限の時間を投入することができるだけでなく，提供するアイデンティティ指向商品がローカル／グローバルなレヴェルの消費者によって受容・利用される状況を取り巻く情報環境を，自らコントロールすることができるからである。

7 都市のモード――生産・消費の共力作用――

　生産する近代都市のポスト近代的継承者である消費する都市は，いまだ十分に生産的であるように思われる。これまで述べてきたことからも，時と場所によっては，生産する者と消費する者との間に自覚的かつ明確な同盟関係が存在すること，つまり，利害対立を排除するための共有化された文化的目標である信頼や友情という同盟関係が成立していることを確認することができる。

　遠く南部世界での生産と，巨大な商業中心地での情報コミュニケーション・販売網による伝達とをつうじて，ポスト近代都市に輸入される画一的商品の消費において，それを消費する人びと，少なくともそのことに自覚的な消費者たちは，商品そのものや生産・販売業者から自己決定権を守るべく，彼らとは対抗する立場に身を置くことになる。

　我われが調査したミラノのポスト工業地区は，それとは異なる可能性を示唆している。あたかも将来の都市にみられる活動や行動が試行される実験室であるかのように，そこでは，生産と消費，労働と余暇，中心と周縁といった社会学の古典的な対立図式がポスト近代的な仕方で乗り越えられ，過去の共同体がもっていた痕跡が，現代の生産／消費や生活形態において保持され，再配置されることに

第4章　現代イタリアにおける都市文化とファッション

なる。

　とくに本章のこの結論部分において明らかにしたい論点は，中心-周縁という対立図式である。クラインが指摘するように，かつてそのような図式は，中心的文化領域——じっさいには古典的な文化産業システムと同類のものといえる——と周縁的文化領域——生産者，愛好家，利用者の間の境界線をしばしば消滅させてしまう地域的文脈にその源流がある——とを区別しつつ，文化生産全体に適用されてきた［Crane, 1992］。しかしながら彼女によると，都市の文化生産には，それらとはまた別の領域，すなわち，さまざまなタイプの美術館・博物館や劇場などを装備した都市空間を活用する領域があるという。

　ホルクハイマーとアドルノによって詳細に検討されたように，大衆文化産業の中心領域は，文化概念（ほんらい創造性と自由とに結びつけられる）とその画一化との間の対立，つまり最終的には資本に加えて文化的コードの鍵をも握る（自由な？）文化生産者と，その受動的利用者といえる消費者との間にみられる明らかな対立のなかに置かれてきたし，いまなおそうされている。もしそのような消費者が意味解釈上の自己決定権を手に入れるとするなら——メディア利用に関する今日の研究の多くは，この方向性を確証している［Moores, 1993］——，そのような自己決定権は，生産の大衆的性格にもかかわらず，生産者側から提示されるのとは別のコミュニケーション・チャネルによって，すなわち生産者と消費者との間の問題としてではなく，いっそう広く開かれた構成要素を含むコミュニケーションの内部過程をつうじて勝ち取られることになろう。

　我われが検討してきた小規模で零細な文化企業は，そのような大衆的文化産業の中心領域からは除外されるに違いない。そうである

なら,それはいかなる領域に属するといえるのだろうか? この問いに答えるには,そのプロセスに関与する文化的企業家と顧客にみる主体的役割を明らかにする必要がある。

いうまでもなく,それら小企業が都市の文化生産に属していることは否定できまい。なぜなら,おそらくそのような都市や地区に生きる小企業は,生きる場所や必要な諸資源,着想,協力者,取引先,顧客,商品,とりわけその文化的観点からみて装備された空間においてのみ見いだされうるからである。ただしそのような空間は,文化保存的な機能を明らかにもつ美術館・博物館や劇場などのように,中央政府によって公式化・制度化・計画化されるようなものではない。そうではなくて,我われが考察する小企業は,市場や自然発生的でときに偶発的な都市において,言い換えるならクラインがいうように,生産者と消費者との境界線が消滅してしまうような都市の下位文化や芸術的-職人的な小規模生産において,自らの空間を見いだしている［Crane, 1992 : chap. 6］。したがってここでの問題は,都市の文化生産であり,その他のタイプでなければ中心化されたそれでもなく,脱領域化されたそれですらない。我われの調査対象となった企業家たちは,クラインのいうような芸術的-職人的小企業の場合とは異なり,生産と消費との関係を分節化しうるのとまったく同様に,多くの場合,中心的文化と周縁的文化との関係を分節化する能力をもっているのである。その点で,まさに真の意味での文化的媒介者といってよい。

おそらく,クラインがコミュニケーション・ネットワークを参照しつつ使用した中心-周縁概念ほど,とくにファッションを基軸とする生産において世界ないしヨーロッパの中心に位置するミラノの流行地区の小企業家たちにそぐわない言葉はなかろう。都市におけ

る小規模な文化企業が熱心に取り組むニッチ的領域での生産は，かならずしも中心的文化に対抗するわけではなく，むしろそれに従うか，それより先に進むか，それを改変するかである。

むしろ，ハンネルツが現代都市の文化を活性化するクレオール化現象を数多く描くときに使用した中心-周縁概念がもつ，より空間的な語意を想起する方がよい。

「市場の枠組みは，たんにグローバルな同質化という脅威をもたらすだけでなく，クレオール化をつうじた文化的革新の衝撃的な事例をも示している…そのようなプロセスによって音楽や芸術，文学，ファッション，料理，そしてときに宗教までが混合化されているのである。周縁地域の文化的企業家たちは，地域の消費者が示す特徴に適合する特定商品を開発することをつうじて，自分たちにふさわしいニッチ的領域を開拓し，自らの市場部門を見いだしている。中心領域の文化的企業家は，より多くの物質的資源をもち合わせているだろうが，地域の企業家たちは，自分たちの領域を熟知している点でいっそう有利である」[Hannerz, 1996: 74]。

このことが，第三世界の巨大都市にますます当てはまることであるなら，ハンネルツが指摘するように欧米の都市では，とくに中心部——中心領域の文化的企業家——に新たな革新力をもたらすような周縁的商品が評価されることになる。

我々が注視しているミラノの地区のように，なかば中心化された文化地区で起こっていることは，おそらく複合化という循環運動であろう。そこには，当地生まれの土着的な人びとや異なる時期・

場所からの移住者たちがいる。文化的企業家たちは，これらカテゴリーのいずれかに排他的に属しているわけではなく，その場所に移り住んで長年になる高齢の職人もいれば，美的感覚の鋭い最近の世代もいる。いずれにしても彼らは，大衆的生産の主役ではなく，またハンネルツが第三世界の貧しい周縁地域の趣味趣向を解釈することで生計を立てている者たちを指していう「周縁的な文化的企業家」でもない。ただ，これら周縁的企業家たちは，ある共有するものをもっている。それは，地域に深く根を張っていること，自分たちの顧客について熟知していること，そして現代特有の性質ともいえる，多様な文化的構成要素を趣味趣向に合わせて"クレオール化"すること，である。

　流行地区にみるポスト近代的特徴は，これまでも繰り返し述べてきたように，まさに非同質性への追求において読み取ることができるだろうし，また，そこで演じる主人公たちが歴史的中心地区からほど近い場所に故郷のようなある種の親密な雰囲気を経験すること，また，ときに不調和的でもある異なる要素からその都度つくりあげられるような均衡状態に身を置くこと，において見いだすことができる。

　ファッションという言葉が，他に先んじて歩むべき道筋を予見するということを意味するのであれば，流行地区とは，後に模倣されるだろう都市の生活様式や生産様式を別の場所より先に導入する場所，経済的な役割をも含めて将来の都市で文化が果たすだろう役割を試行する場所，ということになる。ただし，我われが取り扱ってきた地区はけっして前衛的なものではない。というのもそこでは，過去は忘却されるどころか，むしろ過去と新しい要求とが結ばれ，建造物や居住者，労働形態などにみられる伝統と，将来を見据えた

新参者たちの新しい活動とが接合されているからである。

　いうまでもなく，このことは時にさまざまな形で生起するため，ここでは，ティチネーゼ地区が都市共同体の新しい形態であるという仮説をたてることはせずに，かわってバニャスコによる柔軟な用語である「共同体の痕跡」［Bagnasco, 1999］について考察するのがよかろう。この用語は，過去においてはともかくも，今日では価値や文化，感情といった共同体の安定性や，共同体の理念的な属性ともいえる共有化された場所や歴史に対する信頼性を見つけることは不可能である，ということを示している。しかし，我われの時代においてもいまだ共同体の痕跡は生き残っているし，じっさい家族的絆や友人・同僚関係の重要性，仕事と余暇との連続性，準拠点としての地域に対する定着性など，ティチネーゼ地区の零細な文化的企業家たちの間においても，その多くを読み取ることができる。

　おそらくもっとも興味深い点は，零細企業に一般的にみられる家族組織からおおかた起因する信頼性のあり方である。イタリア経済の発展モデルの特徴は，家族的基盤に支えられた個別的な信頼性にある。じじつ小企業，とりわけ家族的経営のそれは，イタリア経済に奇跡をもたらした主役であった。ただそうはいっても，このような組織モデルは，時代の変化とともに次第に反対の評価を強く受けることとなり，今日ではネットワーク社会の論理を前にその不適合性が露呈するようになってきた。じっさいカステルによると，ネットワークは自己組織化され独立した個人からなる関係構造，ヒエラルキーを欠いた非常に柔軟でダイナミックな構造であって，伝統や地域といったものから切り離されている。

　しかしながら，これまでの長い間，イタリアの排他主義や家族主義が資源として，また合理的計画による経済発展の出発点としてみ

なされてきたように，そこにみる信頼性は，ローカルな次元に根を張りながらも，より広大な次元でのネットワークを組織化しうる基本的な資源と考えることができよう。ローカルなものは，無数の零細企業家にとって到達すべき地平ともいえるグローバル市場へ飛躍するための出発点であるに違いない。共有された文脈に帰属することは，ネットワークの網の目にとって不可欠な接着剤である［Mutti, 1998］。脱領域化の現象は，じっさい不可逆的なものではなく，新しい領域の探索や，シンボル的生産のほとんどの場合において欠かすことのできない再配置・再領域化と絡み合っている［Garsia Canclini, 1990］。

このローカル／グローバルという二重の領域は，当初より地区の特徴として抽出してきた生産-消費にみる巧妙さとも関係している。地区で生産される財・サーヴィスのある部分は，地元に住み働く人びとによって，また別のある部分は来街者によって地元で消費され，さらに残りの部分は輸出されることになる。文化的企業家たちは，異なる顧客対象に合わせて意味を適合させながら，それを操作し，別のコンテクストへとそれを転移する。

意味は，真の文化的媒介者において操作されることになるが，それは商品やライフ・スタイルに敏感な消費者が最初に試し，表示する場合と何ら変わらない。彼らは消費文化に没入し——このことは，ルリーが定義する「意味への没入」であり，強く美学化された生産／消費システムとじっさい関係している——，それを発展させる。消費文化は，しばしば生産活動に邁進するような労働への情熱と対照されるようなものではまったくない。すでに引用したブルデューの一節にもあるように，彼らは，消費されるべきものや，誰よりも先に試されるべきものを実行することに強い確信をもってい

る。仕事や余暇の時間に自分が売りたいと望む衣服を着ることで，楽しみながら働き，余暇時間を過ごす。ブルデューによる理論化と検証とは裏腹に，一般的に彼らの文化生産が，障壁よりも結合，境界基準よりもアイデンティティ探索を追求することに指向しているとみるなら，そのことは，彼らの美学的−社会的な関与が経済的なそれを凌駕していることを示しているに違いない。

いうなれば，企業規模や商品タイプ，地域密着性は，多様なアイデンティティの間での対比やアイデンティティの移し変えを可能にしているといってよい。文化的商品がこのような実践の主要な媒体であるなら，いまだ当該地区に息づき，彼らの仕事によって補強されている共同体の痕跡も，やはり同じく重要なものといえるだろう。市場にいっそう強く指向する経済的狡猾さをもつ企業家ですら，交渉取引に仕組まれる意味を含んだ文化的商品を自らの競争力のために最大限活用すべきことを知っている。自社商品を位置づける差異的特徴に自覚的であることは，自らの文化に自覚的であること，競争相手や顧客のそれとの相対的な差異に自覚的であることと対応している。まさにこの点において，これら文化的媒介者の再帰性を認めることができる。彼らは，他の場所へ輸出する前に，まず自分の領域で実践するのである。

■文献

Appadurai, A. (ed.), *The Social Life of Things*, Cambridge: Cambridge University Press, 1986.

――*Modernity at Large: Cultural Dimensions of Globalization*, Minneapolis: University of Minnesota Press, 1996.

Augé, M., *Non-lieux*, Paris: Seuil, 1992.

Bagnasco, A., *Tracce di comunità*, Bologna: Il Mulino, 1999.

Baudrillard, J., *Pour une critique de l'économie politique du signe*, Paris : Gallimard, 1972.［今村仁司・宇波彰・桜井哲夫 訳『記号の経済学批判』法政大学出版局，1982年］

Bauman, Z., *La società dell'incertezza*, Bologna: Il Mulino, 1999.

Benjamin, W., *Das Kunstwerk in Zeitalter seiner technischen Reproduzierbarkeit*, Frankfurt am Main: Suhrkamp, 1995.

Bertaux, D., *Les récits de vie*, Paris: Nathan, 1998.［小林多寿子 訳『ライフストーリー：エスノ社会学的パースペクティブ』ミネルヴァ書房，2003年］

Boissevain, J., *Friends of friends*, Oxford : Basil Blackwell, 1974.［岩上真珠・池岡義孝 訳『友達の友達：ネットワーク，操作者，コアリッション』未来社，1986年］

Bovone, L.(cur.), *Creare comunicazione: I nuovi intermediari di cultura a Milano*, Milano : FrancoAngeli, 1994.

——(cur.), *Un quartiere alla moda*, Milano: FrancoAngeli, 1999.

—— "La moda come sistema riflessivo, ovvero la circolarità produzione consumo," in Bovone, L., *Comunicazione*, Milano : FrancoAngeli, 2000 : 147-151.

—— "Clothing : the Authentic Image? The Point of View of Young People," *International Journal of Contemporary Sociology*, 40, Part 2, 2003 : 205-218.

Bovone, L., Magatti, M., Mora, E. and Rovati, G., *Intraprendere cultura: Rinnovare la città*, Milano : Angeli, 2002.

Bourdieu, P., *La distinction : critique sociale du jugement*, Paris : Editions de Minuit, 1979.［石井洋二郎 訳『ディスタンクシオン：社会的判断力批判』1-2，藤原書店，1990年］

—— "The forms of capital," in Richardson, J.C.(ed.), *Handbook of theory and research for the Sociology of Education*, New York : Greenwood Press, 1987: 241-258.

Braham, P., "Fashion : Unpacking a Cultural Production," in Du Gay, P. (ed.), Production of Culture/Cultures of Production, London : Sage, 1997 : 119-175.

Butler, T., *Gentrification and the Middle Class*, Brookfield, VT.:

Ashgate, 1997.

Castells, M., *The rise of the network society*, Cambridge, MA.: Blackwell, 1996.

—— "Materials for an Exploratory Theory of the Network Society," *British Journal of Sociology*, vol.51, no.1, 2000：5-24.

——*Internet Galaxy*, Oxford：Oxford University Press, 2001.

Crane, D., *The Production of Culture：* Media and the Urban Arts, Newbury Park, CA.: Sage, 1992.

——（ed.）, *The Sociology of Culture: emerging theoretical perspectives*, Oxford, UK: Blackwell, 1994.

Dant, T., *Material Culture in the Social World：values, activities, lifestyles*, Buckingham, Philadelphia：Open University Press, 1999.

De Certeau, M., *L'invention du quotidien：* I Arts de Faire, Paris：Gallimard, 1990.

Douglas, M. and Isherwood, B., *The World of Goods*, New York：Basic Books, 1979.［浅田彰・佐和隆光 訳『儀礼としての消費：財と消費の経済人類学』新曜社，1984年］

Du Gay P., Hall, S., Janes, L., Mackay, H. and Negus, K.（eds.）, *Doing cultural Studies. The Story of the Sony Walkman*, Thousand Oaks, CA.: Sage, 1997.［暮沢剛巳 訳『実践カルチュラル・スタディーズ: ソニー・ウォークマンの戦略』大修館書店，2000年］

Du Gay, P. and Pryke, M.（eds.）, *Cultural Economy：cultural analysis and commercial life*, Thousand Oaks, CA.: Sage, 2002.

Featherstone, M., *Consumer Culture and Postmodernism*, London: Sage, 1991.［小川葉子・川崎賢一 編著訳『消費文化とポストモダニズム』上・下巻，恒星社厚生閣，2003年］

Fortis, M., *Il made in Italy*, Bologna：Il Mulino, 1998.

Fukuyama, F., *Trust*, New York：The Free Press, 1995.［加藤寛 訳『「信」無くば立たず』三笠書房，1996年］

Foot, J., *Milan since the Miracle：City*, Culture and Identity, Oxford: Berg, 2001.

Gambetta, D.（ed.）, *Trust：Making and Breaking Cooperative Relations*, New York：Blackwell, 1988.

García Canclini, N., *Culturas híbridas : Estrategias pare entrar y salir de la modernidad*, Mexico : Grijalbo, 1990.

Griswold, W., *Cultures and Societies in a Changing World*, Thousand Oaks, CA : Pine Forge Press, 1994.

Jameson, F., *Postmodernism or The Cultural Logic of Late Capitalism*, Durham : Duke University Press, 1991.

Hall, S., "Encoding / Decoding," in Hall, S., Hobson, D., Lowe, A. and Willis, P, 1980 : 128-138.

Hall, S., Hobson, D., Lowe, A. and Willis, P.(eds.), *Culture, Media, Language : Working Papers in Cultural Studies 1972-79*, London : Hutchinson, 1980.

Hannerz, U., *Exploring the City. Inquiries Toward an Urban Anthropology*, New York : Columbia University Press, 1980.

――*Cultural Complexity : Studies in the social Organization of Meaning*, New York : Columbia University Press, 1992.

――*Transnational Connections : Culture, People, Places*, New York : Routledge, 1996.

Hannigan, J., *Fantasy City*, New York : Routledge, 1998.

Horkheimer, M. and Adorno, T.W., *Dialektik der Aufklaerung : philosophische Fragmente*, Frankfurt am Main : S. Fischer Verlag, 1947. ［徳永恂 訳『啓蒙の弁証法：哲学的断想』岩波書店，1990年］

Lash, S. and Urry. J., *Economies of Signs and Space*, London: Sage, 1994.

Lury, C., *Consumer Culture*, Cambridge : Polity Press, 1996.

Maffesoli, M. *Au creux des apparences*, Paris : Plon, 1990.

Mazzette, A.(cur.), *La città che cambia*, Milano : FrancoAgeli, 2003.

Meyer, H.D., "Taste Formation in Pluralistic Societies : the Role of Rhetorics and Institutions," *International Sociology*, vol.15, no.1, 2000: 33-56.

Montgomery, J., "Cultural Quarters as Mechanisms for Urban Regeneration," paper presented to the Planning Institute of Australia National Congress, 31 March-2 April, Adelaide, 2003.

Moores, S., *Interpreting Audiences : The Ethnography of Media Consumption*, London; Thousand Oaks, CA.: Sage, 1993.

Morley, D., *Television, Audiences and Cultural Studies*, New York : Routledge, 1992.

Mutti, A., *Capitale sociale e sviluppo*, Bologna: Il Mulino, 1998.

Nuvolati, G., *Popolazioni in movimento, città in trasformazione : abitanti, pendolari, city users, uomini d'affari e flaneurs*, Bologna : Il Mulino, 2002.

O'Connor, J., "Popular Culture: Cultural Intermediaries and Urban Regeneration," in Hall, T. and Hubbard, P. (eds.), *The Entrepreneurial City: Geographies of Politics, Regime and Representation*, Chichester ; New York : Wiley, 1998 :225-239.

O'Connor, J. and Wynne, D., "Consumption and the Postmodern City," *Urban Studies*, vol. 35, no. 5/6, 1998: 841-864.

Palen, J.J. and London, B. (eds.), *Gentrification, Displacement and Neighborhood Revitalization*, Albany : State University of New York Press, 1984.

Raban, J., *Soft city*, London : H. Hamilton, 1974. [高島平吾 訳『住むための都市』晶文社, 1991年]

Ritzer, G., *The McDonaldization Thesis : Explorations and Extensions*, *London :* Sage, 1998. [正岡寛司 監訳『マクドナルド化の世界：そのテーマは何か？』早稲田大学出版部, 2001年]

――*Enchanting a Disenchanted World : Revolutionizing the Means of Consumption*, Thousand Oaks, CA.: Pine forge Press, 1999.

Rojek, C., "Abnormal Leisure : Invasive, Mephitic and Wild Forms," in *Loisir et societes/Society and leisure*, 22, no.1 (spring), 1999: 21-37.

Ruggerone, L.(ed.), *Al di la dêlla moda*, Milano : Angeli, 2001.

Rullani, E., Micelli, S. e Di Maria, E., *Città e cultura nell'economia delle reti*, Bologna : Il Mulino, 2000.

Sassen, S., *Cities in a World Economy*, Thousands Oaks, CA : Pine Forges Press, 1994.

――"New Frontiers facing Urban Sociology at the Millennium," *British Journal of Sociology*, 51, no.1, 2000：143-159.

Simmel, G., "Die Mode," in *Philosophische Kultur*, Leipzig: Klinkhart, 1911：31-64. [円子修平・大久保健治 訳『文化の哲学』白水社, 1994

年］
—— "Die Grosstaedte und das Geistesleben," in *Bruecke und Tuer*, Stuttgart: Koelher, 1957：227-242.
Veblen, T., *The Leisure Class*, New York: New American Library, 1953. ［高哲男 訳『有閑階級の理論』筑摩書房，1998年］
Volonté, P.（cur.），*La creatività diffusa*, Milano：Angeli, 2003.
Warde, A., Martens, L. and Olsen, W., "Consumption and the Problem of Variety：Cultural Omnivorousness, Social Distinction and Dining out," *Sociology*, vol. 33, no.1, 1999：105-127.
Zukin, S., *Landscapes of Power：from Detroit to Disneyworld*, Berkeley：University of California Press, 1993.
——*The Cultures of the Cities*, Cambridge, MA：Blackwell, 1995.

第5章 イタリアにおける消費者と消費者運動

ドメーニコ・セコンドゥルフォ
(ヴェローナ大学)

1 はじめに

　本論の目的は，消費の領域における市民的連帯の"あり方"を検討するものであるが，それはポスト産業化社会の到来とともに引き起こされた西欧資本主義社会の内部変動にみる市民社会の萌芽形態として考えることができる。

　消費の世界や消費者の行動にみられる連帯主義や消費領域での倫理的・政治的課題は，ポスト産業社会をみていくうえで，もっとも興味深い現象のひとつといえる。じっさい，これまでの産業社会のなかで発達した倫理的，政治的，労働組合的な批判行動ないし対抗的行動から免れてきた，商業・生産領域のマクロ的構造における政治的・経済的選択と比べ，グローバル化による新自由主義の現況において，むしろ消費や購買行動にともなう責任や実践力が強調されはじめている。

　経済・社会的な行動領域において，これまで消費が世界の害悪から保護されるか弱いお姫様のごとく，個人主義的消費にみる虚飾やナルシスト的世界を脅かすようなあらゆる"干渉"から守られてきたことを考えるなら，このことはまさに"革命"といってよい。

2　消費者運動と消費者連帯

　産業社会とポスト産業社会，近代社会とポスト近代社会とのあいだの変化を示す多くの局面のなかで，間違いなくもっとも主要なそれは，西欧諸国の社会状況において従来の産業生産から消費へとその中心が移行したことである。消費の世界にみられる過程でのこのような新しい重要な局面は，さまざまな諸側面と複合的に関係づけられることになるが，いわばそれは，シュミラークルの支配する社会［Baudrillard, 1976］や消費領域で繰り広げられる社会的行為や商品の流通過程での構造的変化といった，ポスト近代の理念型にみいだされるいくつかの特徴と関連している。

　産業社会からポスト産業社会への歩みのなかで，生産と直結した物資文化の2つの流れに大きな変化が生じた［Secondulfo, 2001］。そのひとつは商品の流通に，そしてもうひとつは消費と密接に関係している。そのうちもっとも際立っているのは，ますます中心化され統合されるようになってきた商品流通の構造的変化であり，そこでは，これまで都市が果たしてきた社会性の機能がその内部にいっそう吸収されていく一方で，＜労働集約＞の合理化過程をつうじて，従来のように商品形態をめぐって組織化されていた販売者と購入者の個人的関係が空洞化していったことである。商品流通の面において，これまでの細分化されてきた販売拠点は集中化され，弱小の商店や店舗が肥大化した商業センターにとってかわられることになった。このような流通面での変化から消費面でのそれへと視点を移すなら，そこにもやはり購買行動のリズムと様式について同じような変化が認められることになる。つまり，婦人労働が促進された

結果として,主婦の存在や毎日の買い物というものの影が薄くなり,それにかわって購買サイクルが週単位となり,女性だけでなく家族そろって週末の土曜日にショッピングセンターへ出かけ,娯楽やバカンスのひと時を過ごすごとくに一週間のすべての買い物をすませるようになっていった。

このことは,大量生産体制の黎明期におけるデパートの勃興に典型的にみられる近代的特質にその源流をもつ発展過程と関係している。デパートやショッピングセンターは,たんなる買い物の場所ではなく,出会いや気晴らしの場でもあり,そこでの購買行動はある種の娯楽と化し,クレジットカードや月賦払いによって現金が消え去ることで買い物と同時に一定の金銭を失うという喪失感覚が,購買行動から排除されていった。喪失感覚が隠蔽され,購買行動が娯楽化されると同時に,商品や店舗の広告にみられるように買い物をする場所の雰囲気づくりが図られることとなる。

消費の領域は,近代の特質である個人主義的側面が最大化された場となる。労働の領域では,労働組合にみられるような集合的・共同体的なプロセスが進行するのに対して,消費領域での近代性は,自己の演出や社会移動の戦略にみられるように,とりわけ個人ないし個人的な目的の次元を押し広げてきた。そしてそこでの唯一の集合的な要素が,流行のメカニズムといってよいだろう［Simmel, 1985］。

ポスト近代にみる時間感覚の変化によって生みだされた欲望の即時的な充足が,消費者に議論の余地のない魅力を与えつつも,ポスト産業社会やポスト近代への歩みのなかで,このような衝撃的な側面とは対立する,第2の大規模な現象が消費の世界で発展していった。それが,行政の注意［「消費者及び利用者の権利に関する法律」

1998年7月30日，官報第189号1998年8月14日］を覚醒させるにいたった消費者保護運動の興隆である［Aa. Vv, 1997 ; Lubrano e Bartolini, 1998 ; Alpa, 1977, 1986, 1997］。

とくにイタリアの場合，歴史的にみて消費者の連帯が目立ってきたのが比較的最近の現象であることは，現在の消費者運動への登録者数が150万人であるのに対して1995年では70万人弱であったことからもうかがえる。全国消費者組合［L'Unione Nazionale dei Consumatori］は1955年から活動を開始したが，消費者の権利要求が大規模に叫ばれるようになるには，消費者保護運動の原動力となる批判力と知識を備えた消費態度が拡大していく80年代後半まで，ほぼ30年の歳月を待たねばならなかった。

90年代中頃には全国で14の団体があったが，1980年以前に設立されたものは，たったの3団体であった。それら3団体とは，1955年発足の全国消費者組合，イタリア・キリスト教労働者協会の組織で1977年に設立された消費者同盟［La Lega Consumatori dell'Acli］，そして1976年設立の消費者連盟［La Confconsumatori］である。

消費者保護の点でイタリアは，アメリカだけでなく他のヨーロッパ諸国と比べても若干の立ち遅れをみせていた。たとえば，デンマークとスエーデンはそれぞれ1975年，1971年に一連の消費者保護の法律を手にし，デンマーク初の消費者団体はじつに1947年に設立されている。またスェーデンでは，1954年から消費者の保護や情報を担当する行政部局が機能している。イギリスでの法整備は1973年にさかのぼり，ドイツでは1974年となっている。ただしドイツは，1966年に製品検査と消費者保護の目的から実施される商品比較テストを普及させるため，国内の主要な消費者団体全体をすべて含む全国組織を設置していた。他方，フランス初の消費者運動は1951年，

第5章　イタリアにおける消費者と消費者運動

ルクセンブルクのそれは1962年、ポルトガルとスペインでは80年代初頭に組織されている。

　消費者団体の萌芽を歴史的により厳密にみるなら、1899年に最初の団体が設立され、1872年に各種の不正から消費者を守るための最初の法律を策定したアメリカの動向に目を向ける必要があろう。そこでの団体活動は、まだ労働組合的な背景を色濃く残し、じっさい1938年におこなわれた初期の運動は、すべての労働者に最低限の生活保障を確保すべく全国レヴェルの最低賃金を引き上げる法律を求めるものであった。30年代に、この最初の団体から新たにコンシューマー・リサーチ［Consumer Research］が立ち上がり、それは自ら支払う金銭の有効な使い方に関する"対抗的情報"を市民に提供する、という目的をもっていた［Chase, 1927］。数年後この団体は、会員数を1,800名から5,000名へと拡大し、商品テストの領域で積極的に活動を展開しつつ、ヨーロッパ諸国とイタリアの数多くの団体に対してひとつのモデルを提供するまでになっていた。

　この団体は、生産・経済体制からの独立を重視し、各種の宣伝広告や国家を含む機関からの助成金を拒否しつつ、団体会員からの会費のみによって運営されていた。その点でも、この団体は後続する諸団体の模範となっていたといってよい。

　このような歴史的に興味深いことがら以外にも、これら初期の諸団体の経緯をみることによって、そこに80年代にヨーロッパおよびイタリアでの運動展開にみられる主要な活動様式を摘出することができるであろうし、またたんなる消費者保護から権利要求行動へとむかう道のりがもつ危険性をも指摘することが可能であろう。

　そのなかで、消費者保護への関心がむけられるようになっていったもっとも印象的な出来事は、やはりケネディ大統領が1962年3月

15日におこなった演説であった。その内容のいくつかは，非常に重要な点を含んでいた。「もとより我われはすべて消費者である…国内支出の 2/3 を占めるこれら消費者は，いまだ組織化されず，いまだ自らの声を発する可能性をもたない唯一の集団である。連邦政府は，消費者の要請に注意をむけ，彼らの権利を擁護する義務をもっている」。いまだかつていかなるアメリカ大統領も，このような問題について発言をしたことはなかった。そしてこれをうけ，後にジョンソンやニクソン大統領も，消費者保護の責務を議会で宣言することとなる［Turner, 1974］。このような政治的・文化的な出来事を背景にして，いわゆる"消費者運動家"たちが登場することになったが，その筆頭に挙げられるのが，自動車産業へ歴史的な対抗キャンペーンを打ちだしたラルフ・ネーダー［Ralf Nader］であった［Nader, 1967］。いまなお続く多国籍企業への彼の圧力行動は，数多くの重要な結果と成功をもたらし，アメリカのみならずヨーロッパ諸国の多くの消費者団体の活動モデルとなり続けている。

　しかしながら，ネーダーが活動をつうじて手に入れた莫大な成功と威信，政治的影響力にもかかわらず，これらすべてを政治的運動に転化していくことについては，かならずしも成功しているとはいえず，彼の「緑の党」も，アメリカ政治における対話の相手としてはいまだ認知されてはいない。

　イタリアに関していえば，すでに指摘したように50年代に初期の消費者運動団体が誕生していたが，とりわけ80年代に消費者意識の変化によって数多くの力をもった団体が設立され，70年代の環境問題への取り組み，脱物質的価値やポスト産業社会のあり方への注目，自然と人工物との対立状況から育ってきた世代が登場することになる。先に述べたように，これら団体が参照するモデルは，長年

の活動経験をもつアメリカでの商品比較テストや法的支援といったそれであった。

　イタリアでも労働組合を背景に1955年にイタリア労働総同盟［CGIL］のディ・ヴィットーリオを代表として全国消費者組合が発足していたわけであるが、そこでの行動目標はとりわけ生活費をめぐる闘争であった。しかしそれも70年代に生産者側との共犯関係によって挫折し、その運命が尽きることとなる。60年代にヨーロッパ諸国において各種の消費者運動団体が誕生したが、イタリアがその潮流に続くことはなく、数少ない団体が労働組合色を維持し続けるような状態であった。そして70年代初頭には３つの団体、すなわち消費者防衛委員会［Il Comitato di difesa dei consumatori］、消費者同盟、パルマを拠点とする消費者連盟が活動を展開することになる。ただ80年代初頭にはいっても、ドイツの主要な消費者団体の会員数が約700万人であったのに対して、イタリアでのそれは20万人を超えることはなかった。

　いまだ法的な権利要求や"対抗的情報"という２つのモデルに縛られていたとしても、ようやく80年代になってから市民や消費者は、消費の領域に誕生した各種の活動団体において新たに手に入れた方向性を打ちだしていくことになる。ただ、消費者運動における公共テレビ放送の役割は大きく、そこでは産業界と対立しつつも市民に支持される各種の番組が放映されるようになっていたものの［Lubrano, 1998］、法的規制の面でイタリアの消費者は、自らの権利保護の獲得にかなり遅れをとり、当初のそれは個人の私的権利の範囲内にとどまっていた。そして1998年になって、消費者団体は、アメリカの"団体訴訟"モデルにみられるような、すべての消費者を対象とした活動を展開していくことになる。そこでは、少なくとも

2万9,000名の団体登録者らが"イタリア人消費者"を代表し、大量生産時代にみられたような消費者と生産者との個別的関係を超えたレヴェルで活動を展開していた［Alpa, 1986, 1997］。

民間企業は、当初、運動団体や消費問題に取り組む公共テレビ放送に対し対抗的立場をとっていたが、しだいに消費者の権利に注意をむけることが企業の強い宣伝効果となることを自覚し、欠陥商品の自主回収などにみられるように、自らの行動様式を変容させていくことになる。そして個別ユーザーからの苦情に関しても、長年それら消費者を否定的に扱ってきた態度を改め、むしろ彼ら消費者こそが最大の信頼を置くべき対象であること、そして彼らの苦情が自社ブランドに対する永年にわたる信頼の源となることを認識するようになった。

企業の"顧客満足"に対する戦略は、消費者運動がもたらしたといってもよいだろう。しかしその一方で、とくに大規模販売の領域においては、顧客の信頼を促進する鍵となる"国内"消費者団体を構築する試みは失敗していた。

ここで最後に、全国消費者組合による1997年度の調査データをみながら、消費者団体を支える"活動的消費者"、つまり信頼性に欠ける企業に対する強力な批判者たちの実像を概観してみたい。

この調査によると、調査対象者の約79％（1,500名）が過去ないし近年に購入商品についてなんらかの抗議をおこなっており、とくに女性による苦情の方が男性のそれより多く（54％、男性46％）、またその地域別割合をみると、イタリア北西部37％、北東部24％、南部および島嶼部22％である一方で、中部地域では17％となっている。さらにこのような行動パターンを年齢別にみると、その割合がもっとも高い年齢層は25-44歳で、年齢が高くなるにつれて低下し

ていることがわかる。消費者団体が関与する商品カテゴリーは家電製品がもっとも多く，2番目が百科事典やオーディオなどの購入契約となっている。抗議の仕方については，口頭68％，文書37％，消費者団体の介入20％であった。消費者にとって強力な手段となる裁判所への提訴は９％であり，いまだきわめて小さい数字となっている。

　このような消費者の活動にみる目だった動きとしては，消費者団体がしばしば労働組合を母体としてきたことからもわかるように，それが政治的・経済的領域おける対抗的な下層階級によって組織されていた，という点である。より古いデータでは主婦団体などから形成された事例も多くみられるが，その後は環境問題などポスト近代に典型的にみられる文化的背景が，法的規制や対抗的情報の提供に取り組む消費者団体の土壌を用意していくことになり，そこでは，商品の機能，産業政策や大量販売に対する対抗と防衛が中心課題となる。

　このような状況と並行して，新しい主体としての"消費者"の法的保護にむけ，政府の政治的注意も喚起されていくことになる。ただそれは，生産者と消費者とのあいだの平等関係と購入商品の機能障害・損害に対する消費者権利の保障とに力点がおかれる"組合的"発想にいまだ準拠していた。他方で，制度化がほとんど進まず自己準拠的な状態にあるこの領域では，政治政党にとっては苦手な分野であったこともあり，政党側からの関心は，つねに不適切かつ欠乏していた。

　消費者団体は，このような新しい傾向を示しながらも，本質的には商業上の自由主義的論理の枠組みのうちにとどまっていたといってよい。そしてそこでは，産業界と個々の消費者との関係を構築す

ることが目指され，生産・販売者による不正行為から消費者を保護するための法的研究の成果が大きく寄与していた。

　この新しい傾向と従来のそれとの違いは，おもに連帯主義の考え方，つまり消費や自らが自認する役割について異なるビジョンをもった多様な団体を連携させていくという点，ならびに消費者の自立を維持しながら必要な防衛手段を提供しつつ，団体内部や消費者間に密度の高い情報網を構築していこうとする点，にある。すでに指摘したようにこれらの特徴は，とりわけ商品比較テストにもとづく対抗的情報のシステム化や，企業や行政に対する防衛的行為の組織化に端的にあらわれている。いずれにしてもそこでの活動は，労働組合と職業集団とによる活動の中間形態として位置づけられ，とくに特定行動を実行することなく会員向け機関紙を発行するというような間接的な活動を中心としていた。

　そこでは，消費者を市民としてみないような産業・経済政策に対して干渉していくにあたり，販売‐購入という相互行為の領域を超えでたところでの活動をつうじて消費生活を防衛するという傾向がみられ，しばしば消費問題に関する政治的次元がまったく欠如するか，遅々として顔をみせないことになる──企業が通常活用するようなロビー活動という最低限の活動すら採用することに積極的ではなかった──。まさにこのような消費防衛という観点において，販売・購入商品という商業世界を飛び越えた領域への参加を積極的に展開しようとする"活動的市民"が登場し，市民権の確保という観点から消費者保護の課題が導入されていくことになる［Cotturri, 1998］。それは，アメリカ消費者運動の先導者であり弁護士のラルフ・ネーダーたちが抱く理念への跳躍であり，経済領域における消費者が政治における選挙民になることを意味している。

ただそのような理念は，なかなか消費団体の内部に実践活動として開花せず，実際の活動も，個々の消費者や，なんらかの商品カテゴリーでの問題を共有することで同質的な全体性をかろうじて示すような消費者群に対する合法的取引に関する保護にとどまっていた。政治にもっとも敏感な政党や消費者団体ですら，このような市民権としての側面に注意をむけることはなく，消費者問題を商法的領域の内部におしとどめてきた。とりわけ活動の"質的飛躍"に関心のない諸団体は，たとえば特定の食品や生産方法に関する政治的決定といったような，ローカル社会やヨーロッパ社会における最広義の市民としての消費者の利害と権利に多大な影響をあたえるあらゆる事態に対し，ひたすら沈黙することになる。

　このような事態は，消費者の権利に関する政治政党や労働組合による解釈が単純で実践的でなく，それら団体組織からアドホックに形成される消費者団体がけっきょくは失敗に終わることからもうかがえる。このような背景からも，消費者団体は，ある意味で密接なつながりのあるボランティア領域と連携しつつ，産業社会の特徴である政治家や大衆政党・組合とは相容れない市民社会の内部において，これまでにない新しい社会的な活動主体を構築していくことになる。ボランティア領域から生みだされる運動と同じく，それはポスト産業ないしポスト近代における新しい集合的な活動主体といえるだろう。

　この点においてとくに興味深いことは，"フェアトレード"運動に端的にみられるように，政治的問題に取り組む消費者団体と，グローバル経済に批判的な態度をとりつつ途上国支援を実践する運動とのあいだにみられる連携の動きである。このような動きは，いまだ安定期にはいっているわけではないが，そこからは，すでに制度

化されている合法的取引を求めていくような運動路線にとどまり続けるのか，それとも政治責任や消費が物質文化のうちに内包する社会的複雑性といったレヴェルへと突き進み，西欧経済全体に対する批判的運動と連結されていくのか，という問いが消費者団体にむけて投げかけられることになる。

いかなる消費行動も産業生産のあり方を方向づけるのに貢献するという意識は，購入すべき商品の選択や，生産の進むべき方向性が消費者の判断に任されている，ということを示唆している。言い換えるならそれは，消費行動における政策的要素に対する自覚といってよい。このような意識が，生産者や産業体制からの防衛や，それらとの交渉に関する見通しをたてるための第一歩であることはいうまでもないが，その道のりは非常に厳しいものである。なぜならそうすることで，気晴らしや自己愛による消費の光沢加工された世界から脱して，さまざまな問題と責任からなる不愉快な現実につれ戻されるからであり，販売体制にみる広告戦略や消費者が自らの購買行動に求める感情的喜びへの期待にみる快楽原則や消費の楽しみが，奪われてしまうことになるからである。

バウマンが指摘するように，まさにこのような危機意識が，コオロギを目覚めさせるのではなく踏み潰すことで自分の夢を守る"ピノッキオ"である消費者に対して，消費者団体が"物を言うコオロギ"になることを引き止めている［Bauman, 1993］。

3　不買運動とフェアトレード

近年，消費領域の内部において，いくつかの新しい展開方向が示されるようになった。そのうちでもとくに興味深いことは，新しい

世代を中心に広がってきた"批判的消費"といわれるものである。

　それは，まずアングロサクソン社会において誕生し，後にイタリアや他のヨーロッパ諸国で発展することになったひとつの方向性であるが，その源流は，エコロジー思想の発達や，個人行動から組織的社会行為への転換という局面に見いだすことができるだろう。このようにみるなら，消費の世界における批判的活動は，ある意味で生産領域に対する"緑の"社会運動が展開した活動を反映したものといえる。このような状況は，あきらかにポスト産業的兆候を示すものであり，そこではもはや産業社会に典型的にみられるような物質文化の生産サイクルの細分化や生産部門の集中化の程度は低いため，それへの批判的・対抗的介入としての運動や活動は，たんに最終的な生産段階である廃棄物処理やリサイクルの局面だけでなく，物質文化のあらゆる生産プロセスに介入していくことになる。

　またさらに，これら消費への新しい方向性に基礎づけられた対抗的活動の第２の潮流は，グローバル化の過程への対抗，とりわけローカル社会および国際レヴェルにみられる経済の集中過程や富の分極化に対する対抗にその源流をもっている。そこでは，物質文化の生産サイクルや多国籍的資本主義の評価において消費の役割が再認識されながらも，世界的規模にまたがる不均衡や搾取のメカニズムにとくに注意がむけられ，ボランティアや非営利組織・団体との国際的な連携を形成する土壌が用意される［Gesuadi, 1996］。

　これら２つの対抗的方向性は，その他の多くの要素を取り込みながら，またその出発点を異にしながらも，そこでの活動をこれまでとは完全に異なる"反消費"という道へと導くことになる。

　その意味で，不買運動とフェアトレード〔社会的正義にもとづく公正取引〕は，同じひとつの運動にみられる２つの顔ということが

できよう。そのひとつの顔はとくに西欧諸国に，そしてもうひとつの顔は開発途上国にうかがえるもので，両者の顔は，グローバル化した網の目状の資本主義的産業社会の内部において消費行動が採用すべき重要なポスト産業的戦略として結合することになる。この点に関してたいへん興味深いことは，グリーンピースのような環境保護運動と，いわゆる"シアトル派"（より最近では"反グローバル派"）として収斂していく諸集団とが，第三諸国における世界経済のグローバル化と帝国主義化による貧困と負債という2つの中心課題に立ち向かうカトリック団体を中心とする非政府組織とはともに区別されながらも，異なる運動戦略を採用しているという点である。

両者の戦略は，現代社会の消費世界における経済的・政治的組織に対する倫理的な方向性や評価に関して共通する点をもっているが，実際の活動方針においては，あきらかに異なる方向に顔をむけていた。つまり，カトリック団体などから影響を受けながら多くの団体が採用する第三諸国に対してのフェアトレードの方向性と，不買運動団体にみられるより政治的な論理に依拠した対抗的介入という方向性である。

いずれにしても両者の戦略は，ともに無菌で中立的な消費の世界に強い倫理的要請を導入しようとする試みであり，消費行動にともなう政治的性格のみならず，その倫理的性格をも明確化していく企てといってよい。まさにこの点において，両者はこれまでの消費者団体が描いてきたシナリオとは明らかに異なる特徴を示すことになる。

3.1 不買運動団体

我われがここで考察している2つの方向性のうち，消費における

不買運動の方が歴史的に古く，それは1992年にカナダの Ad バスターズ［Ad busters］という団体が実施した"何も買わない日"（*Buy nothing day*）キャンペーンに始まり，その後，世界中の団体が毎年参加するようになった一連の運動に発展していったものである［http://www.adbuster.org］。

消費おける不買運動は，生産におけるストライキと同じようなもので，それら団体が生産企業の戦略や商品生産モデルを拒否するかどうかという消費者側の責任問題など消費政策に対する視野を広げるにつれて，いっそう活発化していくことになる。そのような潮流のなかで Ad バスターズは，さらに無意味で無批判的な消費をもたらすスポット広告からの防衛を目的に，1999年4月22-28日に"テレビを見ない週間"（*TV turnoff week*）キャンペーンを打ちだしている。消費の世界がもつ上辺だけの楽しいイメージを破棄させるこの意識の目覚めこそ，これまで不買運動や運動団体の増加に対して驚くほど迅速に対応してきた多くの企業にとって大きな脅威となる。

その点で，この団体がテレビの広告時間枠を市場価格で買い付けることによって，"反コマーシャル"という有名なスポット広告反対キャンペーンを実施しようとしたものの，テレビ局からそれを拒否されたことは興味深い出来事であった。

商品購入といった消費行動を変えていこうとする企て，つまり衝動的で娯楽的な代償的行為を社会的責任の自覚をともなった活動へと変化させることは，その活動をグローバル化によってもたらされる国際不均衡の問題に対する活動へと接合することになる。その活動は，一群のフェアトレード・ショップ——そのもっとも代表的な団体として第三世界協同組合［la Cooperazione Terzo Mondo］がある——として展開することになり，そのことは，西欧諸国のクリス

マス・シーズンにみられる消費促進策に対抗してイナフ［Enough］という団体が"クリスマス解放前線"というキャンペーンをはったことに端的にあらわれている。そのパンフレットには、"抑圧された消費者、ゴミの山、第三世界の奴隷たちによって生産された商品の贈答などは、良心にもとづく本来の祝祭とはまったく相容れない"、と謳われている。

これらの活動は、地球資源の分配における消費節約という反消費主義的側面と、第三世界や発展途上国への搾取という反帝国主義的側面とをあわせもっており、それら両側面の根底には、多国籍主義的資本主義やグローバル化の急激な進行に対する批判が込められている。

フェアトレードのネットワークに参画する諸団体の戦略が比較的緩やかに進行していったのに対し、不買運動に関与する諸団体は、しばしば彼らの主張の共鳴箱としてマス・メディアを積極的に活用する。その点で、それら諸団体の活動はポスト産業社会的な機構に完全に組み込まれているといってよい。その際たる事例が、ネスレやナイキ、マクドナルドなどに対する対抗的キャンペーンであり、逆にそれら企業は、近年では安全な原料を取り入れることで"巻き返し"を図ろうとしている。すでに指摘してきたように、それら企業は、たんに対抗的措置を講ずるだけでなく、"善良"な企業活動がもっとも有効な宣伝広告手段となることを自ら急速に学びはじめている。発展途上国における未成年労働者に対するナイキやリーボックの対応にみられるように、そこでは産業社会的な思考よりむしろポスト産業社会的な柔軟性に依拠した"正しい政策"が好まれ、企業は生産領域ではなく消費領域で惹起される反発にますます屈服せざるをえなくなっている。

じっさい消費領域において商品の中心的な性格はそのシンボル性にあるのであって，消費者が自らのイメージを構築するのに必要なあらゆるシンボルや意味に企業は注意をはらっている。そこでは，生産企業に対する対抗的情報や不買運動を展開する消費者団体側と，倫理的に正しい行動を自ら採用していることを宣伝しようとする生産・販売者側，双方からの戦略が同時進行している。

3.2 フェアトレード

南北間不均衡や，とくに多国籍的展開を図る西欧諸国側による搾取問題を告発する不買運動の活動方向とフェアトレードのそれとがある面で似通っているにしても，そのアプローチの仕方は当初より異なっていた。フェアトレードの歴史は，50年代にイギリスのクエーカー教徒たちが第三諸国の産品を市場に導入していった古典的なチャリティー活動としての非営利団体の展開と並行して，オランダの小さなカトリック青年団体が布教活動の一環として1969年春に始めた"世界の店"にさかのぼる。

この歴史的な事実においていっそう重要なことは，このようなフェアトレードにむけた運動が宗教団体と密接な関係にあったということであり，イタリアにおけるこの種の団体の活動が，イタリア文化・余暇活動協会［Arci］のサークル活動を支えるイタリア・キリスト教労働者協会［Acli］と接点をもち続けてきた，という点である。またそこでの活動精神が，当初の宗教倫理から政治倫理へと移付していったことも忘れてはならない。じっさい，こんにち"世界の店"を運営する諸団体の多くは，キリスト教団体やイタリア文化・余暇活動協会，イタリア・キリスト教労働者協会，第三世界支援団体，緑の党，マルクス主義者，反暴力主義者たちの手によって

担われている。

　70年代の政治的イデオロギーが吹き荒れる時代には、とくに社会主義政権下にある第三諸国の単一産品の輸出支援活動が進展したが、その後の80年代に新自由主義の到来によって第三諸国に対する保護政策が失敗し、それら諸国民の貧困化が深刻化するにしたがい、フェアトレード運動は、商業主義的方向へと舵をきるようになる。そこでは、これまでの積極的活動家より広域にまたがる一般市民に語りかけ、それら諸国の自立的成長や労働者の権利を促進させ、賃金の平等化や消費の社会的責任を強調していくことが要請されていた。

　90年代にはいってそのような方向性は、ローカル生産に対する品質向上や支援活動をつうじて確固としたものになる。ヨーロッパの団体に関していえば、フェアトレード商品を大量販売市場に導入させるため、それらフェアトレード商品の認定機構──ヨーロッパには３つの認定機構がある──をつうじて他の商品との差別化を図り、"社会適合性"ないし"倫理"を保証していくことに注意が払われている。そこでは、商品の品質はいうにおよばず、その倫理的な性格を保持し、それを最終的な消費者に対し保証していくことが求められている──その実験的な試行が生協によるものである──。

　とくに北ヨーロッパ──イタリアでのフェアトレードは80年代末に到来する──では、若者のボランティア活動に典型的に示されるように市民社会に対する重要性が急速に高まり、南北関係においてますます重要視されることになるこのような理念が多くの団体を発足させ、華やかな消費世界に強い倫理を要求していくようになる。現在、フェアトレード団体は、ヨーロッパ18カ国に3,000以上あ

り,主要な14団体のもとに約100万箇所にものぼる第三諸国の生産者が提携している。90年代末に,不買運動より過激さが低く,多くの第三諸国支援者を擁するフェアトレードは,しだいに欧州議会や欧州委員会から認知されるようになり,欧州議会の後をうけてイタリア国議会の喫茶室でも1997年よりフェアトレードによるコーヒーが使用されるようになった。

2000年現在のヨーロッパとイタリアでのこの分野の状況は,下表のようになっている。

	イタリア	ヨーロッパ
フェアトレード団体数	374(1990年では10)	2,740(18カ国)
フェアトレード商品を販売するスーパーマーケット数	2,620	43,100(18カ国)
輸入業者数	7(直接輸入業者は除く)	97(18カ国)
フェアトレード認定機構数	1	14(14カ国)
ボランティア数	1,500	96,000(18カ国)
有給専従職員(フェアトレード団体)	70	394(16カ国)
有給専従職員(フェアトレード認定機構)	2.4	71(14カ国)
売上高	16,100,000ユーロ以上	369,400,000ユーロ以上
教育・広報宣伝・市場調査のための経費	310,000ユーロ	10,100,000ユーロ
おもなフェアトレード商品(バナナ)の市場占有率	1.2%	15%(スイス)

これらフェアトレード団体やそこでのネットワークは,しばしばカトリックやミッション系の団体の支援を受けながら,市場経済や政府と距離を保ち,ときに対抗状況に直面する市民社会のなかで自らの倫理的理念にもとづいて,自立性を確保しつつ連携体制の規模を拡大していった。これら団体組織の発展は,フェアトレード会社の運営が非営利の連帯主義や協同主義に依拠していることからもわ

かるように，市民社会的性格を強く示すものといえる。

またさらに，生産者に対するそれら団体の活動は，ローカル社会において市民社会性を促進することにも方向づけられており，それは団体規約や提携生産者との協定によって，ネットワークをつうじてフェアトレード商品を市場に流し込むことや，収益の少なくとも5％をローカル社会の支援に投資することを規定する動きにあらわれている。連帯主義への助成や生産発注額の半分を生産者に前金として渡すことは，ローカル社会の高利貸しから団体や個人生産者ないし家族経営の生産者たちを防衛し，生産現場において市民社会の枠組みを強化しつつ，彼らの市民としての地位を向上させるのに寄与している。

不買運動の場合と同じく，消費者に提案される行動選択や活動内容は，直接日常生活の消費過程に関わることになり，これまで支配的であった消費文化が私的ないし個人的な満足以上の価値を与えることのなかったものを与えることになる。また不買運動団体のように，このようなフェアトレード運動が示すもっとも強力な力は，これまで生活の一部分でしかなかった消費を生活全体に関わらせることによって，商品の隠されていた部分のすべてを暴露する点にある[Secondulfo, 2001]。商品の流通をつうじてもたらされる，あらゆる経済的・政治的・社会的な選択と責任とが浮き彫りにされることになる。このような消費行動によって，ある種の商品選択は，もはや個人的で個別的な行為ではなくなり，あきらかに政治的・経済的な過程に組み込まれ，消費者もある程度の意識をもって，その過程でなんらかの貢献を果たすようになる。

公正な取引は，公正な消費を生みだす。そこでは，商品をつうじてしか直接的な人間関係をもたない，資本主義生産システムでの生

産者と消費者にみられる"商品のフェティシズム"を乗り越えようとする強い力が働いている。まさにこのような企てへの要請が，生産者と消費者の双方の側での選択を努めて自覚的なものにしている。フェアトレードのスローガン"尊厳による製品［Made in Dignity］"が，このことを端的にあらわしていよう。とりわけ公正さを求める消費者たちの行動は，グローバル・レヴェルでの介入を排除しようとする企てであり，第三諸国の生産者たちや先進諸国の消費者たちは，グローバル経済の介入が解決しえない原産者に対する搾取を排除し，ローカル経済の発展や環境保護を推進することに方向づけられている。そこでは，南北間の不均衡メカニズムにおいて生産国が抱える困難や，それからの救済，また新たな発展可能性をつくりだしていくことの必要性が強調され，これまで第三諸国の労働者と西欧市場とを媒介する多国籍企業によって搾取されてきた生産者たちにとって公平かつ公正な購買行動が，西側諸国の消費者に要請されることになる。

この種の活動の好例が，不買運動団体とフェアトレード団体とがときに共闘することになった反ナイキ・キャンペーンの事例である。また，スポーツという現代社会の"聖域"を侵すような行為としてサッカーボールの包装に児童労働を使用することへの反対キャンペーンの事例はいうにおよばず，とくに世界の南北関係を象徴するコーヒーとカカオの2部門での生産ラインに対するフェアトレード団体の攻撃も，非常に強いものであった。たとえばコーヒーの場合，伝統的な取引からフェアトレードに変わることによって価格に占める生産者の取り分は7％から25％へと上昇することになる。このような運動にとって，第三世界の生産者を支援するという理念はきわめて重要なものであり，それは，しばしば女性の力を基盤とし

た途上国支援［Yunus, 1997］として発展することになる倫理銀行［banca etica］〔社会的連帯や社会的サービスに関連する団体組織，NPO, NGO に融資先を特化する人民銀行〕やマイクロ・クレジット〔現代版"無尽講"ともいえる相互扶助による低所得者向けの貯蓄・貸付システム〕と軌を一にしている。

　フェアトレードと不買運動は，そのスタンスのありかたに違いがみられるものの，このような問題領域における国内・多国籍企業の行為に対して批判的な消費行動を求めているという点で，しばしば密接につながっている。そのことは，両団体による活動が，とくに最終的な消費者に対して，購入すべき商品選択時に避けるべき企業と推奨されるべき企業とに関する情報を倫理的な基準にもとづき提供していることからもうかがえる。じっさい，フェアトレード団体のホームページにおいて不買対象となっている商品一覧を見つけることは，非常に容易なことである。

　市民社会という表現は，そこに生きる一人ひとりの市民に対し，たとえば倫理的に相容れない経済行為に対抗しつつ，日常生活での個々の行為において倫理にもとづいく市民的実践を要請するが，それは，すでに述べた消費者運動の基本性格でもある。

4　むすび──消費と市民社会──

　消費行動という個人主義的で"私生活主義的"な社会的行為をつうじて市民社会を語ることは，ある意味で奇異なことと思われるかもしれない。じじつ，本来の語義にしたがうなら，経済領域と同じ次元で語られる消費は，国家という場合と同じく市民社会の概念には含まれないことになる。もしそうであるなら，これから述べるよ

うに，この数年間において消費領域の内部から発達してきた連帯的行為が，そのような消費をいまだに特徴づけている主観的で私的な性格に，ようやくメスを入れはじめてきたことがわかるだろう。

あらゆる意味で市民社会のひとつの支柱といえる連帯主義［Giner, 2000］は，一連の消極的でかんばしい成果を生みださなかった時代を経て，ようやく社会的行為の領域において発展しはじめるようになった。そのような行為は，消費行動という領域において限界を示しつつも，倫理や連帯主義という課題において消費過程がもつ"神聖性"を突き崩すという新しい重要な役割を果たしている。

購買行動がポスト近代のナルシスト的な消費者に要請する倫理的で合理的な能力を停止させ，つねにより多くの消費者を巻き込みながら，家族がもつささやかな倫理性をも抜き取ろうとする個人主義的原理，すなわち社会性や道徳性の領域から消費を引き離そうとする主観的な快楽原理を打破しようとする強い革新力が，そこにはある。

消費の世界でようやく成長しつつある連帯主義は，娯楽の世界のベールを剥ぎ，市民としての消費者に自らの行為の経済的意味だけでなく，倫理的意味についても省察することを迫る。それは，消費社会における表面的で近視眼的な態度や政治的無関心を強く揺さぶることになる。

ともあれそこでは，消費の世界にみいだされる連帯主義がはたして市民社会の構成要素となりえるのかどうか，がまず問われることになる。

自由主義の観点からみるなら，それは確かにそのとおりといえよう。市民は，国家的ないし政治的，そしていっそうまれなことであるが経済的な構造からの影響なしに，いやむしろそれらに対抗しな

がが相互に連帯し、自らの存在意義を高めるため他者と手を結ぼうとするが、政治家や経済人を生みだすようなことはしない。市民による団体や集団、運動組織への参加は、たとえ消費者運動団体の場合のようにそれらがなかば職業集団的な性格をもつとしても、基本的には職業生活や公共的なそれとは距離をとった帰属の仕方にもとづいている。

 そのような帰属の仕方が、国家からの独立はいうまでもなく、政治的・経済的領域からも独立したものであることは、政治組織（労働組合を含む）や経済組織から形成された団体がいずれも挫折していることからもうかがえよう。しかしながら、市民社会への帰属のあり方をもっともよく示しているのは、そのような団体のたんなる独立性というより、むしろつぎのような点に求められる。すなわち、多かれ少なかれ自発的でない消費者団体に消費者を参画させようとするいかなる政治的・経済的組織による企ても、けっきょくは失敗するということである。じっさい自発的に結束していった団体のように、問題関心を同じくする者たちが自由に手を結ぶことによって生まれた団体だけが成長し、消費者の信頼と参加を勝ち取ってきた。

 この意味で、またマルクス主義的な考え方からいっても、それら団体は、まさに市民社会そのものといってよいだろう。そこでの成員たちは、既存の政治・経済体制を批判しつつも、それら領域よりむしろ日常生活内部での共有関心によって絆をとり結んでいる。経済活動に取り込まれるのではなく、また政治的・国家的な活動領域をも超越した社会的絆は、それがポスト-グラムシ的な段階にあることを示している。彼らの活動は、たとえ経済や政治と交差し、それらを生みだすとしても、その活動に参画するものたちを結束させ

るのは，政治や経済の領域ではなく，市民的な日常生活での平凡な活動，すなわち商品の購入や消費に対する反省においてである。ここでの市民社会の定義にしたがうなら，それら消費の世界における活動団体は，政治的ないし経済的，行政的な領域に対して敵意とまではいかないまでも，潜在的な不信をあらわにしながら，それら領域から自らを防衛し，それらと対決していく主体といってよい。

ところで，消費の世界で活動を展開するさまざまな団体についてこれまでみてきたように，そこには，つぎのような2つのタイプの団体を見いだすことができる。そのひとつが職業集団-労働組合的な団体組織であり，そこでの連帯は消費者保護運動としての性格を強く帯びている。そしてもうひとつのタイプは，倫理的とも呼びうる団体組織であり，そこでは，すでに指摘したように消費の世界がもつ論理やメカニズムに対して強い価値志向性が示され，それを出発点として，より広範なさまざまな政治活動が展開されることになる。

いずれにしても，これら2つのタイプは，消費やファッションの世界に従来とは"異質な"要素，つまり行動倫理や連帯をその内に腹蔵しながら，これまで支配的であった行動とは反対の方向性を目指している点でともに共通している。そこでは，草の根から自然発生的に生まれ，倫理的にも自立した計画能力をもつ集団が，個人主義的な消費の世界において，さまざまな仕方ないし目的で市民社会と結びついた活動を展開し，消費の世界でますます勢いをみせる快楽主義的-個人主義的ヘゲモニーに対抗的な企てを実行してきた。産業社会からポスト産業社会へと向かうプロセスのなかで，消費社会の享楽的で個人主義的な世界に閉じこもりながら，あらゆる集合的行為や市民社会的行為から切り離されてしまった領域への対抗を

つうじて，市民社会を特徴づける一連の活動が手を結び，消費の世界内部でさまざまな集団を生みだしてきたのである。

これら双方の運動タイプの活動形態と動機づけにみられる類似性は，程度の差こそあれ市民社会の実現を目指して，経済や政治といった中心領域より，いっそう批判的で自己準拠的である消費や消費者という領域での活動を活発化し，市民社会を草の根から創造していくために必要な市民活動の責務と自立的な組織活動を喚起している点に求められよう。

またさらに，このような活動領域での特殊性とあわせて，そこでの活動そのものについても，つぎのような3つの基本的な活動タイプを区別することができる。すなわち，消費者保護的な活動，倫理-連帯的な活動，そして倫理-対抗的な活動である。これら3つの活動タイプは，草の根から生成されるものであるにせよ，また倫理的次元ないし直接行動によるものであるにせよ，いずれも市民社会を成熟させていくための発酵素的な役割を果たしている。

すでに指摘してきたように，これら活動のうち市民社会の構築にとってもっとも消極的なタイプが，消費者保護運動である。というのもそこでの連帯は，文化的側面というより利害と結びついている場合がほとんどで，"活動的"市民を生みだしつつも，いまだ近代社会の枠組みにとらわれ，とくに商品選択の倫理が要請されるような局面において，いまだ発展過程の途上にあるポスト近代社会的な意味での市民と接合しうるような文化的要素を欠いているからである［Donati, 2000］。

この点は，まさに消費者保護運動が，私生活主義-自由主義的な論理を乗り越えて，政治経済的な選択や社会的選択の局面にみられる個人主義的局面を超えた活動レヴェルのなかで，つまり消費の世

界以外の領域で活動する多くの団体や運動組織と連携することに成功した倫理-連帯的ないし倫理-対抗的な活動がもつ運動目標のレヴェルにおいて，自らの活動を推進していくことがなぜ困難なのかを説明している。消費者保護運動に本質的にみられる私生活主義的な活動モデルより，まさにこのレヴェルでの活動こそが，市民社会の構築にむけていっそう強く要請されているのである。

■文献

Aa.Vv., *Viaggio a Sud*, Bolzano : CTM-MAG, 1996.

Aa.Vv., *Consumerismo : esigenze italiane ed esperienze internazionali*, Torino : Centro congressi Lingotto, 1997.

Alpa, G., *Tutela del consumatore e controlli sull'impresa*, Bologna : Il Mulino, 1977.

Alpa, G., *Il diritto dei consumatori*, Bologna : Il Mulino, 1986.

Alpa, G., *I contratti dei consumatori*, Roma : Seam, 1997.

Amatucci, F.(cur.), *Il commercio equo e solidale*, Milano : Etaslibri, 1997.

Amoroso, B., *Della globalizzazione*, Molfetta : Edizioni La Meridiana, 1996.

Associazione Botteghe del Mondo, *Le Botteghe del Mondo in Italia e in Europa*, 1998.

Associazione Ad Gentes, *Aprire gli orizzonti : il commercio equo e solidale, una via possibile*, Pavia : Coop. Sociale Casa del Giovane, 1996.

Amatucci, F., (cur.), *Il Commercio Equo e Solidale, non profit I quaderni*, Milano : Etas Libri, 1996.

Baudrillard, J. *L'échange symbolique et la mort*, Paris : Gallimard, 1976. ［今村仁司・塚原史 訳『象徴交換と死』筑摩書房, 1982］

Bauman, Z., *Postmodern Ethics*, Odford : Blackwell, 1993.

Bicciato, F. e Mastrangelo, A. (cur.), *Guida al Commercio Equo e Solidale*, Bolzano : CTM-MAG, 1993.

Centro nuovo modello di sviluppo, *Guida al consumo critico*, Bologna : EMI, 1998.

Chase, S., and Schlink, F., *Yours Money's Worth*, New York : Grosset and Dunlop, 1927.
Cooperativa Pangea, *Guida al consumo solidale*, Roma : Anterem 1998.
Cotturri, G., *La cittadinanza attiva : democrazia e riforma della politica*, Roma : Fond. It. Per il Volontariato, 1998.
Donati, P., *La cittadinanza societaria*, Roma-Bari : Laterza, 2000.
EPTA, *Il Rapporto del Commercio Equo 1998-2000*, Bolzano : CTM 1996.
Garbillo, G., Consumo sostenibile, responsabile, Milano : Feltrinelli, 1999.
Gesualdi, F., Manuale per un consumo responsabile, Milano : Feltrinelli, 1999.
Giner, S., "La societ? civile : prospettive storiche e sociologiche," *Sociologia e politiche sociali*, a.3, n.1, 2000.
Inglehart, R., *The Silent Revolution*, Princeton : Princeton University Press, 1977.［三宅一郎他 訳『静かなる革命：政治意識と行動様式の変化』東洋経済新報社, 1978］
Yunus, M., Vers un monde sans pauvreté?, Lattès, 1997.［猪熊弘子 訳『ムハマド・ユヌス自伝：貧困なき世界をめざす銀行家』早川書房, 1998］
Lubrano, A. e Bartolini, A., *Consumario. Dizionario dei consumi*, Milano : Boldini & Castoldi, 1998.
Movimento Gocce di Giustizia, *Mini-guida al consumo critico e al boicottaggio*, Padova : Coop. S.p.e.s, 1997.
Nanni, A., *L'economia leggera : Guida ai nuovi comportamenti*, Bologna : EMI, 1997.
Nader, R., *Unsafe at any speed*, New York : Grossman, 1965.
Perna, T., *Fair Trade*, Torino : Bollati Boringhieri, 1998.
Reina, A., *Un mercato diverso : Commercio equo e solidale*, Bologna : EMI, 1988.
Sachs, W. (cur.), *Dizionario dello sviluppo*, Torino : Edizioni Gruppo Abele, 1998.
Saroldi, A. e gruppo CoCoRic?, *Giusto movimento*, Bologna : EMI, 1997.
Secondulfo, D., *Per una sociologia del mutamento*, Milano : Angeli, 2001.

Sen, A., *Etica ed economia*, Roma-Bari : Laterza, 1988.〔徳永澄憲・松本保美・青山治城 訳『経済学の再生：道徳哲学への回帰』麗澤大学出版会，2002年〕

Simmel, G., *La moda e altri saggi di cultura filosofica*, Milano : Longanesi, 1985 (ed. or. 1911).

Turner, J., Il consumismo nell'esperienza americana, atti del convegno *"Produzione, comunicazione e consumerismo,"* Milano, 25 ottobre, 1974.

UNDP, 9° *Rapporto sullo sviluppo umano : I consumi diseguali*, Milano : Ronsenberg & Sellier, 1998.

Wupperttal Institut, *Futuro sostenibile*, W. Sachs, R. Loske e M. Linz (cur), Bologna : EMI, 1997.

第Ⅱ部
ファッションと
文化・コミュニケーション

第6章 イタリア文化におけるアイデンティティとモードの複数性

アンナ・マリーア・クルチョ
(ローマ第3大学)

1 モードによるアイデンティティ構築

　政治的や経済的,市民的といった言葉でいまだ形容されない広義の「社会」というものが認識されるようになって以来,そこに生き,あらゆる社会関係を取り結ぶ主体としての個人に対して,「自分とは何者か?」という共通の問いが投げかけられてきた。

　古代哲学や最近のそれはいうまでもなく,あらゆる人間科学,社会科学,心理学的研究がその問いに対する完全な答えを提示しようと試みてきたが,アイデンティティへの疑問は解決されることはなかった。「信念」にもとづく決定論としての超越論(たとえば宗教的なそれ)や内在論,個人を逆に押しつぶそうとする唯物論にあってもしかりである。

　ファッションは,あらゆる社会領域においてたちあらわれ,たんに衣服だけでなくそのすべての側面において,個人に対し安定的で永続的な自己イメージを創造するための道具だてを提供することで,ファッションそのものがそうであるように,一時的にせよアイデンティティの不安を緩和し安定化させる機能を果している。

　近代という言葉を歴史的に限定して使うなら,前世紀前半までの近代社会においてファッションは,おもにエリート層によって主導

される文化的要素をつうじた変化に富む社会的運動として規定されてきた。

がいしてファッションは，ある時代にみられる固有の趣味趣向にもとづいた社会共同性のあり方として定義されるが，そのことは，ファッションが文化的構成要素のひとつとしての普遍的原理——それは，たんに身体の外面的形態だけでなく，人間のあらゆる表出方法に関係づけられる——とみなされることを意味している［König, 1976］。

ファッションの一般的な特質は，「流行り」と「廃り」という対立する言葉で表現されるように，なんらかの社会形態が一時的に受容されながらも，より時勢に適合するものによってのみ取り替えられるという変動においてきわだっている。ファッションは，絶え間ない社会変動の領内——少なくとも硬直化した原始社会の領内においてではない——において展開し，自らを正当化しつつ社会的制裁を加えうる権威者によっておもに採用される新しいモデルに対し最大限の受容性を示す。

社会学者がとくに注意をむけるファッションのまた別の特質としては，その特異な社会浸透力がある。つまり，詩や文学作品でよく描かれ，前世紀初頭にS.マラルメが「ファッションは外見の女神」と表現したような，その神聖な力である。ファッションが命じる力は人間の通常の理解を超越しているがゆえに，そのような神秘的な女神を理解しようとせずに，ひたすら服従する方がよさそうである。ファッションの命令がどのようにして生まれ，どのくらい持続するのかは，誰にもわかるまい。可能な限り速やかにその命令に従うなら，いっそう大きな利益をうることになろう［Curcio, 2002: 22］。

第6章　イタリア文化におけるアイデンティティとモードの複数性

　ファッションが創造する世界は，ある意味で巨大な宗教的カルトと似たような性質を帯び，そこにはファッション雑誌編集者やデザイナー，美容師など，多数の信者とは区別される司祭たちが存在する [Flügel, 1974：166]。ファッション研究者たちは，もっぱらその外面的な現象面を洞察することに注意を払うことで，しばしば大衆による信仰の告白という奇妙さを嘲笑してきた。

　たしかに模倣はファッションを特徴づける要素のひとつであり，個人があたかも磁力に引き寄せられるかのようにファッションの創造主たちを盲目的に猿真似することも，よくあることである。模倣は，その対象となる人物への憧れ，もしくは自分も同じようになりたいという願望からもたらされる2つの対立する動機づけによって説明されるだろう。G. ジンメルが指摘するように，その動機づけにおいては，結合と分離といった相反する2つの傾向が融合することでもたらされるファッションへの同一化と差別化，模倣と差異化という二重の局面が強調されることになる。

　ジンメルによって明らかにされたこの二重局面は，アイデンティティの構成要素である同一化と差異化という心理学的傾向にもとづく，より一般的な社会関係へと関連づけられるであろう。つまりファッションは，一方で社会的に同一のレヴェルにある諸個人の凝集性を高めつつ，他方では他集団に対する自集団の区別と排除をもたらす。そのような他集団に対する閉鎖性は，自集団の成員であることを保証する承認シンボルの選択をつうじてもたらされるものである。

　ファッションが，ある社会全体や社会階層全体にまで普及することがないのは，まさにこのことを証左しているといえる。むしろファッションは，非常に変動性の高い衣服だけでなく文学や音楽な

ど文化全体のあり方において細分化された現象となっている。多くの場合，ファッションは小集団や仲間集団（とくに若者集団）に関連づけられ，またその現象の持続性については社会的に重要な要因が無数に関係している［Bonnot, 1950］。

多くの社会学的研究が，そのような現象に関する科学的認識を組織的に追究し，また同時にファッションとアイデンティティとの関係を解明しようとしてきた。G. タルドは『模倣の法則』（1911）において，革新要因とともに模倣要因が社会変動の基本原理となっていることに注意を喚起した。今日の考察対象がヨーロッパ社会に固有のものから西欧社会へ，そしてグローバル社会へと移行するなかで，模倣と革新の原理のみによって社会学的に説明することは，それら社会原理の継続性を浮き彫りにするであろう。

他方，T. ヴェブレンはファッションが示す社会統制という局面を重視し，上流階級が経済活動で行使する権力をファッションにおいても利用することによって，彼らが社会成層内部でのライフスタイルの普及を統制することに注意をむけている。ヴェブレンにとってファッションは，消費と衣服の問題に直結するもので，「有閑階級」による見せびらかしの消費にみられるように，実際には手に入らないような望ましいとされる「地位」を誇示するための機会とされる。また近年のファッション研究の多くは，たんにこのような模倣だけでなく，個人的ないし集合的なアイデンティティをファッションをとおして構築していく側面に光を当てている。

W.G. サムナーや W. ゾンバルトなどの古典的研究の他にも，最近の F. アルベローニや G. ドルフル，F. デイヴィス，U. ヴォッリ，J. ボードリヤール，G. ラゴーネをはじめとする多くの研究者たちは，ファッションに対して異なる性格づけを与えているが——たと

えば,贅沢さへの欲求充足,期待された変動への幻想,権力への追従など——,ファッションが「我われの内部にあって動き,我われの身体や行為に形を与えるもの」[Volli, 1988:11]であり,中心性や位階構造を喪失した我われの社会において,なおも自らの"あるべき"姿を与えうる一般的形象とみなされる点で,それらは共通している。単一のモードないし複数のモードのうちのひとつを追い求める自然発生的かつ脅迫的な衝動が,自己を再構成し秩序化する。しかしながら,ひとたびアイデンティティや自己感覚を安定させる隠れ蓑が見いだされたと信じたまさにその瞬間に,それらは紙でつくった城のごとく,すぐさま崩れ去ってしまうことになる。

ファッションそのものの脆弱かつ束の間で表層的な性格からも,そこにはすでに自らの死,破壊される運命が潜伏している[Simmel, 1996]。このファッションの脆さこそが,その魅力的な価値を下げるどころか,あらたな魅惑を与えている。ファッションをとおして構築されるアイデンティティは,たしかに自己概念への問いを喚起し,それを安定化させるものの,それと同時に死の運命をはじめから内部に抱えているのである。

2 イタリアの若者文化にみるモードの複数性

第2次世界大戦後の1950年頃,これまで知られていなかった新しい社会的カテゴリーが歴史に登場することとなった。そのカテゴリーというのが若者である。じっさいその頃までは,労働と家族扶養を担うのは大人たちであり,学ぶことをもっぱら期待される若者たちは,幼児期と青年期の間のマージナルな世界に属していた。

若者世代は,労働世界への移行にみられる困難性やそのことから

帰結する当該世代の非生産性，教育期間の延長と家族依存の長期化，若者に対する役割期待の変化による無責任性の増大などによって，流動的な状態から脱して安定化へとむかい，もはや大人世界へのたんなる「橋渡し」期でなく，むしろ長期化したモラトリアムのなかでの安定性を享受するようになる。若者に関する社会学的研究において焦点化されてきたこれらすべての兆候は，幼児期の短縮と大人世界への移行期の延長をまさに意味している。

このような若者層の人口増大にともない，若者をターゲットとするファッション市場の「狩り場」が生みだされ，消費の領域においてそれら世代をターゲットとする商品と関心が拡大していったことは，想像に難くない。

60年代にはアメリカでティーンエイジャーが誕生しているが，とくに模倣の対象として当時のアメリカ映画に熱をあげていたイタリアでは，マーロン・ブランドやジェームス・ディーンなどが映画で身につけていたチェック柄のシャツやプレミアム・ジーンズ，革ジャン，カウボーイ・ベルトなどが輸入され，中古市場で売買される商品，衣服，アクセサリーなどによってアメリカ神話が追体験されていた。

それ以来，ティーンエイジャーはひとり歩きしはじめることになるが，彼らの不真面目さに目をむける大人たちは，彼らを否定的な意味で異星人とみなすようになる。「今日の若者たち」という言葉は，新しい社会的カテゴリーとして久しく定着してはいたものの，その社会での位置づけとなると，じっさい不確かなものであった[Donadio e Giannotti, 1996]。

この50年ほどのあいだに映画や音楽，舞台やメディアに登場する人物たちの衣装などから，数え切れないほど多くの若者カテゴリー

第6章 イタリア文化におけるアイデンティティとモードの複数性

が，ファッションや映画俳優，有名芸能人，スポーツ選手，新しい思想家などの名前と結びつけられながら生みだされてきた。ファッションや消費の強い影響力もあって，ほぼ5年おきにそれら若者カテゴリーは変化し続けている。

60年代の「テディ・ボーイ」は，鋲つきの黒い革ジャン，アンクル・ブーツ，ジーンズ，頸まで伸ばした長髪スタイルなど，自らそうであることを示すための装備一式を備えている。多くの若者ファッションはユニ・セックスで，ベストセラーとなった文学作品から発想をえた「ロリータ」ファッションなどの場合を除けば，女子が男子のモードを模倣採用することが一般的である。また，音楽の世界は新しいモードの創造に決定的な役割を果たしている。ロックやツイスト，とりわけビートルズのマッシュルームカット，襟なしロング・ジャケット，ストレート・スリムのパンツ，黒のブーツなどの衣装格好は，多くの若者によって模倣されていた。

このような時代の流れにおいてファッションが大きく変化したのは，ようやく68年になってからである。学生運動は，自由と平和への共有化された信念へ自己同一化を図り，またそれを承認させるためのシンボルを必要としていた。抜け目ない商業生産者たちがすぐさま採用することになった有名な「エスキモー」（軍服風ジャンパー）は，そのような西欧社会のあらゆる国の学生運動で，いわば制服としての機能を果たしていた。

70年代には，平和と共同体への嵐がサンフランシスコから世界にむけて吹き荒れることになる。若者たちは，伝統的絆を完全に断ち切り，親元から離れて一人暮らしや共同体での生活を求めるようになる。新しいヒッピーたちは，経済的な貧しさにもかかわらずヒッチハイクなどによって住む場所を転々と移動し，後に平和と愛をシ

ンボルとすることで「フラワー・チルドレン」と呼ばれるようになる。

　ヒッピーたちとまったく路線を異にするわけではないが，ヘビーメタル音楽に情熱を注ぐ，より暴力的なイメージをもった「ヘビメタ」族が都市郊外に生まれていった。彼らは平和主義的イデオロギーからは距離をとり，いっそう攻撃的な衣服──人骨の絵柄や鋲のはいったジャンパー，極細身のジーンズ，運動靴，龍や骸骨，中世のシンボルなどが描かれた柄物セーター──で身を固めていた。ヘビメタ連中は，自分たちが置かれてきた悲惨な社会的現実から自らを解放し，グループによる過激で力強い音楽によってもたらされるであろう自由やアイデンティティにとりつかれていた。

　そして70年代末にはパンクが誕生し，彼らは大人やファッション，パンクでない音楽など，ありとあらゆるものに反抗するようになる。そこでは衣服のコードは転倒している。つまり醜悪で，「悪趣味」，「不快」といったものが美化されるようになる。身体は，イヤリングの代りに付けられた安全ピン，胸にぶら下がる鎖を留める南京錠，黄・緑・紫色のモヒカン刈りで飾られる。アナーキーで自己愛的なパンクはイギリスで市民権を獲得した後に，欧米のティーンエイジャーに広がっていった。80年代初頭にパンクのモードは沈静化したものの，パンク・カルトは若者の間にあまりにも深く浸透し，今日では正体不明な若者たちを指してパンクと呼ぶこともしばしばである。

　80年代はじめにはネオ・ゴチックの文化的精神を中心に据えた「ダーク」ファッションが新たなモードとなる。人生の陰鬱な側面を理論化していたデカダンス派の文学・詩学（ヴェルレーヌ，ランボー，マラルメ，とりわけボードレール）の憂鬱や苦悩を基調とし

第6章　イタリア文化におけるアイデンティティとモードの複数性

た実存主義的なライフスタイルと黒色を強調した衣服が，中・上流階級において見直されていった。ダーク・ファッションは80年代末まで興隆し，その青ざめた顔つきや暗い衣服は，ペシミスティックな現代知識人をある意味で表象するものとなっている。

その他のいくつかの束の間のモードが過ぎ去った後，90年代初頭にアメリカ・シアトル生まれのグランジが登場する。これは音楽グループ，ニルヴァーナに由来するもので，そのモードは瞬く間に世界中に支持者を獲得するまでになる。その音楽から衣服までにみるオリジナリティは，あらゆる社会階層の人びとに受け入れられ，大きめのサイズのチェック柄のシャツや裾の広がったぼろぼろのジーンズ，だぼだぼのセーター，少女たちが身につける帽子やバンダナなど，衣服を乱雑に着こなす点に特徴をもっていた。この新しいグランジ族は，カート・コバンなどニルヴァーナのメンバーたちに自己を同一化していったが，まさにリーダーの自殺によって消滅していったかのように思われる。彼らの音楽の歌詞から読みとれる絶望は若者たちを強く刺激したが，幸いにもそれを模倣するものはいなかった。

さらに多くの若者のモードとともに時代を経て，90年代のなかばに以前のパンクの過激さから棘を抜いたような「ネオ・パンク」が現れる。彼らは古いパンクにみられた過激なライフスタイルから距離をおきながら，環境保護や平和に関心をもち，いまだ「反グローバル」的性格をもちあわせていなかったものの，旧来の体制を革新していく道へと先鞭をつけていた。

イタリアの「ネオ・パンク」にみるティーンエイジャーたちは，カリフォルニアの同世代の若者たちと同様に，長髪ではあるがきれいに手入れがなされ，色彩豊かなセーター，膝丈のパンツ，普通の

227

ジーンズ,そして欠くべからざるアイテムとしてのスニーカーを身につけていた。ピアスや毛染めがある程度の彩りを与えていたとしても,以前のパンクにみられたような過剰さや衣服の反抗性は,まったくみられない。

その後に現れたのが,強いイデオロギー性をもった「反グローバル」派の若者たちである。彼らは,「カジュアル」服ないしは「トゥーテ・ビアンケ」〔「白色のつなぎ」の意味。〕を身につけ反グローバルの抗議行動に参加するのだが,この場合のイデオロギー性も,もはやファッション化されるようになってきた。

これまで列挙してきたすべてのモードは,ときにグロテスクなまでに模倣の対象となりつつも,若者たちに対して参照すべき準拠点を提供し,「理念型」としての位置づけを獲得してきた。そして,そのうちのあるものは,より穏健な日常生活のモードへと浸透していったのである。たとえばパンクというひとつのモデルにみられる要素は,ある種の過激さをもたずに日常的なモードのなかに見いだされるようになった。

約50年間にわたってさまざまな特徴を示し,熱狂的なうねりや,より限定的な模倣を経験してきたイタリアのティーンエイジャーたちは,ある種の熱中症的な流行を除けば,もはや国家というものの枠組みやイタリア文化にではなく,流行の影響力があるひとつの地域や社会だけから発信されることのない世界に帰属している。彼らは,これまで以上に多くの結びつきをとりもちながら相互に影響しあい,モードの明確な発信源をもたなくなっている。同一の社会や都市,地区の内部において若者文化の多様なモードは,互いに向き合いながら共存しているのである。

ファッションは,ダイナミックな都市空間やコミュニケーショ

第6章　イタリア文化におけるアイデンティティとモードの複数性

ン・コードの枠内において美しいものや若さ，政治的責務，はては絶望ですらも神話化しようとする。そこで登場するのが，若者ではないが若者ファッションへ痛ましいほどに憧れる模倣者たちである。彼らは，若者に特有の衣服や考え方を採用することで若返ろうとする強い若者志向を示している。ファッションにおいて「若者である」ことは，ある精神的および年齢的な状態を意味しているが，「若々しくある」ことは，よほどの魅力をもった者や有名人でない限り，じつに痛ましいものとなる。

　若者志向は，ライフスタイルやスポーツ・娯楽の世界において若者から提案されるモデルを必死に模倣することで手に入れられるが，それは，ときに無意味な猿真似や若者と同じような外見の獲得にむけた欲望を喚起する。そこに，若者の特権，すなわちたんに年齢だけでなく，歳をとるにしたがって失われてしまう若者固有の文化的・心理的特性を見いだすことはできない。

　若者志向という現象は消費産業の繁栄によってさらに促進され，外見上の若さへの欲望は，巨大なメディア組織によって商品による永遠性の追求というかたちで利用されることになる——歳をとっているにもかかわらず"永遠"の若さを保っている人物イメージ，美容施術によって操作された他者の若々しいイメージ，ダイエットや美容整形による身体改造——。

　若者志向は，消費への行動や態度を喚起しつつ，若者のモデルを再提案しようとするものの，現実の若者の世界が流動的で予測可能性に乏しく，固定化され難いことを勘案するなら，それは，あいかわらずマージナルな領域でしかないといえる。

第Ⅱ部　ファッションと文化・コミュニケーション

3　不断に変化するアイデンティティと個性：アイデンティティの流動性と放浪性

　ファッションは，衣服だけでなく家具調度品や，ときに話し方や考え方，文学やイデオロギーのあり方，感情の表出や秘匿の仕方など，束の間ではあるが多様な形態をとおして，人びとのアイデンティティにいっけんしたところ比較的安定したようにみえる要素をつねに提供してきた。20世紀後半までの前近代・近代社会をつうじて，ファッションと近代性は密接に結びついていた[*1]。

　ジンメル［1966］が指摘したようにファッションは，その時代性や規律，濃密な社会集団からもたらされる規則に服従すること，つまり議論の余地のない集合性への関係づけを人間にもたらし，またそれは，おおよそ下層階級が上流階級を準拠点とするような模倣の過程を生みだすものとみなされていた。そのような過程においては，ときに過剰なまでにエリートや貴族，有名人士が手本とされ，古い時代では，「流行追随者」や「流行かぶれ」の眼差しは上方へ，すなわちそうありたいと願う憧れの人物へと向けられていたが，彼らがおかれた生活状況から，そのような模倣も限られた範囲内でしか実現されることはなかった。

　現代ないしポスト近代社会においては，このようなファッションとアイデンティティ，個性とファッションとの関係性が大きく変貌

---

*1　ファッション［moda］と近代［moderno］は，ともにラテン語で様態・仕方の意味をもつ言葉 *modus* に由来する。とくに「近代」という語は，後期ラテン語の副詞で「今日」の意味をもつ *hodie* の変化形 *hodiernus* から派生した *modernus* を語源としている。

することになる。

「ストリート・ファッション」という表現は、オートクチュールなどの高級仕立服の世界にみられるファッションと、若者による異議申し立て運動やたんなる逃避現象などとの間の関係が変容したことを象徴している。従来のファッションを「古くさい」ものとして露呈せしめ、それら高級ファッションにみられる慣習を放棄し、若さを全面に打ちだしていった新しいモードは、すでに68年の抗議行動以来、若者によって提案され続け、一時的な停滞期をはさんで、その動きは80年代に頂点に達することになる。

社会的差異化に必要な意味を内蔵する衣服は、自らの欲望を満足させるための道具へ、とりわけより若々しい魅力を調達するための道具へとつねに展開してきた［Codeluppi, 2002:41］。それと同じように言葉についても、若者の仲間集団で通用する新語・造語や言い回しは、「すでに年齢的に過ぎてしまった」人びとによって利用されることによって、彼らを若返らせてきた。

また他方で、そのような過去に対する新しさは、もはや若者のモードによって統一的に構築されるものではなく、各都市ないし同じ都市内の異なる地域毎に細分化されたモードによって形成されている。個人や社会集団がそれぞれ異なるように、ストリートには異なるモードが闊歩している。ストリートは、もはやひとりのデザイナーやブランド、ファッションの創造者や生産者によって提案されるような同質性をもち合わせてはいない。若者の世界は細分化された領域の集積体といってよい。そこでは、ある種の誘因に反応しつつ、相互承認がとりつけられるであろうが、提示されたモードはただ追従されるのではなく、各々の趣向性にしたがって再吟味されることになる。

ファッションがアイデンティティや個性のひとつの理想的単位となるような機能は、もはや失われている。テッド・ポレマスが"ストリート・スタイル"と呼ぶような形態［Polhemus, 1994］，つまりそれぞれの価値観や意見，行動の共有化によって特徴づけられる固有の形態，領域や場所でのサブ・カルチャーが形成されている［Codeluppi, 2002］。

スポーツクラブや居酒屋での仲間たちとの集まり，グループ旅行など，さまざまな機会や場所において美的スタイルが創造されるが，そこには，衣服の着方や現代社会に特徴的なその他の行動——言語としての身体や動作——にみられる流行の原因であり結果でもある帰属意識が，つねに存在している［Maffesoli, 1993］。そこでは，相互依存の過程という，いっけんしたところ単純な合理主義的世界からは隔離されたようにみえる内面性の問題が潜んでいる［Maffesoli, 1996］。経済や政治，社会において観察されるそのような過程は，形態と精神，自然と文化，物質と非物質などのあいだにみられる，中立的とはいえない対応関係を構築するが，流行においてそれは秘匿されている。それは，ある種のバロック的スタイル化［Maffesoli, 1996］，ないしは G. ドゥルーズのいう中心性を失った無限宇宙といってもよい。

この意味で若者の世界は，社会的形態を統制し選別しようとするあらゆる既存構造や秩序形態をナイフのごとく突きとおす。若者のアイデンティティのあり方は不断に変化しており，そこでは，たんに自己が探索されるだけでなく，自己を管理し秩序づけようとする束縛からの解放に対する無意識の欲求がみられる。

細分化された形態——ヴェレー帽やスカーフ，入れ墨など——の変化をとおして他集団に目配せしながら，それへの帰属に拘束され

ないように裏をかくのが，まさに流動的な放浪するアイデンティティの姿である。「若者」という社会的カテゴリーの定義に関する議論にしたがうなら，ファッションをつうじて束の間で脆弱ではあるが安定性や確実性を探索するのが「若者」である，といってもよいだろう。他方，新しいカテゴリーである都市に生きる族たちは，あざけ笑うように彼らに対する偏見をはねとばし，足蹴りを加えながら自らの居場所やカテゴリー・イメージ，放浪への意志を自らのもとに確保することをもくろむ。ある地域や都市，国家から別の地域，都市，国家へと絶えず放浪することで，束縛から逃れる自由を獲得しつつ，かつての"語り部"がそうであったように自分自身の同一ないし異なった自己イメージや個性を物語る。

4 ポスト近代社会におけるモードのブリコラージュとポスト・モード

J.ロットマンが『文化と爆発』で主張しているように，さしたる動機が欠如していることを強調する「気まぐれな」や「移り気な」，「異様な」といった言葉で形容されるファッションは，文化発展のメトロノームといえる。ファッションが不可欠とする要素は，いつも風変わりなものである。

ファッションを魅力的なものとさせている理由のひとつは，それが社会生活における気分や変化，「気まぐれ」を反映している点にある。近代を反映していたファッションはもはや姿を消し，いまやこれまでのファッションの次の時代，つまりポスト近代についての議論がはじまっている。"ポスト近代"ないし"近代末期"については，現代の知識人たちが，ときに無意味な論争をも含めてさまざ

まに議論を展開してきたが，そこでの議論は，ポスト・モードとも呼びうるような論点とも関係している。

ポスト・モードは，多かれ少なかれ伝統的な基準にもはや従うことなく，むしろそれから逃れて，いわゆるグローバルな複合形態のうちに潜伏する。M. マフェゾリが指摘するように，そこでは対立する諸要素が矛盾を乗り越えないままに融合し，維持されることになる。

近代社会での大規模な時代的変動は，もはやその性格を喪失し，多くの矛盾点を生みだしたがために，研究対象として注意を喚起してきた。そのような変動は，「ポスト近代」ないし「近代末期」として言及されてきたような，新しい世界への入り口であった。J.F. リオタールがポスト近代という概念の定式化をおこなって以来，この20年間に，無数の論考がその意味と時代区分を問うこととなった。

現代社会を特徴づける社会変動の性急さにおいて，ポスト近代がどれくらい続くだろうかは誰も知りえないし，ある論者がそのような時代はすでに終わったというように，我われがいまだポスト近代にいるのかどうかもわからない。また逆にいえば，我われはまだそのような時代の入り口――新しい時代がはじまる歴史的瞬間――に立たされているという考え方もなりたちうる。

ポスト近代ないし近代末期は，伝統ないし近代の断片を含んでいるが，それら断片のみによって成立しているわけではない。E.J. ホブスボームは，この点に関して3つの断絶を指摘している。すなわち，中産階級家族とそれと結びついた価値観の解体，若者固有の文化の興隆，伝統的な生活規律に対する自覚的違背，すなわち社会に対する個人の勝利，である。我われが日常とりかわす世間話をみて

第6章 イタリア文化におけるアイデンティティとモードの複数性

もわかるように，これら断絶のいくつかは今日の日常においてはすでに明白なことである。

むしろ注意があまりむけられていないように思われることは，そのような変動の形態と意味がなぜ予期されずに，とりわけモード，より正確にいうと複数のモードをつうじて外在化・可視化されるようになったのか，という点である。

あまりみられない考え方かもしれないが，イデオロギーや近代合理性の崩壊によって，一枚岩的な大きなモードが崩壊し，ポスト近代の場合と同じように，より細分化された小さなモード，ないしは，それと同じ要素をもちながらもその軽妙さと表層性によっていっそう可視化されたポスト・モードが誕生した，ということも可能であろう。

モードの帝国に属するあらゆるものは，アイデンティティや承認，差異，帰属，外見が記号として解釈されるという社会法則のうちにある。暗示的ないし明示的な記号としてのモードは，しばしば対立ないし矛盾した意味によってなにかしらのものを伝達しようとする。U. エーコが定義づけているようにモードが利用する記号は，「まさに神による言語の現れ，証，真の言葉である」[Eco, 1980]。

美学すなわち感覚認識の原理，そして善のイデアと一致する美のイデアに関するプラトン的美学にしたがうなら，ファッションは，善と悪，存在と非存在，アイデンティティと外見を表象するといえる。それはある種の抽象化であると同時に，身体や精神，感情，思考にみる帰属性の記号でもある。

ファッションならびにそれに関わるすべてのことがらにおいて，アイデンティティは流動的である。それは，たとえ短い間だけでも静止しようといくら努めても，束の間しか持続しないという点で

「非アイデンティティ」といってもよいだろう。

そのようなアイデンティティにみる「永遠」性に対する価値の切り下げや，社会的絆からの切り離し，確実性や信頼性の欠如，思考の「唯一性」が無数に存在することへの是認，たんに市場だけでなく精神にまで及ぶグローバル化などは，いずれもポスト近代が示す同じような短命性に負っている。おそらくユートピアがそれら現象をある一定範域内に閉じ込めようと企てるだろうが，まさにそのような前提によって，はじめてポスト近代とポスト・モードとの対照性と均衡を問うことが可能となる。モードとモダニティは，すでにその語源 *modus*（形態・様式）とそれを構成するすべての音素からもわかるとおり，ともに秩序と限界を表象しようとする。細分化されることでもはや秩序や限界をもたない今日のモードは，すでにモダニティがそうであったように"ポスト"の時代に移行し，過去を振り返りながらも新しい流動的な認識原理を洗練化しつつある。それは，衣服だけでなくあらゆる審美的，芸術的，文学的な形態にみる大文字のファッションが示す伝統的で固定化された基準にもはや従うことがなく，明らかに無秩序な無数の小片へと粉砕されるが，それら小片は，グローバルなパズルを再構成するための重要な補完的要素となっている。

このポスト・モードの可能性がもたらす明白な帰結は，ピアシングや身体切除，入れ墨などといった，はるか昔の伝統的要素を過激化する若者のファッションやポレマスのいうストリート・ファッションにみいだされる。近代末期に登場するそれらファッションは，通過儀礼という本来の意味を喪失し，またそうであるがゆえの「異様さ」をもっているが，ある種ブリコラージュされたモードとして，コミュニケーションにおいていっそう視覚的・触覚的なメッ

セージを運ぶ媒体となっている。ジンメルが「入れ墨は自然状態に生きる人びとに典型的な装飾である」と指摘するとき、彼は入れ墨の変更不可能性を強調し、その社会的意味を狭く限定づけていた。

この異様ともいえる若者によるモードの激化は、容易に認識可能で序列化しうる要素——たとえば、70年代の初期のパンクにみる新しい身体装飾の仕方——によって異なるアイデンティティを模索する企てに他ならない。異様さは、区別や差異への欲求であると同時に秩序や連帯意識への欲求でもある。

エスニックな衣服や家具、食料品、ライフスタイルなど他の文化から移植された衣服やモノにみるあからさまなシンボル的意味やイデオロギーが異様でないのは、文化的な距離があってもモードが近いからなのだろうか？ この説明しがたいある種の混合が、まさにポスト近代——イデオロギーの凋落、歴史感覚の喪失、ローカル化とグローバル化の混合——を特徴づける無秩序な要素によって構成されるモードの「複雑性」を映しだしている。

またここではさらに、いまや現実の世界より真実味のある、そして不可能を可能とさせる仮想的現実のもつ意義についても言及しうるだろう。仮想世界の力は、現実を変化させ、現実からの距離を気にすることなく、それを一義的・均質的で望ましいものにする点にある。この10年間にサイバー・スペース、サイボーグ、サイバー・パンクなどのテーマに関する研究が数多く提示されてきたが、いうまでもなくそれらの言葉は、すべてコミュニケーション論や制御理論の新科学であるサイバネティクスから由来している［Featherstone-Burrows, 1999］。仮想現実やサイバネティクスによる日常世界の消費において若者のファッションや行動様式が、これら現象のグローバル化を経験してから久しいが、そこでの経験は、ある意味で最初

の実験であり，その変化を確証するものであった。

　ポスト近代とともにスポーツの世界でも技術革新による新繊維が誕生し，スポーツをしない人びとまでがそれを消費するようになった。このことは，消費社会の見せびらかしの贅沢と比べていっそう潜在化された新しい「贅沢さ」，これまでの贅沢さに"対抗"する贅沢さがあらわれたことを示している。その贅沢さは，見た目とは異なり金銭的なものとは関係なく，社会的差異化のプロセスと社会内部での意味の分節化と関係している。J. ボードリヤールも指摘するように，贅沢さは「価値や差異性，社会的というより個人的な意味の生産現場」となっている［Marchetti, 2001］。

　ポスト・モードは，ポスト近代と同様に対立する要素を解消せずに調和するよう昇華させる。またそれは，全世界的な支配力を発揮し，境界や柵を撤去しつつ不断に生まれ変わり，ひとやモノに束縛されることなくそれらを乗り越え，それ自体の存在においてその内容を貫徹する。それは，しばらくの間だけ安定性や歴史の再構築，欲望の実現への幻想に立ち止まるだけである。それらすべての過程をまるで空を舞う蝶のように先導するのが若者のモードであり，その典型が，身体の見せびらかし——ピアシング，入れ墨，注入，切除——をとおして自らの永遠性を獲得しようとするサブ・カルチャーの族たちである。M. マクルーハンが主張するように，もはや衣服は拡張された皮膚たりえず，かわって身体そのものが精神の延長である究極的な布地となり，永遠性の獲得に向けて欲望を露わにする。

　M. マフェゾリは，「儀式や状況，しぐさ，経験にみられる多層性によって，二面性，抜け目のなさ，生への欲望が表現される」と指摘しているが，まさにこれらのことが近代末期の新しいモードの状

況を示唆している［Maffesoli, 2002］。今日の若者文化にみられるポスト・モード，すなわちモードのグローバル化やグローバル世界は，砂漠におかれたコカコーラ缶やサリー服で履くナイキの靴によってまさに象徴されよう。ポスト・モードは全世界に拡散するにいたった多文化的性格を示し，ブランドはモードの坩堝において主人公となる。

新しい"放浪主義"が，ピアスや制服，生活様式，言語習慣，音楽の趣味，身体運動など，現代の族たちが提示する承認のシンボルをつうじて顕在化している。これらすべての要素は国境を越え，かたくななイデオロギーの枠を飛び越える。それら要素は，快楽主義や相対主義，現在志向性からなる時代精神への共同参画を証左するものであり，従来の歴史的・経済的・政治的なカテゴリーによってはその意味を読みとることは難しい。

時代がますます相対化されるなか，大文字のファッション，すなわち高級ファッションは姿を消し，モードの多文化主義やミニ・カルチャーが姿をあらわすようになった。そこでの複合化されたモードにおいて，大文字のファッションはただ偶発的に参照され，ときに呼び戻されたりするだけである。

もちろん，伝統的な高級ブランド商品や芸術品をしかるべき場所で購入するような消費のエリートたちはいる。しかしながらポスト近代社会においては，ただ若者のモードやエスニックなそれ，ダーク・ファッションやヘビメタ，ファンキー族など，アイデンティティの多元性を表象する小さなモード，複数のモードがあるのみである。そこにあるのは，伝統的文化の基盤から切り離されたアイデンティティであり，可視的世界における放浪主義，出会いと相互承認のためのシンボル的な場である。

音楽が時空間を超えることからもわかるとおり，ポスト・モードでの音楽は，人びとが出会う仮想的な場所，すなわち各人がヘッドフォンによってそれぞれ自分だけの孤島に生きながらも共通の音楽をとおして共同的に生きるシンボリックな居住地をつくりだしている。旧来のモードがそうであったようにポスト・モードも，真実と幻想，自由と束縛，現実と欲望であり，また可視的で感覚可能な表象であり続けるだろうが，そこには日常生活において小さなモードを創造していく若者文化の熱狂と，P. ボロンが「仮面の道徳」と定義づけたような，アイデンティティとの"戯れ"がある。そこでは，外見を含む自己のあり方の多元性からなんらかの統一性が見いだされることになる。ポスト・モードにおいて"ホモ・ルーデンス"の秘める要素としての戯れや変装は，新しい社会性に生きる様式であり，全体的かつ支配的な力を示しながらも非単一的で流動的なアイデンティティを不断に改変し構築していくことに寄与している。

　あらゆる形態の遊戯がそうであるように，じっさいそれは人間存在そのものを分割してしまうことはないし，また重要性への優先順位や価値の序列もいっさい含んではいない。遊戯においては，本気と無意味な戯れがそれ自体のうちに同居しているのである［Maffesoli, 2000b］。

　したがってアイデンティティの構築主体は，すぐ消えてなくなってしまうような蒸発性ないし揮発的な性格を帯びるようになり，彼らにおいてアイデンティティの代替案はつねに用意されている。メディアによる宣伝広告や机上において構築された仮想的イメージは絶えず変化し，ちょっとしたコンピュータ・マウスの動きひとつで，恐ろしいほどその美醜を曝けだすであろう。

近代末期において"ポスト"と形容される新しいモードないし新しい複数形のモードは、もはや日常の現実を超越してサブリミナルな形態を示す段階にまで達しており、均質的で自由なグローバル社会において新しいイメージを供給し続けることになる。

■文献

Alberoni, F., *Consumi e società*, Bologna : il Mulino, 1967.

Bollon, P., *Morale du masque: merveilleux, zazous, dandys, punks, etc.*, Paris : Editions du Seuil, 1990.

Bonnot, R., "Sur les mode set les styles," *L'année sociologique*, Ⅲ ser., 1949-50 : 3-32.

Codeluppi, V., *Che cosa è la moda*, Roma : Carocci, 2002.

Curcio, M., *La moda identità negata*, Milano : Franco Angeli, 2002.

Donadio, F. e M.Giannotti, *Teddy boys, Rockettari e Cyberpunk*, Roma : Editori Riuniti, 1996.

Dorfles, G., *La moda della moda : i turbamenti dell'arte*, Genova : Costa & Nolan, 1999.

Eco, U., *Segno*, Milano : Mondadori, 1980.〔谷口伊兵衛 訳『記号論入門：記号概念の歴史と分析』而立書房，1997年〕

Featherstone, M. e R.Burrows, *Tecnologia e cultura virtuale*, Milano : Franco Angeli, 1999.

Flügel, C., *Psicologia dell'abbigliamento*, Milano : Franco Angeli, 1974.

König, R., *Il potere della moda*, Napoli : Liguori 1992.

Lotman, J [Yu]. M, *La cultura e l'esplosione : prevedibilità e imprevedibilità [Kultura i vzryv]*, Milano: Feltrinelli, 1993.

Maffesoli, M., *Elogio della ragione sensibile*, Roma : Edizioni SEAM, 1993.

―― *La contemplazione del mondo*, Genova : Costa & Nolan, 1996.〔菊地昌実 訳『現代世界を読む：スタイルとイメージの時代』法政大学出版局，1995年〕

―― *Il mistero della congiunzione*, Formello : Edizioni SEAM, 2000a.

Maffesoli, M., *Del Nomadismo*, Milano : Franco Angeli, 2000b.

Marchetti, M.C., "Superfluo e necessario," in *Rapporto Italia*, Eurispes, 2001.

Pholemus, T., *Street Style*, New York: Thames & Hudson, 1994.［福田美環子訳『ストリートスタイル』シンコーミュージック，1995年］

Salomone, N., *Postmodernità*, Roma: Carocci, 1999.

Simmel, G., *La moda*, Milano: SE, 1996.

Sombart, W., *Lusso e capitalismo*, Milano: Unicopoli, 1988.［金森誠也訳『恋愛と贅沢と資本主義』講談社，2000年］

Sumner, W.G., *Costumi di gruppo*, Milano: Edizioni Comunità, 1962.

Tarde, G., *Le leggi dell'imitazione*, Scritti sociologici a cura di F. Ferrarotti, Torino: Utet, 1976.［風早八十二訳『模倣の法則』而立社，1924年］

Veblen, T., *La teoria della classe agiata*, Torino: Einaudi, 1969.［高哲男訳『有閑階級の理論』筑摩書房，1998年］

Volli, U., *Contro la moda*, Milano: Feltrinelli, 1988.

――― *Block modes*, Milano: Lupetti, 1998.

第7章 ファッション，社会，個人

マリセルダ・テッサローロ
(パドヴァ大学)

1 ファッションと文化

　文化は，さまざまな表象，コード，テクスト，儀礼，行動モデルからなる非同質的な総体であり，また社会が適宜活用する資源を構成する全体である。社会生活は，微妙に異なる無限のバリエーションをもった状況をもたらすと同時に，その他の本質的に異なる多くの状況をも生みだし，その絶え間ない社会変動のプロセスにおいて，諸個人は異なる時と状況から影響を受けることになる[Turner, 1993:154]。衣服は，個人が特定の社会状況へ適応していくときに重要な役割を果たし，社会の急激な変動に個人が対処していくことに手を貸す。

　規則や慣習，シンボルを欠如させた社会は存在せず，それら諸要素は，不安定で不透明な社会状況にあっても作動し，また操作される。文化は，まさに特定状況に適応していくために要請される調整や解釈からなる適応閾というものをもっている。社会文化的な関係に結びつく規則化や状況調整のプロセスは，状況への適応力を充足する役割を果たしている [Turner, 1993]。

　ファッションは，文化に入り込み，現実に対する異なる評価の仕方を可能にする。世界を転倒させようとする野心的な文化とは異な

り，世界をさまざまな目線で一瞥するだけのファッションは外見のレヴェルにおいて作動し，そこで起こることはすべて偶然的で必然性がない。ファッションは，自ら道具的であることを恥じることなく，また現実世界でのその束の間の性格を隠すこともない［Bollon, 1991:75］。

　社会学者の役目は，社会的事実の"意味"を理解し説明するために，その事実の構造を再構成することにあるといえるが，ここでいう"意味"とは，かならずしも行為に直結するわけではないが行為それ自体の形成にとって必要となる"意味"のことであり，それはまた一時性という性格によって基礎づけられている。

　文化活動としてのファッションは，社会的ないし個人的なレヴェルでの意味を解釈する規範によって生みだされるものである。社会的経験は，衣服をカテゴリー化する消費者によって異なる様相を示すことになるが，そこではその経験への関与の仕方と程度や，社会化におけるジェンダー役割が，シンボル化のプロセスにおいてあらわれてくる社会的相互作用ならびに意味解釈のダイナミズムに目をむけていくとき，きわめて大きな重要性をもつことになる。

　衣服に対する反応の仕方は，衣服を評価し身につける個人からの意味づけと，シンボルとしての衣服の意味が社会的経験に基礎づけられているという事実とによって依存している［Kaiser, 1985］。それは，まさに意味をシンボルに帰属させる（観察ないし実践としての）解釈プロセスであることを示している。

　ところで消費財への需要は，次のような社会学的変数によって条件づけられるとされている。すなわち，順応主義やファッションの後押しによって消費を拡大するような——つまり皆がもっているものを購入するという——"バンドワゴン効果"，特定の財を多くの

人びとが所有しようとしたときにその財の需要を低下させるよう働く"スノッブ効果"，商品の機能性ではなく威光の増大によってその所有を喚起する"ヴェブレン効果"，である［Di Nicola, 1991］。

社会システム内部において消費財が示す機能は，たんに個人の欲求を充足するだけにとどまらず，価値や差異性，社会的文化的カテゴリーを決定づけることからも，いっそう根本的で複雑なものといえる。あからさまな欲望対象となる商品以上にそれら財には，薄布に隠された糸のごとく自らの内に社会関係が秘匿されている［Douglas e Isherwood, 1984］。

自らが形成する社会集団によって評価されるファッションは，模倣と平等へと志向するひとつのメカニズムとして生みだされるが，最終的には集合的ないし個人的なレヴェルでの差異性を創出することになる［Simmel, 1996］。ファッションがもつこの2つの主要な性格は，外見と時勢という局面において認めることができる。

1.1 外 見

現代社会では，あらゆる価値が議論の対象となりうる不確かさをもっている。そのような社会では，繁栄の兆候がみられる限りにおいて変動が追求され，そのようななかで外見は，個人を測定し自己を定義づけるためのひとつの基準となる。このような社会的文化的システムにおいてファッションは，差異と類似，順応と距離を可視化するコミュニケーション・サブシステムを担うことになる。モノを所有することによって個人は，自らが時勢に乗っていることや，趣味趣向やライフスタイルにみる社会変化に参画していることを表明する欲求を満たしている［Leonini, 1987:63］。したがってファッションは，適切な行動を諸個人から引きだしつつ順応性を促進し，

なんらかの特定の傾向へと集合的な趣味趣向を方向づけていくという，統合化の役割を果たすといえる。

"外観（ルック）"は，ときに風変わりであることを許容し，衣服を身に着けることにおいては各人が自分自身の主人となる。初期の学生運動が展開した50-60年代には，それぞれの若者集団が自分たちの服装や髪型，化粧などにみられる固有のスタイルにおいて規律化されていた。《まなざし》のゲームにみられる流動的な変化は，それらゲームが相互に相手を凌駕しようとする少数の者たちの間で展開するかぎり《開放的》社会の特徴とみなされる。またそこでの変動スピードの速さは，その他の社会領域がそれらの《表層のさざなみ》に巻き込まれることを回避させている。しかしながらときにそのゲームが社会に浸透し，あらゆる者がそれに参画する段階に到達することもある［Gombrich, 1986:68］。

イメージの継起的なやりとりをもとにしたコミュニケーションをつうじて，価値観や行動様式，衣服を同じくする者たちは，ひとつの集団を形成するようになる。外見を社会的美意識としてみた場合，そこには，次の4つの基本特性がみられるであろう。すなわち，"感覚の優勢"，"周囲環境の重要性"，"スタイルの追求"，"帰属意識の重視"である。衣服を身に着けることは自らのアイデンティティを《具体化》することであり，また衣服を脱ぎ捨てることはそのアイデンティティを喪失することを意味している。外見が深層から表面へと押し上げられ外在化させられるのは，まさにコミュニケーションのコンテクストにおいてであり［Maffesoli, 1988］，そのようなコンテクストにおいて貧富の格差は現実が示しうる限界点であって，ぼろ服を着る者たちは夜会服で着飾るお姫様と同じ程度に超現実的なものとなる［Sontag, 1978:51］。

1.2 時　勢

　ファッションの第2の特質は時勢というものであるが，その特質は，"時代遅れ"というレッテルの貼られた旧来モデルを廃棄させつつ，新規モデルを採用させることを容易にする社会的機能を意味している。ファッションは，社会的な出来事や諸要因から影響をうけながらも，政治的・文化的領域における不安や各種の現象をとらえ，それらを自らの内部に取り込む。集合現象としてのファッションは，国境を越えでた近代性を象徴している。ファッションの"無現在性"を定義することは容易ではなく，《意識の流れ》や《人生の進路》，《出来事の流転》などに影響されるファッションの"いま・ここ"を理解することは困難である。ファッションは止まることを知らず，つねに時期尚早か手遅れかのどちらかである。その現在性を完全にとらえることは不可能といってよい。

　ファッションに追随する者は，たんに特定のモードからえられる威光だけを目当てにしているのではなく，まさに"流行っている"からそうするのである。ファッションのメカニズムには，差異化への欲求と同時に，ある傾向への連帯感をもつことや，他者と同じになること，すなわち"流行に乗る"ことへの欲求が埋め込まれている。現代社会のナルシスト的次元にあっては，自己に対して注意を集中させ，老化とファッションによるゲームから外れることへの恐怖が高まっている。まさにこのことが，化粧や健康法，ダイエット，日焼けなど，自己の身体を操作する契機となっている。ファッションに追従することは，人びとのなかで埋没し目立たないようにし，また自己にそぐわないステレオタイプ的評価を回避しながら変身するための戦略となっている［Leonini, 1987］。

　現代社会での社会的カテゴリーは，もはやなんらかの統一性をあ

たえるような厳格さをもちあわせてはおらず，多様な衣服のスタイルを提供する。ファッションの掟にしたがうことは，個人のレヴェルにおいては，他者との差異化をはかりながら自らにイメージをあたえるという点で，また集合的なレヴェルにあっては，自らを集団へと関係づけることを可能にするための鍵を握っているという点で必要なものである。社会的カテゴリーの再定義は，合意と受容のプロセスにおいてなされるものであり，それは社会的文化的コンテクストから孤立した単独個人による活動ではありえない。いかなる者も自分だけの好みだけで消費することはなく，消費には，つねに社会的行動という意味合いが含まれている。消費財そのものはあくまで中立であって，その使用が社会的なものとなる。消費とは，価値の序列構造を絶えず再定義しなおしていくための一連のプロセスと考えることができる［Douglas e Isherwood, 1984］。

"流行に乗る"ということは，さまざまな規範と同じく，時代とともに変化する審美的規範にしたがうことを意味している。あらゆる規範は，日々の実践から生じる新しい課題に対処すべく，つねにその適用範囲を更新させながら変化していく。個人が新しさを求め，スタイルや個性，すなわち衣服を探求することは，いたって自然なことである。ファッションが各人の自己において実現されることからもわかるとおり，それを活用する能力はすべての者に保証されている［Köenig, 1969］。衣服は，それを身に着ける個人に対して想像以上の影響力をもっており，どのような衣服を着るかによって，ひとの"態度"や"敬意"が大きく左右される［Goffman, 1969］。

美的影響力の特質はまさにその複雑性にあり，美的快楽は，たんなる感覚経験の快楽とは区別され，美的経験を実践する者とそれを

観察する者双方の動機をともに満足させる。観察され実践されるファッションは，まさにこのようなタイプの経験をもたらすといってよい。

またファッション商品を購入することと，それを実際に使用することとが異なる次元に属していることは，一般にその購入曲線と使用のそれとが対応していないことからもわかる。両者は，最初の段階では並行して上昇するものの，購入曲線が頂点に達した後に急落するのに対し，使用のそれは比較的緩やかに低減する傾向にある[Tibaldi, 1973]。

ファッションは，たとえ異なる仕方であったとしても，すべての社会成員に影響をあたえる。ファッションに反対する者であっても，自らその希少性のゲームに参加していること，またファッションを拒否することで逆に望まない注目を集めてしまっていること——他者として解釈されていること——に落胆しながらも気づくことになる。彼らは，ファッションがいくぶん社会に浸透し，初期の新奇さが失われた段階で適応していくのかも知れない[*1]。

もとよりファッションは社会的制裁力を秘めている。ファッションから外れる者は，早晩"風変わり"で時代遅れという烙印が押されることになり，まさに周囲の環境から市民権を剥奪され排斥されることになるであろう。細分化された社会内部においてファッションは，人びとに自信をもたせる機能を果たすといえるが[Curcio, 1991]，その機能とは，まさに衣服に対する人びとの意見によるものに他ならない。"流行に乗る"ということは，自己にみる内面化

---

*1 あらゆる人間が時代やファッションに屈服される。ローマ時代の雄弁家クィンティリアヌスは，*Do tempori* という含蓄のある言葉でもって，人間が時代のつくりだす状況に巻き込まれてしまう問題を提起していた。

の度合いの低さと変動性の高さによって特徴づけられる典型的な行動パターンにしたがうことを意味している[*2]。"新しいもの"が古いものより無条件に良いものとみなされ、あらゆる社会において未来への志向性が価値あるものとされている［Curcio, 1991］。流行っていることと、そうでないこととは、ともにファッションというコインの裏表であって、どちらがどうということはない。ファッションを拒否することですら、そのゲームのひとつの手である。ファッションは、あからさまとはいえないがまったく隠されているわけでもない社会的感情ないし集合的興奮による束の間の騒乱といってよい[*3]。

1.3 衣服とジェンダー

紳士服／婦人服という区分が、ファッションにおける第1の分類である。このような区分は、あらゆる社会において衣服の分類基準となっている。男女の生物学的差異にもとづくカテゴリー化は、もっとも安定的で不変的な方法である。社会的世界には、両性に対する役割付与やステレオタイプ化された信念に準じた一連の期待が構築されている。男性性や女性性は、あるひとつの次元の対立する

[*2] カントは、自らの過去に固執して流行から外れる者を"時代遅れ"とし、また流行から外れることになんらの価値をも見いださない者を"変人"と定義している。他方ジンメルは、人間はつねに個性をもった個人としてみなされ同質的存在には適応しがたいこと、したがってあらゆる社会過程において差異化は避けられないことを指摘している。

[*3] マスクを被ることは、匿名性へ逃げ込むための唯一の方法である。ヴェネツィアの仮面の歴史はすでに1295年にはじまり、フランスでは当初それを防寒具として、後にはコケトリーのために利用するようになった。現在の仮面は、カーニバル時に着用されるか、外科医や工具、強盗など特殊な場合にしか用いられなくなった。今日ではサングラスが、久しく仮面の代用品となっている。

2つの極としてではなく，あるひとつの個性における2つの次元として概念化される。男性は男性らしく振舞うことが要請され，スカートを履いた男性は転倒したシンボルとしての滑稽さや嘲笑を惹起するが，かたや女性の方は，いっそう自由に男性的なシンボルを採用することができる。現代社会においてユニセックスが大いに議論されているが，それは，婦人服の男性化，またときにより稀ではあるが紳士服の女性化という長期的なプロセスを経て生みだされたものである。とはいっても女性が男性の格好をし，男性が女性の服装をすることは問題を引き起こすことになるであろう。じっさい女性が男性服を着ることは稀であり，その逆の可能性はいっそう低いといえる。もちろんユニセックスは全体性をもったひとつの世界としてとらえられうるであろうが，女性の選択する衣服と男性が選択する衣服とが同じであるという統計的な保証はどこにもない[Burgheim, 1987]。ジーンズのように，なかば誰しもが無意識に履いてしまうような選択の余地のないユニセックス・ファッションがある一方で，宝飾品のように自由選択に任されているものもある。ユニセックス・ファッションは，あきらかに若者による異議申し立て運動の長期化によって，つまり旧モデルの破壊や脱構造化によってもたらされたものである。このような潮流は，たしかに世紀にまたがって進行し続けてきたが，かといって衣服にみる両性の区別に対する解釈が，現時点において拒否されるようになったとは思われない。

　ファッションに関する第2の区別は，社会階級によるものである。じじつ下層階級は，中産階級がくつろぎの場所である家庭内において，女性にエプロンとスリッパ，男性にランニングシャツを導入していったことなど気にかけずに，幾世紀ものあいだ衣服のもつ

機能性に縛られていた。裕福でない階級においては，可視的な外着と隠された肌着との区別すら不明確である一方で，中流階級では，少なくとも屋外での衣服や化粧に注意が払われるようになった［Bourdieu, 1983］。

　ファッションは，標準化された集合的嗜好のようなものであり，いまだ"芸術家"の個性が示されるスタイルまでにはいたっていない。ファッションがスタイルになる場合とは，人びとが一般に合意しうる範囲内においてモードの創造者が，自らの発想がもつ個性――衣服でいうなら，芸術家としてのデザイナーが色や生地，装飾加工などによって表現するところのもの――をあるひとつの"ライン"において実現するときである［Frigoli, 1991］。そのような"クチュリエ"によるスタイルに沿うように購買者のスタイルが形作られ，自らの自己イメージをもった購買者たちは，デザイナーが提示するスタイルを"買う"ことができるのである。ファッションに追随するということは，自らの外見について"うまくいっている"という感覚をもって自己認識していくプロセスといえるが，唯一の美のモデルが存在しないことからもわかるとおり，そのようなプロセスはとうぜん複雑なものとなる。

1.4　商品としての衣服

　モノは，個人間にみるアイデンティティの構築と維持のプロセスにおいて不可欠な要素となっている。こんにち自らのアイデンティティを防衛・維持していくために，ますます多くの要素を必要としている。このことは，さまざまな状況ごとにふさわしい衣服を身に着けなければならないことや，それぞれの場面で化粧や，ゴフマンがいうような"アイデンティティ・キット"なしではいられないこ

第7章 ファッション，社会，個人

となどをみてもわかる［Goffman, 1991］。

　商品市場の領域において，生産・販売人やバイヤー，小売人は，売るべき商品の番人といえるが，彼らは，消費者による商品への意味づけという社会的認知のプロセスには介入することはできず，とくに商品が店舗の外へでてしまった後では，どうすることもできない。このことは，商品の社会的影響に関する文化的プロセスの問題である。その第1のプロセスは，いわゆる商品供給（販売）のプロセスであり，第2のプロセスは，供給後（購入）における消費者による使用の局面である。その場合，売り手は消費者が自ら身につける商品にあたえる価値を知ることはない。

　ファッションの変化は，言語ないし視覚をつうじた個人的な学習によるだけでなく，店員のアドバイスや雑誌講読によっても引き起こされる。ファッションについてとりかわす会話から模倣が起こるとするなら，そこでの個人間の相互影響は，コミュニケーションの内容いかんにかかわらず，直接的な魅力やいわゆる相互統制の問題に関係することになる［Kats and Lazarsfeld, 1968］。

　ファッションに関するコミュニケーションがはらむ根本的な問題は，他の領域と比べてそこでは商品そのものが季節毎に変化してしまうことからも，商品それ自体にかかわるコミュニケーションのみに注意をむけるわけにはいかない，という点にある。より効果的なコミュニケーションを展開する企業が，ある特定商品のブランド価値をいっそう容易に伝達しうるような製品（ジーンズ，スポーツウエアなど）を扱おうとするのは，まさにこのことによる。ファッションに関するコミュニケーションは，他のあらゆるタイプの普及商品とは異なり，写真やファッションショー，ショールーム，ファッションモデル，展示会，ビデオ，見本市などの視覚的な道具

253

を最大限活用しながら自らのメッセージを伝達することになる。

2 イタリアにおけるファッション研究

ファッション研究は，衣服を購入ないし身につける人びとに関する研究と，ファッション・デザイナーといったモードの創造者やファッション市場に関する研究とに大別される。前者の研究は，社会心理学的な側面に注意をむけ，そこには流行商品に関する社会学や，都市ないしある特定の場所に集う若者たちが身に着ける衣服の利用に関する研究なども含まれるだろう［Bovone e Mora, 1998］。それら若者たちにとってファッションは，もっとも重要なコミュニケーションの道具といえるが，ファッションの意味は次からつぎへと変化していくこともあり，その道具は非常に個人的で不安定な性格をもつことになる。若者は，ファッションをつうじて自集団の内部では可視的で理解可能なものとなるが，集団外部に対しては，可視的ではあるものの理解しがたいものとなる［Mazzette, 1997］。

この節では，とくに若者に関する研究についてとりあげ，ファッションを"デザイナーの提案にしたがうこと"という旧来の意味として使うことにすると，一般に衣服すなわちファッションは，視覚的なコミュニケーションを引き起こす"社会的事実"として研究されることになろう［Tessarolo, 1997］。

第2の研究領域では，デザイナーを芸術的側面（つまりモードの創造者として）からとらえ，そこにおいてファッション現象は，産業システムと製品との定義をめぐる不安定な均衡として考察されることになる。イタリアにおけるこの分野での研究例としては，パドヴァ大学グループによるロベルト・カプッチ〔イタリアのオート

クチュール・デザイナー〕に関する事例研究［Armezzani et al., 1999］があるが，本節では第1の研究領域についてのみ解説することにしたい。

ファッションに関する議論と論考は，古典的論者たちによって直接的ないし間接的に提示されてきた。"流行"現象についての研究には多様な視点が含まれているが，イタリアでの研究は進化論的アプローチ——H. スペンサーの制度としての流行，W.G. サムナーの流行と慣習，T. ヴェブレンの消費としての流行——から出発したが，後に流行における模倣の要因を強調する G. タルドを典型とする進化論的視点は，その後次第に乗り越えられていくことになる。流行をひとつの社会形態としてとらえる社会学的な側面については G. ジンメルが討究しているとおりであり，また W. ゾンバルトにあっては，流行は欲望の発達にしたがいながら，逆にそれを促進する事象としてとらえられていた。さらに P.A. ソローキンや N.J. スメルサーは，流行を普及プロセスないし集合行動とみなす一方で，R. バルトや J. ボードリヤールは，流行をレトリックの形態ないし差異的シンボルの消費としてみる見方を導入している。いずれにしても，ジンメルや R. ケーニヒ，J. フリューゲルの著作は，1976年以降のイタリアにおけるファッション研究の展開に多大な影響を与えることとなった。

イタリアのファッション研究は，G. ラゴーネ［Ragone, 1976］や N. スクィッチャリーノ［Squicciarino, 1986；1999］，U. ヴォッリ［Volli, 1988；1998］，D. シモン［Simon, 1990］，A.M. クルチョ［Curcio, 1991；2000］，P. カレファート［Calefato, 1992；1996；1999］らによって幕が開けられ，L. ボヴォーネ［Bovone, 1997；1998］や M. テッサローロ［Tessarolo, 2001］などが実証研究に裏打ちされた

理論から新しい仮説を提示してきた[*4]。

今日において20世紀初頭に定式化された理論を受け入れ，議論を展開していくには限界があろう。これまではただ推論でしかなかった変化が現実のものとなり，また社会的事実に対するある特定の説明を引きだしていた社会状況も変動してきた。たとえば"流行"現象が上流階級から下流へと伝播していくとする"滴下理論"は，これまで多くの研究者によって想定されてきたが，もはや現代においてそれを支持し続けることは難しい。

しがたって衣服に関する現象は，ファッションショーやデザイナーのコレクション，ファッション雑誌，それら衣服を身につける消費者と直接つながるプレタポルテ市場，生産組織，衣服のラインや色，さらに流行現象の末端には，つねに"古くさく"なってしまう個人のワードローブなど，多様な局面から考察することが求められる。

ファッション研究は，たとえばその構造的次元が近代性や優美性，快適性と結びついていることを理解する点でも重要である。というのもそのことによって，ファッション領域における混乱した糸をときほどくことが可能となり，また近代性は，ファッションデザインの評価だけでなく，日常の衣服を含めたファッションにみられる変化への評価や判断にとっても，つねに主要な要因となっているからである。ファッションを規定するもっとも重要な要素が近代性であるなら，ファッションを特徴づける第2の要素はその優美性である。優美さは，時代の束縛から解き放たれている。オートクチュールだけでなく，伝統的な衣服や日常着にも優美さを見いだす

---

*4 心理学からの最初の研究書は，P.E. リッチ・ビッティらによって著された［Ricci Bitti e Caterina, 1995］。

第 7 章　ファッション，社会，個人

ことができよう。

　快適性という要素は，他の 2 つと比べてその重要性が低く，二次的なものでしかない。衣服において快適性が低価格性と同じく重要視されないことは，快適性や低価格性によって，かならずしもひとは衣服を着ないことからもわかる。オートクチュールにみられる順応主義や反順応主義は，ときに快適性を凌駕し，流行りであることや優美性といった要素は，差異化より重視されることになる。

　これまでのことからも，模倣や奇抜さは，かならずしも個人の流行への関わりを決定づけるものとはいえないことがわかる。それら要因よりいっそう個人的な要因が他に関与していることが，衣服への動機づけに関してフリューゲルが提示した知見や，テッサローロと D. サーヴィが年齢層の異なる男女500名を対象とした調査によって明らかにされている。その結果から，衣服には相互に連関する異なる次元が存在すること，そして衣服には重要度の高い順に以下のような基本的特徴がみられることが判明した［Tessarolo e Savi, 2001］。

- 衣服は，一般に人びとの経済的能力と肯定的評価に結びついた喜びとなり，個人の肯定的な外見と精神状態を顕在化させる。ひとはまず自らの喜びのために，そしてその後にはじめて他者の喜びのために衣服を身につける。時宜にかなった適切な衣服は，個人の外見を改善し，人物評価を高めることになる。
- 衣服は，性別や経済的地位，威光，見せびらかしによる差異性だけでなく，妬みや当惑，気詰まりといった否定的側面をも指示する。
  衣服は，他者からおよぼされる力によってではなく，それを身につける者の自らの意志や経済的余裕によって決定されるため，衣服をつうじてそれを着る者の"社会的不適応性"を推し量ることができる。経済的余裕は，いかに自己を呈示するかという点において最重要な要因となる。

- 衣服がたんに個人の魅力を引きだし,自己を目立たせるためだけのものでないことからもわかるとおり,ファッショナブルであることは年齢とは関係がない。
- 衣服を身に着ける者は,それによって自らの性格を他者に伝達することができることからも,衣服は身なりに配慮する個人的な選択の産物といえる。
- 衣服は,その価格とは関係なしに身体を覆い,保護し,快適にさせる機能をもつ。
- 衣服は,他者からの注意を惹きつけ,また自己概念を強化する点で着衣者に満足をあたえる。
- 衣服は他者からの羨望を惹起するが,それが流行遅れである場合には快適さが失われ,気詰まりをもたらす。
- 適切な衣服が,着衣者の自己評価をつねに高めるとはかぎらない。
- 適切さを欠く衣服は,しばしば経済的余裕の欠如によってもたらされ,着る者の自信喪失をもたらす。
- ファッションを提案するのはデザイナーである。
- 衣服の選択に愛する人は重要な影響をあたえない。
- ファッションは喜びを喚起することになるが,その場合,出会う他者の外見のあり様からは影響を受けず,またとくに自分より優美な衣服を身に着けた者に対する信用度は低くなるという調査結果がある。この結果が他の調査の知見とかならずしも合致していないのは,後者の調査が対象者の言明ではなく実際の態度や行動の測定によっているためであろう。いずれにしても言明と実際に実行される行動とは,2つの異なる説明の余地を残している。また衣服を購入する際に,場の雰囲気によって衣服の選択は影響を受けない。
- ファッションはすべての者を平等の地位におくことはなく,とくに衣服の購入時では経済的能力が衣服選択に重要な要因となる。
- ファッションは人びとの欲求そのものではなく,差異化への欲求を満たす。

ようするにファッションとは,社会的コンテクストと相互依存の関係にある社会的意味によるコミュニケーションそのものといって

第7章 ファッション，社会，個人

よい。

 がいしてファッション研究は，もっぱら他者との短期的な相互作用によってもたらされる衣服の変化や操作による影響力に照準を合わせ，その長期的な相互作用による衣服の影響にはあまり関心を示してこなかった。自己は，たんに言葉のやりとりによるだけでなく，個人の外見や様相の相互作用に支えられた社会関係のなかで安定化され，維持，洗練化されよう [Goffman, 1969]。衣服は，個人の外見を決定づけるだけでなく，あるモデルに自己を同一化することによってアイデンティティを構築するのを助けるとともに，他者や他集団との差異化をももたらす重要な要素である。社会環境において共有化されコード化された諸要素や座標軸によって，そこに生きる個人は社会関係を取り結ぶべく方向づけられ，そこにおいて衣服は，ひとつのシンボル的道具として頻繁に利用されることになる。衣服は，自己定義や他者のアイデンティティ措定，また個人の社会関係や行動様式を決定づけることに寄与しながら，衣服をまなざす者や身につける者たちを"社会的演技者"にさせる。

 さまざまな生活場面での若者による衣服選択の基準に関する2つの調査研究（調査対象者470名，4場面；調査対象者180名，14場面）は，快適性と経済性が重視される家庭生活での場面と，優美さやスタイルが強調されるような形式性の高い祝祭時の場面という2つの対照的な場面を浮き彫りにしている [Tessarolo, 2001 ; Tessarolo e Martinelli, 2003]。

 ひとりで"在宅"しているようなインフォーマルな状況では，自らの衣服に対する他者からの批判や判断をもたらす社会的接触が欠如していることもあり，非常に快適で安価な衣服を身につけるであろう。このような状況は，たとえ両親がそばにいても変わることは

ないが,あかの他人の前ではそうはいかない。かりに自宅によく来る友人たちの前であっても,快適性を犠牲にしてでも趣味良く,美しくあろうとする意識が高まる。このことは,とくに女性の場合にいっそうあてはまるだろう。美しさやスタイル,洗練さなどをとやかくいわない気心の知れた友人たちと一緒の場合でも,いざ見知らぬひとと出会う可能性のある"外出"時などでは,やはり自らの衣服により多くの注意が向けられることになる。とくに公共の場で他者と出会うようなときには,自らが美しく,最高の趣味やスタイルをもちあわせているという自己イメージをそれら他者に提示すべく,自らの衣服を入念に選択するようになる。これらのことは,見知らぬ者や不特定の他者が存在するあらゆる状況において起こりうるものであり,そのような他者の存在は,自らの衣服の美しさや洗練さへの注意を喚起することになる。さらに,それら他者が継続的な関係を取り結ぶに値する人物で,信頼を得るべき相手である場合には,洗練さや美しさ,スタイルの良さへの欲求は最高潮に達するであろう。

　友人たちからのまなざしは批判の度合いが低いこともあり,彼らとともに外出するときなどは,衣服に対する配慮はいっそう少なくなる。このことは,女性よりとくに男性に当てはまることであり,女性の場合には,たとえ恋人をみつけようとする時以外であっても,自らの美しさや洗練さを魅力的な衣服をつうじて表現しようとする場合が多い。とりわけ若者たちの出会いにとって重要な場所となるディスコなどでは,そのような衣服に対する配慮が際立っている。自らのスタイルや美しさをつうじて自己の魅力度を高めるような衣服は,ディスコという場所において大変重要な役割を果たしている。

いずれにしても，一般に女性は衣服の趣味の良さにいっそうの注意を払い，男性は衣服の快適性——しばしば経済性と正相関し，美しさと逆相関する——を重視するという調査結果がでている。男性は，女性らしさによって自らの威信や男らしさが喪失することを恐れるがゆえに，女性的にみられることをつねに避けようとする。この二世紀にわたる服飾史をみても，男性服は17世紀あたりまで典型的にみられた上品さや気取りを喪失していき，男性性を象徴する軍服にみられるような，いっそう地味な衣服が採用されていった経緯を認めることができる［Flüegel, 1992］。

また女性の方は，時と状況に応じて両性双方に結びついた衣服を適宜活用している。"在宅"中など快適性が最大限求められる状況では男性的な衣服を身につける一方，また別の状況では在宅時とは異なる仕方で，魅力と強く結びついた女性性を活用することをも心得ている。女性にとって洗練された衣服とは，女性的なそれを意味している。

ようするに，衣服は異なる状況に応じた選択基準によって規制されているのであり，それら規制は，まずは場の性格（フォーマル，インフォーマル），次には周囲にいる他者のタイプ（家族や親しい仲間，そうでない者），そして最後には着衣者の性別（男性，女性）によって規定されているといえよう。

3 まとめと考察

じっさいファッションは，極端なまでに個人化されており，自らをある社会的位階に帰属させながら自己の個性を表出させ，またそれに追従する者たちの感情や性格を表出することを可能にするよう

なモデルをも提示する。衣服のもつまさにこの個人化への側面こそが，衣服をたんに取り替えることによって他者のまなざしの前で自らを変身させ，"皮膚を脱ぎ替え"，異なる自分を作りだす喜びをもたらしている。衣服の革新は，内面性の革新と結びついているといってよかろう。革新することは，あらゆる文化的プロセスにおいてみられる生理的欲求であり，それなくしては文化そのものが存在しないといっても過言ではない［Grandi et al.: 1992］。

　ファッションに関する社会科学的研究は，たんに理論的な議論を展開するだけでなく，ファッションが異なる社会的欲求に対して応えていくときにみられる，個人的な動機づけや社会的な原因について検証していかなくてはなるまい。その際には，まず社会関係にみる外見の重要性から衣服の感情表現としての働きへと考察が進められることになろうが，その場合にも，ある特定集団（たとえば，パンク族）においてすらその差別化に果たす感情性の役割は限定的なものにとどまること，またとくにそれら集団にみられる"現状"への拒絶が一般的な意味での反抗ないし社会的差異化への欲求として理解されることに注意を向けておく必要があろう。

　アイデンティティないし社会的な帰属集団の定義づけにおいて外見は，その帰属性を示すもっとも重要な要素といえる。社会関係のなかで身につける衣服が，たんに目前の他者による行動のみならず，着衣者である自分に対する自己意識や他者に対する自己の行動にも影響を与えうることを理解する必要がある。まさに衣服は同じ社会状況に居合わせる他者の行動に影響を及ぼしうるがゆえに，そこでの個人間の関係ゲームはいっそう複雑なものとなる。

　これまで実施されてきた調査研究において，着るということが一般的な喜びをもたらし，"いかに着るか"ということにおいて満足

第7章 ファッション，社会，個人

感がえられることが，基本的に合意されている。このことは，"自己に対する喜び" というものが，いかなるファッションモデルをもってすら提供しえないほど重要な要件となっていることを意味している。

ファッションは，ほんのこの十数年間に社会が経験することとなった大変動を凝縮したかたちで示している。最近の20年間に "複雑性" という用語が社会分析にとって極めて重要な概念として導入されたが，それがファッションに適用されたとき，"流行" 現象を現代の社会問題として解釈しうるような認識論的な見方が登場することになる。ミクロ社会レヴェルにおいて複雑性は，分化や統制，知識の可能性を提供するひとつの社会システムといえるが，そのシステムにおいて諸個人が集合し選択する過程が急激に変化し続けていることからもわかるように，複雑性はシステムに帰属する個人主体の選択・消費の能力を超えている。このような複雑性を規定するあらゆる要素は，"流行" 現象にも見いだすことができるが，そのなかでもまず挙げられるのが，ファッションをもたらす要因となる幻想である。そのような幻想は，居住地や仕事，趣味，娯楽の変化にみる生活モデルにおいて確認することができるが，それら変化は，社会的主体である諸個人に安定性ではなく変動性，すなわちあらゆる事柄が流動的に変化することをむしろ "正常" とみなすよう仕向けている。ファッションは，"可逆性" を示すにいたった社会的カテゴリーを見据えながら，現代の "複雑性社会" の特質において "新しさ" という要素を浮き彫りにしている。

現在への志向性は将来についてほとんど関心を示さないものであるが，そのことは個人が日常生活における現実をとりわけ重視するという点に端的にあらわれている。日常生活での主体性の確保とい

う欲求は、きわめて重要な文化的様相を示すようになり、それら個人的な欲求充足と自己崇拝は、とくに価値あるものとみなされることになる。サブ・カルチャーが社会的に浸透し、社会生活上の多くの局面を"侵食"しているのも、まさにこのことによるものである。現代人にとっての現実とは、変化に富む多様なイメージが交差することで生みだされる結果といえるが、若者たちは、自分たちの置かれた状況を映しだすあらゆる物事の状態を、他の年齢の者より上手く受け入れ解釈することができる [Bovone, 1997]。多数の集団に帰属することは、それだけ個々の集団への関係づけやアイデンティティの措定を脆弱なものにし [Simmel, 1985]、そこにみられる過剰性や異質性、細分化への傾向がいっそう進むことになる。もとよりファッションは、束の間であることを自らの戦略とし、流動的に変化する無数の要素に依存している。衣服 [abito] や衣装 [vestito]、衣類 [indumento]、ファッション [moda] という言葉の語源には、その主体的で流動的な性格がすでに含意されている[*5]。

日常生活は、個人が自ら"社会的存在"としての意味や定義づけ、物語りを引きだすための背景となっているが、まさにそこは、あらゆる合理化への企てが挫かれる世界でもある [De Certeau, 1980]。"残余的"領域としての日常生活では、合理的なシステムによっては位置づけることのできない諸局面が混じりあっている。流

---

*5 ラテン語に由来する"abito"という言葉は"立ち振舞い"や"外観"という意味をもつ。立ち振舞いとは、儀礼的行為に典型的にみられるように、態度をつうじて外在化される行動や着方、作法の構成要素であり、それは立ち振舞う者が望ましい／望ましくない資質をもちあわせているかどうかを目前の他者に知らせる役割を果たしている。また"indumento"という言葉は"包み"、他方"moda"は"moderno"と同根のラテン語"様式 [modus]"すなわち"規則"をそれぞれ意味することからもわかるとおり、衣服 [abito] は、世界に対して自己を提示する仕方 [modo] ということになる。

第 7 章　ファッション，社会，個人

行を拒否する，ないし流行遅れにある諸集団の多様性を浮き彫りにするのに流行という言葉を使うことは，ある意味で矛盾しているようだが，しばしば流行は，細分化された集団の社会的アイデンティティを統合し接合する，すなわちそれら集団になんらかの合理性を与えるのに寄与している。

　ようするにここで最後に強調すべき点は，ファッションと個人との関係は音楽といった他の文化的項目でのそれと同じであるという点であり，個人は気に入ったものを選択するということである。自ら楽しむことや選択する楽しみは，まさにその一過性によっている。衣服は，男女とも年齢にふさわしい形で創造されるが，時間というものは理想化されないよう概念化されなければならない。"新しさ"というものは信用できないし，ほとんど優美さすらもちあわせてはいないが，そのような新しさを呈示する勇気をもつ者は，だれでも"他者の先を進む"革新者となり，最新のあり方を提起する。イメージというものは，決定的なものでも限定的なものでもなく，時々の状況によって左右されるものである。個人の自己感覚は，時間をつうじた自己の持続性感覚，衣服やモノで装備された身体によって構成される自らの価値によって与えられ，それらの喪失は，自己の価値が低減することや社会集団から疎外されることを意味している。

　ファッションが喚起する喜びは，ある状況において身につける衣服が複雑性社会における役割の複数性にあわせてなんらかのアイデンティティをもたらす，という事実によるものである。つまり衣服は，賞賛すべき外見を与えるとともに，仮面の機能と同様，それを身につける者にある種の限定的な役割を付与する。ファッションは個人に自己呈示の機会を与えるものの，どのような種類の衣服を着

265

ているかということは,それを身につける者の経済的余裕をほんの限定的にしか知らしめない。ファッションは社会階級を上昇するのに役立たないが,着こなしの良い者は賞賛され,競争意識の激しい世界へ投げ込まれることになる。衣服が他者による第一印象にとっていかに重要なものであるのかは疑いえないが,その価値はいずれ失われてしまう運命にある。

衣服は,個人的な側面を顕著に示すと同時に,それよりは目立たないが社会的な側面をもあわせもっている。衣服を身にまとうこと,服装を整えること,身につけるべき衣服を選択すること,といった"喜びに満ちた"行為を実践する者たちにあたえられる満足感は,ここで強調されてよい。そのような行為が意義深いものであるのは,それが他者と共有され,またそれをつうじて行為者は他者とともに社会構造に関与していくことになるからである。

人間の性質のうちには,自己の身体を改変しようとする衝動がある。いかなる時代にあっても人間は,生まれた時のイメージを最終的なそれとして受け入れることはない。人間社会なるものが誕生して以来,それを改善していこうとする決意はつねに見いだされる［Rudofsky, 1975］。衣服は,人間が手を加えるもっとも穏健な改変のひとつであり,それは老化する身体を覆い隠し,また H. スペンサーも指摘するように,完璧な着こなしを自ら意識したときに,はじめて着る者に落ち着きをあたえる。ファッションの時代は身体の時代ではなく社会的行為者の時代である。

ファッションとその変化にみる速さは,消えつつあるものと生まれようとするものとの間の葛藤にみられる神経症的な兆候を示している。じっさい,いかなる時代も程度の差こそあれ"他のなにものか"へと移行していく途上にあるのであって,そこでは実質に対す

る外見,全体に対する部分,法に対する遊戯,理性の原理に対する喜びの原理といった,永遠に止むことなき対抗性がますます顕在化していくことになる。文明に対する個人の闘争がつねに展開されている,と言い換えてもよいだろう。"あらゆる物事を本気でとらえ,それらを有益で合理的なものにしようとする我われの努力ほど無意味なものはない"[Bollon, 1990]。我われは不断に変動する時代に生きているのであり,過去の価値に回帰することは,なんの役にも立たず,ただ現在を否定する虚しい企てでしかない。現代性なるものが実現されるためには極限状態にまで突き進むしかなく,その状態こそが変動をもたらす運動に力を与えるであろう。あまり重要視されることのない表層的な形態においてほど,変動はいっそう受け入れられ易いものとなる。新しく生みだされた"社会的事実"によって変動がもたらされたまさにその瞬間に,それはすぐさま乗り越えられることになり,別のファッションや変動によってとって替わられることになる.

■文献

Armezzani, M., Cavedon A., Da Pos O., Tessarolo M., Tibaldi G., e Zanforlin M., *Davanti alle opere di Roberto Capucci : Una lettura psicologica*, Padova : Imprimitur, 1999.

Bollon, P., *Elogio dell'apparenza*, Genova : Costa e Nolan, 1991 (*Morale du masque*, Paris : Edition du Seuil, 1990).

Bourdieu, P., *La distinzione : Critica sociale del gusto*, Bologna : Il Mulino, 1983 [石井洋二郎 訳『ディスタンクシオン:社会的判断力批判』1・2, 藤原書店, 1990年.]

Bovone, L. (ed.), *Mode*, Milano : FrancoAngeli, 1997.

Bovone, L., e Mora E. (cur.), *La moda nella metropoli : Dove si incontrano i giovani milanesi*, Milano : FrancoAngeli, 1998.

Burghelin, O., "Abbigliamento," *Dizionario Enciclopedico*, Vol. I, Torino: Einaudi, 1977 : 79-104.

Calefato, P., *Moda & mondanità*, Bari : Palomar, 1992.

Calefato, P., *Mass moda*, Genova : Costa & Nolan, 1966.

Calefato, P., *Moda, corpo, mito* : Storia, mitologia e ossessione del corpo vestito, Roma : Castelvecchi, 1999.

Curcio, A.M., *La moda: identità negata*, Milano : FrancoAngeli, 1991.

Curcio, A.M. (cur.), *La dea delle apparenza : Conversazioni sulla moda*, Milano : Franco Angeli, 2000.

De Certeau, M., *L'invention du quotidien*, Paris : Gallimard, 1980.

Di Nicola, G.P., "Il sistema dei consumi nell'ottica personalista," *Studi e Notizie*, n. 35, 1991.

Douglas, M., e Isherwood, B., *Il mondo delle cose: Oggetti, valori, consumo*, Bologna : Il Mulino, 1984.［浅田彰・佐和隆光 訳『儀礼としての消費：財と消費の経済人類学』新曜社，1984年］

Flüegel, J.C., *Psicologia dell'abbigliamento*, 8va ed., Milano : Franco Angeli, 1990 (*The Psychology of Clothes*, London : Hogarth Press, 1930).

Frigoli, D., "La moda, ovvero il vestito del collettivo," *Riza*, 124, 1991 : 28-29.

Goffman, E., *La vita quotidiana come rappresentazione*, Bologna : Il Mulino, 1969 (*The presentation of Self in Everyday Life*, Edinburgh University Press, 1959).［石黒毅 訳『行為と演技：日常生活における自己呈示』誠信書房，1974年.］

Gombrich, E.H., *Ideali e idoli : i valori nella storia e nell'arte*, Torino : G. Einaudi, 1986.

Grandi, S., Vaccari, A., e Zannier, S. (cur.), *La moda nel secondo dopoguerra*, Bologna : Clueb, 1992.

Kaiser, S., *The social psychology of clothing*, New York : Macmillan, 1985.

Katz, E., and Lazarsfeld, P. E., *L'influenza personale nelle comunicazioni di massa*, Torino : Eri, 1968 (Personal influence, New York : Free Press, 1955).［竹内郁郎 訳『パーソナル・インフルエンス：オピニオ

ン・リーダーと人びとの意思決定』培風館，1965年．]

Köenig, R., *Il potere della moda*, Napoli : Liguori, 1976.

Leonini, L., "*Moda*," in A.Terzi (cur.), *Consumatori con stile*, Milano : Longanesi, 1987, pp. 61-78.

Maffesoli, M., "Il regno delle apparenze," *Prometeo*, a.6, 23, 1988 : 30-39.

Mazzette, A., "*La metropoli e la moda, le musiche e i colori dei giovani*," in L.Bovone (cur.), *Mode*, Milano : FrancoAngeli, 1997 : 101-109.

Ragone, G., *Sociologia dei fenomeni di moda*, Milano : FrancoAngeli, 1976.

Ricci Bitti, P. E. e Caterina, R. (cur.), *Moda, relazioni sociali e comunicazione*, Bologna : Zanichelli, 1995.

Rudofsky, B. *Il corpo incompiuto*, Milano : Mondadori, 1975.［加藤秀俊・多田道太郎 訳『みっともない人体』鹿島出版会，1979年．]

Simmel, G., *La moda*, Roma: Editori Riuniti, 1985.

Simon, D., *Moda e sociologia*, Milano : FrancoAngeli, 1990.

Sontag, S., *Sulla fotografia*, Torino : Einaudi, 1978.［近藤耕人 訳『写真論』晶文社，1979年．]

Squicciarino, N., *Il vestito parla : Considerazioni psicosociologiche sull'abbigliamento*, Roma : Armando, 1986.

—— *Il profondo della superficie: Abbigliamento e civetteria come forme di comunicazione in Georg Simmel*, Roma : Armando, 1999.

Tessarolo, M., "Il pubblico della moda," in L. Bovone (cur.), *Mode*, Milano : FrancoAngeli, 1997 : 159-193.

Tessarolo, M., e Savi, D. "Vivere la moda," in M.Tessarolo (cur.), *Moda e comunicazion : Ricerche sull'abbigliamento*, Padova: Il Poligrafo, 2001 : 37-52.

Tessarolo, M., "Criteri di scelta del proprio abbigliamento," in M. Tessarolo (cur.), *Moda e comunicazione : Ricerche sull'abbigliamento*, Padova : Il poligrafo, 2001 : 53-74.

Tessarolo, M., e Martinelli, S., *Aspetti comunicativi dell'abbigliamento*, in corso di stampa, 2003.

Tibaldi, G., "Sociologia e psicologia dell'abbigliamento," *Rivista della Produzione e Distribuzione del Tessile e dell'Abbigliamento*, Anno II,

Milano : Società Editoriale Tessile, 1973.

Turner, V., *Antropologia della performance*, Bologna : Il Mulino, 1993.

Veblen, T., *Scritti sociologici*, Torino : Utet, 1976 (*Le lois de l'imitation*, Paris : Alcan, 1911). [高哲男 訳『有閑階級の理論』筑摩書房, 1998年.]

Volli, U., *Contro la moda*, Milano : Feltrinelli, 1988.

—— *Block modes : Il linguaggio del corpo e della moda*, Milano: Lupetti, 1998.

第8章 イタリアン・ファッションとメディア／ニューメディア

ファウスト・コロンボ
マッテーオ・ステファネッリ[*1]
(ミラノ・カトリック大学)

1 はじめに

本章では、これまであまりなされてこなかった仕方でファッションとメディアとの関係をテーマに議論することになる。ただそのまえにまず、ここでの錯綜とした論点をおおむね整理しておくことからはじめたい。

第1に、メディアはファッション産業の道具であり、この特異な産業はメディアを事業者や買い手といった人びとに対する情報伝達手段として活用している。その意味で新聞・雑誌、テレビ、オンラインの見出しなどが伝える言葉やイメージの多くは、著名人による"編集記事"にいたるまで、すべて業界から発信され、アトリエとの合意のうえで記事の体裁をとることになる。第2に、ファッションはメディアが伝える内容のひとつであり、ファッションに関連する情報や娯楽内容は迅速に記事にされ、しかもそれは人びとの関心を惹きつける。このことは、ファッション雑誌をみればあきらかなことであるが、一般テレビ放送の番組枠で流されるシーズン毎の

[*1] 本章の企画および内容は、ふたりの共同作業によるものである。コロンボによる本論の導入部文以外は、実質的にステファネッリが草稿を作成した。

ファッションショーの番組をみても，この種の番組内容を成功確実なものにしている。第3に，ファッションとメディアは相互に影響しあいながら文化領域を構成し，それをつうじてトレンド紹介や批評，ライフスタイルの提案などがおこなわれている。そして最後の点として，ジャーナリストや映画監督，音楽家たちがファッションショーやその他のファッション関連イヴェントに参加し，デザイナーがテレビ番組への招待やコメント記事の依頼をうけたりしていることからもわかるように，文化産業の内部において異なる"専門性の相互浸透"がみられることである。

このような複合的な論点をあわせもつ課題をまえに，本章ではこれら上記の論点のあいだを意図的に移動しつつ，それら相互の錯綜とした関係を再構成することに努める。そのとき，従来のメディアと比較してニューメディアがファッションとの関係で質的な変化をもたらしていることを，歴史的なアプローチによってあきらかにすることになろう。衛星テレビのデジタル化やインターネット，携帯電話がイタリア社会において大きな変革をもたらしていることを踏まえるなら，このこと自体はなにも驚くべきことがらではないが，それらの影響については，いまだ十分な評価がえられているわけではない。ここで理解すべき重要な点は，ファッションやメディアの領域で起こるあらゆることがらは，イタリアでの場合を含めて，現代文化として規定されるような広範な文脈において考察されなければならない，ということである。

2 ファッションの位置づけ
―60年代から90年代までのイタリアのファッション雑誌―

　メディアの状況については，まずテレビの分野が規制緩和と競争の段階を経て数年の後に円熟期に入っている。1970-80年の10年間では，いまだ雑誌媒体が社会的議論の形成において中心的な役割を果たしていた。この事実は，とくに広告市場においてあきらかで，1977年でのシェアは日刊紙と定期雑誌が62.4%であるのに対して，テレビのそれは18%であった。印刷物によるシェア減少が顕著にみられるようになったのは，ほんの1982年からのことであり，その年においてテレビの広告シェアは36.2%に上昇する一方，印刷媒体のそれは52%に下落している[*2]。この印刷媒体にみるシェアの高さは，ファッション界にとっては追い風となった。というのも出版業界は，"歴史的にその普及過程と市場開拓とにおいて基本的な役割を果たしてきた"からである。じっさい過去における"ファッション業界と出版界との関係が，投資資金のみならず，出版物による宣伝広告の経費をも調達しえた唯一の業界である生地・繊維部門の大企業によって維持されてきた"ことからもわかるとおり，既製服の誕生や高級ブランド服の発展によって，ファッション専門出版社は，そのような新たな対話者を発見しつつ，ファッション業界の発

[*2] イタリアにおけるテレビ広告の急激な増加は，とくに1979年から1984年の6年間にみられ，その期間に商業テレビの発展もあったことから，広告シェアは21.4%から47.3%へと伸びた。シェア50%の壁は1991年に越えられ(50.4%)，90年代にはイタリアにおける全広告費の53%にまで達することになる。70-80年代での広告市場の歴史を概観したものとして A.ピラーティ「伝達手段としての広告」を参照のこと [Pilati, 1994]。

展に全面的に貢献していくことになる。"ファッション関連記事が増大したことや出版物が次つぎと創刊されていったことなど，出版業界での競争下においてすでに潤っていたビジネスは，さらに拡大していくことになった"[Testa, 2003:715]。

2.1 ファッション情報と女性誌ブーム

70年代の社会的混乱と地殻変動とを背景に，主要な雑誌はファッションに対しても注意をむけるようになり，社会と消費の新しい関係を提示するようになる。週刊誌『エスプレッソ [L'Espresso]』（イタリアのリーダー的雑誌で，1976年の販売部数は週30万部）はタブロイド版へと変更され，これまでの闘争的な論調（急進派や左翼運動への支持路線）も穏健なものへと変わっていった。たとえば，性に関する調査報告や情報誌のヌード掲載をめぐる議論，"ディスコ"に関する巻頭特集など，風俗や文化に関する記事が掲載されるようになっていた。そこにおいて，もっとも代表的な週刊誌ジャーナリストのひとりで，数年間にわたり"弱者の見方"というテーマで"ファッション界の男と女"にまつわる逸話や物語を語ってきたカミッラ・チェデルナ [Camilla Cederna] は，1978年10月の有名なインタビュー記事でジョルジョ・アルマーニ [Giorgio Armani] を"発掘"することになる。このインタビューは，アルマーニがアパレル企業グループの Gft と手を結び，スタイルと産業とのあいだの連携のあり方を象徴する神話を構築しはじめた歴史的な年におこなわれたものである。

他方，ライバル誌の『パノラーマ [Panorama]』（80年代初めから現在にいたるまで，雑誌部門でのリーダー誌）は，『エスプレッソ』より日常生活をテーマとする記事を掲載する傾向を強くもって

いたが，まもなく巻頭連載「イタリアの娯楽にみる新しい道」(1978) やテレビのバラエディー番組に関する巻頭記事などをつうじて，しだいに消費関連の情報を掲載していくことになる。そこにおいてファッション情報が中心的にあつかわれた理由は，服飾の世界での消費をつうじて望ましい，ないし恥ずべきとされる行動モデルが普及していく過程を見通すことができる，と考えられていたからである。1979年11月の巻頭記事「着こなし」[*3]ないし「将来のメード・イン・イタリーを担うデザイナーたち」は，その典型例といってよい［Volli, 1994：315］。

ファッションとイタリアにおける定期刊行物との関係は，女性誌の動向と結びつきながら推移してきた。"近代"にみる広範で複雑なその動向は，つぎの4つの象徴的な年，すなわち1962年，1980年，1988年，1996年をもって区分される時期において把握されるだろう。

第1の時期は，記事内容をつうじてファッションと一般女性とのあいだの"古典的"関係を雑誌から解放する，という根本的な変化によって特徴づけられる。雑誌『アミーカ［Amica］』の創刊 (1962) に示されるように，このような変化において，従来の女性誌に典型的にみられてきた社会を反映・照射するような記事に"消費"戦略が重ね合わされるようになったが，その後このような手法は，他のライバル雑誌にも採用されていくことになる。

この時期の経済成長と中流階層での衣服を含めた消費の拡大は，時事問題についてであれ，ファッション情報の取りあつかいについてであれ，女性向け情報の企画に対して抜本的な変更を要請するこ

[*3] このタイトルが1968年のチェデルナの著作でも採用されたことは偶然ではない。

とになる。こうした大きな変化のなかで『アミーカ』は，一方で週刊情報誌として仕事の選び方，家族や消費に役立つ情報を提供しつつ，他方で女性週刊誌として，「手の届く」既製服に関する情報を値段や店の住所を含めて積極的に提供するまでになる。このことは，これまでの"一般的な"ファッション情報からみればまさにコペルニクス的回転といってよく，雑誌の専門特化という構造的変化の兆候すら示すものであった*4。1970年にみる衣服の消費に占める既製服の割合は75％にまで達し（1955年では22％），ファッション情報は商品カテゴリー毎に細分化され，『カルツェ・モーダ・マッリャ[Calze Moda Maglia]』〔メリヤス靴下類〕，『リネア・インティマ[Linea Intima]』〔ランジェリー〕，『ペッリッチェ・モーダ[Pellicce Moda]』〔毛皮〕，『ラ・スポーザ[La Sposa]』〔ウエディングドレス〕，『インペルメアービレ・イタリアーノ[Impermeabile Italiano]』〔レインコート〕，『モーダ・イン・ペッレ[Moda in Pelle]』〔皮革製品〕など，さまざまな雑誌が発刊されることになる [Carrarini, 2003]。従来の雑誌のあり方からの不可逆的な断絶とまではいえないとしても，ここにおいて情報源のバランスが複雑化したことは疑いえない。『アミーカ』とともにそれら多様な情報源は，たんに"感情・表出的"領域——俗世間やエリート層，アーティストの世界としてのファッション——や，"詩的"領域——"女神"として表現される美と夢に満ちた"別世界"としてのファッション——だけでなく，"指示的"領域——社会・文化的，経済的な日常経験の一部としてのファッション——をも活性化している。一般的にいって，そ

---

*4 メディア分析における"兆候"と"手がかり"に関する記号論的カテゴリー（U. エーコ）の適用については，コロンボとルッジェーロ編『文化商品』を参照のこと [Colombo e Ruggero, 2000]。

れらファッション雑誌は市場全体の回復期に息づいていたのであり，その意味でこの時期，高級ファッション誌も急速なる最後の発展期をむかえていたといってよい。その点でとりわけ重要な役割を果たしたのが，雑誌『リーネア・イタリアーナ[*Linea Italiana*]』(1965) であり，コンデ・ナスト [Condè Nast] グループの手による雑誌群である。とくに前者は，ファッション業界の"システム化"に対して野心をもち，才能ある一流ジャーナリストや写真家（ウーゴ・ムラス [Ugo Mulas] など）をシステム内に取り込みながら，イタリアでの高級ファッションの価値と多様性，生地素材の品質への評価を高めていった。また後者は，『ヴォーグ[*Vogue*]』と『ノヴィタ [*Novità*]』を統合して以来，高級路線を推し進め，『ウオモ・ヴォーグ [*L'Uomo Vogue*]』(1967)〔紳士服〕や『ヴォーグ・バンビーニ [*Vogue Bambini*]』(1973)〔子供服〕，若者向け雑誌『レイ[*Lei*]』(1977)，専門誌としての『カーサ・ヴォーグ [*Casa Vogue*]』〔家具・インテリア〕や『ペッレ・ヴォーグ[*Pelle Vogue*]』〔皮革製品〕など，さまざまな雑誌を刊行していくことになる。さらに1973年創刊の『コスモポリタン[*Cosmopolitan*]』の場合には，情報提供という側面と政治的見解の提示という側面との統合に成功し，異性関係や性行動においていっそう自由で，かつ自己に対し強い関心を示す"新しい"女性の態度をめぐる議論の場として，ファッションや時事問題を読み解くという進歩的な見方が提示されていた。ポスト・フェミニズム系やカトリック系雑誌のように価値やイデオロギーを腹蔵する雑誌を除くとしても，1975年の発行雑誌はじつに31種類にも上っていた [Lilli, 1994]。

　さまざまな観点からみて女性誌にみる80年代は，まさに成熟の時代といってよいだろう。そこでは，すでに年齢層や購買力によって

セグメント化された読者全体を網羅するかたちで雑誌が供給されていた。またこの時代は商業的な面でも成熟しており、女性誌は出版広告費において中心的な位置づけを獲得するまでになっていた。この時期の雑誌についていえば、たとえば"ファッションを理解する"ことをねらい、"ファッションを歴史的・経済的・社会的観点からみることを標榜する"月刊誌『ドンナ』(1980) が、グイド・ヴェルガーニ[Guido Vergani]や有名写真家のファブリツィオ・フェッリ[Fabrizio Ferri]、ジョヴァンニ・ガステル[Giovanni Gastel]、オリヴィエーロ・トスカーニ[Oliviero Toscani]などを署名入りで登場させていたことからもわかるとおり[Carrarini, 2003 : 827]、この時期は、出版界の雑誌に対する自覚によって幕が開けたといえる。がいしてこの時代の雑誌は、"商業的側面を強調しつつも、消費にみられる社会動向に目を配り"[Scipioni, 2002 : 115]、家庭と仕事の関係といった取り組むべき新しい問題に直面する女性たちに注意をむけていた。『マリークレール [*Marie Claire*]』(1984) や『エル [*Elle*]』(1987) などように、この時期には大衆誌と高級ファッション誌との中間に位置する新しい雑誌領域が誕生し、それら新雑誌が内容と写真の品質を高めながら比較的高い社会階層の読者を惹きつけていた[Scipioni, 2002]。1980年には『レイ』や『チェントコーセ [*Centocose*]』の経験をふまえて、より若い読者層を対象とした週刊誌『チョエ [*Cioè*]』が創刊され、玩具や化粧品、アクセサリーなどのおまけをつけたこともあって、それは少女雑誌として、はじめて大成功を収めることになる。リッリも指摘しているように、当時において"着ることと化粧することがもっとも重要なこと"であったとするなら、リーダー的雑誌であった『アミーカ』も大きな変貌を強いられることになる。じじつ1982年にパ

オロ・ピエトゥローニ［Paolo Pietroni］は，その雑誌の装丁と編集方針を刷新し，"自らの個性を表現するために，ただファッションに盲従するのではなく，また受動的にファッションに従うのでもなく，知性や美しさ，娯楽をとおして装う女性"を対象にした雑誌を発刊することになる。そこでは，コラムや社会問題への議論，感情を喚起するような読み物に割くスペースが減らされる一方で，ファッション記事の方は，著名人との関係をいっそう深化させ，"国内外の有名人へのほとんど脚本化されたようなインタビュー記事をつうじて，情報提供よりむしろ社会的地位の証しや行動モデルを提示する"ようになる［Lilli, 1994：369］。これと同じような変革は，『ジョイア［Gioia］』や後に『アンナ［Anna］』へと名前が変更される『アンナベッラ［Annabella］』など，おもだった雑誌にもあてはまる。

　新興の上流階層の読者を対象にした4つの雑誌——『アミーカ』，『ジョイア』，『グラツィア［Grazia］』，『アンナ』——が支配した10年間の終盤に，ファッション誌に2つの現象が発生した。そのひとつは，80年代にシンボル性を強調した記事内容が興隆した後に，人びとの関心が「あらゆる領域の時事問題——政治から文化（映画，演劇，芸術，映像文学），経済，環境問題，麻薬問題，労働組合の問題，預金の投資先にいたるまで——へと移り」［Lilli, 1994：377］，『グラツィア』や『アンナ』などの編集スタイルに変更が生じたことである。そしてもうひとつは，そのようなニュース提供とともに，1988年の『ドンナ・モデルナ［Donna Moderna］』の創刊によって，これまでの大衆女性誌にみられた典型的かつ伝統的な"実用的"情報を刷新する新たな道が拓かれたことである。それは，「美容やファッション，インテリア，健康，時事問題といった有用な情

報がモザイク的に組み立てられ，読んで楽しく，しかも簡潔明瞭かつ理解しやすい言葉で書かれた実用的な情報誌」としてエドヴィッジ・ベルナスコーニ［*Edvige Bernasconi*］が発案したものである。この雑誌形態は，前例のない成功を収め，イタリアでの販売部数の頂点へと一挙に駆け上がり，後に『プラーティカ［*Pratica*］』という類似の雑誌を生みだすことにもなった。また，女性のあいだでスポーツがライフスタイルの一部としてすでに定着していたこともあり，『ヴァイタリティ［*Vitality*］』誌（1989）などをつうじてスポーツウエアにも大きな関心がむけられていた。多くの雑誌が廃刊になったとはいえ，1992年での女性誌の数は，じつに41誌にのぼっていた。

　1996年にはイタリアの主要日刊紙2紙が女性誌部門への投資を決定し，両紙とも大きな成功を収めることになる。『コッリエーレ・デッラ・セーラ［*Corriere della Sera*］』紙は『イーオ・ドンナ［*Io donna*］』を，そして『ラ・レプッブリカ［*La Repubblica*］』紙は『Dラ・レプッブリカ・デッレ・ドンネ［*D La Repubblica delle Donne*］』を創刊する。後者は，基本的に他の女性誌とは異なる方向性を選択し，物憂げな都会ファッションに特徴的な暗いイメージの魅力――そこでは，しばしばテクスト間の暗示や美的誘惑によって映像芸術との調和が図られている――を強調すると同時に，社会・文化的動向にも絶えず注意をむける。他方，『イーオ・ドンナ』では，情報提供としての機能がより強化され，有名人紹介や時事に関する多くの記事や独自性の高いファッション記事が掲載されている。じじつそのことは，「もっぱら実在する人物（イタリア人や外国人）に関する記事が中心となり，新聞紙上で別途掲載されたルポルタージュと関連づけられながら記事が書かれている」

[Aa.Vv., 2003]ことからもうかがえる。そこではファッションと時事情報とが融合しているがゆえに、ファッションは"記述された"記事のコンテクストから乖離することを阻まれている。このことは、従来のファッション専門雑誌の編集にとってまさに革命的な出来事であり、ファッション記事がデザイナーの類まれな能力を見いだすことも含めて情報生産のあらゆる過程に入り込むことで、もはや真のジャーナリストのそれと対極に位置づけられなくなったことを示唆している。そのことが日刊紙の使命からみて有益であることは、総合メディア企業 RCS 社の読者モニター調査で、『イーオ・ドンナ』の三分の一の購読者が男性であることに如実に示されている。

2.2 男性ファッションと男性雑誌

80年代のファッション雑誌の歴史は、社会動向やサブカルチャーと交差する別の変化とも関係づけることができる。じじつイタリアにおける既製服業界の最盛期には、"衣服による自己イメージの変化にみる理想"[Codeluppi, 2002]なるもの、すなわち男性服にみる"トラヴォルタ主義"――1977年の映画『サタデーナイト・フィーバー [Saturday Night Fever]』でのジョーン・トラヴォルタ[John Travolta]のルック――に象徴されるような広く普及したモデルが確立され、他方で1980年代初期のミラノでは、まさにイタリアにおける最初のサブカルチャーともいえる、とくに若者男性に好まれた"パニナーリ [paninari]"族風の独特の衣服スタイルが登場していた。

1975年創刊の男性月刊誌『ウオモ・ヴォーグ』は、1979年以降からある程度の成功を収め、『ウオモ・ヴォーグ・インターナショナ

第Ⅱ部　ファッションと文化・コミュニケーション

ル［*L'Uomo Vogue International*］』や『ウオモ・ヴォーグ・テッスーティ［*L'Uomo Vogue Tessuti*］』〔紳士服生地〕のような雑誌を派生的に生みだした。前者は，女性編集長クリスティーナ・ブリジディーニ［Cristina Brigidini］のもと，80年代に著名な現代写真家たちを動員することで画像に力を注ぎつつ，とりわけ国際的な職業人の世界でメード・イン・イタリーの代弁者の役割を果たし，1990年代には海外の発行部数が全体の3分の1以上に達するまでに成長することになる。また『ドンナ［*Donna*］』誌の創刊者は，1981年にあらたに『モンド・ウオーモ［*Mondo Uomo*］』を発刊し，そこでは衣服や"男の"着こなし文化に関する情報とともに，ファッション関連企業についての調査やイタリア製品に関する評論家や研究者の議論など，社会・文化的な時事問題がとりあげられることになる。とりわけ若い世代の読者に対しては，衣服に関する情報が注目すべき対象となっていたこともあり，"パニーノ［*Il Panino*］"〔80年代にミラノのリバティ広場にあったバールで，パニナーリ族という名称は，そこから由来している。〕──そこは，サブカルチャーとしての"パニナーリ"族たちの溜まり場で，げんにいくつかのブランドは，そのような重要な意味をもったシンボルをつうじて自らの社会的位置づけをおこなっていた──といったアイデンティティを表示するような対象に縛られた雑誌をつうじて，また出版社エディツィオーネ・ヌオーヴァ・エリ-ライ［Edizione Nuova Eri-Rai］の『モーダ［*Moda*］』(1983) や『キング［*King*］』(1985) のように，旅や映画・文学，女性ヌード写真，文化評論，人生相談，"身につけるべき"ファッションなど，異なる情報トピックスが混在した雑誌をつうじて，気楽なトピックスや間接的な広告，"シンボル的参加"への要求などが複合的に盛り込まれた情報が発信されていた。この時期に

第8章 イタリアン・ファッションとメディア／ニューメディア

は『キャピタル[*Capital*]』(1980) や『クラス[*Class*]』(1986) など，男性職業人を対象とした新しい総合月刊誌も創刊され，とくに80年代に好評を博した前者では，政治や経済の記事とともに服飾品の最新ファッション情報が掲載されていた。

　そのようななかで，真の意味でこの時期の分水嶺となったのは，『マックス[*Max*]』の創刊である。この雑誌は，パオロ・ピエトゥローニが"自らのより高い質，美を追求する"読者のために，1985年にRCS社から発行した雑誌である。1984年の映画『アメリカン・ジゴロ[*American gigolo*]』——主演男優の衣装担当がアルマーニであったのは，なにも偶然のことではない——では，男性の新しいライフスタイル，自己の身体と衣服，そして自己そのものを洗練させる新しい魅惑の手法が提起されていた。そのような時期において，ヤング・アダルトをターゲットにした『マックス』は，時代をつくる人物の特大写真を活用することで部数を伸ばしていた。そこでのファッションは，あからさまなテーマとはなっていなかったものの，これまでの男性雑誌よりもシンボル的資源としての性格が強調され，写真イメージや衣服への注意をつうじて想起される構図に埋め込まれていた。身につけられた衣服の写真に対するコメントからもうかがえるように『マックス』は，男性ファッションを美的対象そのもの——たとえば『ウオモ・ヴォーグ』が紹介する衣服やコレクション，ファッションショーのように——としてではなく，あくまでも美しさがもつ望ましさといったものをつうじてファッションを間接的に提示した最初の雑誌といえる。そこでは，ファッションに対する接近可能性——70-80年代のプレタポルテ革命について女性雑誌が語るようなそれ——や，好みの選択についての具体的アドバイスが直接的に提供されるというよりむしろ，男性

においても消費による快楽追求が正当化されうるという考え方が提示され,映画スターやテレビ俳優にその実現がゆだねられることになる。その意味で90年代に消費と衣服の情報量を増やすことなった『マックス』は,後述するように近年もてはやされているスタイル・マガジンという別のジャンルの雑誌と接点をもつといってよい。

　90年代末に男性雑誌は西欧市場において急速に発展し,1998-2000年に雑誌の発行部数が倍増していることからもわかるとおり,それら雑誌は次つぎと成功を収めていくことになる。1998年に『マキシム[*Maxim*]』,そして1999年にはイタリア語版『ジー・キュー[*GQ*]』が創刊されている。後者は,紹介人物の選択や記事内容,写真などをみればわかるように,雑誌記者としての質の高さと,ある種の進取の精神を宿しており,商品やファッションデザイナーに関する記事をつうじてライフスタイルの"先導役"に徹することで,1999-2000年には20万部を超える成功を勝ちとっている。そしてこの時期,イタリア出版業界でもっともトレンディーな雑誌,月刊『メンズ・ヘルス[*Men's Health*]』が創刊されることになる。ただし30-40歳代の読者をターゲットにしたこの雑誌では,レジャーや健康,美容と性に関する情報が満載されながらも,そこでのファッション情報は,簡潔かつ解説的で,衣服の価格や入手方法など,他の男性雑誌と比べても"ありきたり"なものとなっている。スタイルや個性を伝えるものとしてのファッションは,もはや中心的な事項ではなくなり,講読者たちにとってそれは,日常生活での"共通感覚"の一部として背景化され,日常化された消費を構成するひとつの要素でしかなくなっていた。

2.3 『ウイルス[*Virus*]』誌にみるファッション：90年代のイタリアにおけるスタイル・マガジン

　文化的消費と都会的ライフスタイルの変化を語る典型的な雑誌として，スタイル・マガジンがイタリアにおいても90年代中葉から普及しはじめた。しかし，それら雑誌の成功は，『ザ・フェイス[*The Face*]』，『デイズド・アンド・コンフューズド[*Dazed & Confused*]』，『ウォールペーパー[*Wallpaper*]』，『アイ・ディー[*i-D*]』など，イギリスにおける同種のリーダー誌の発行部数や知名度と比べて，はるかに小さなものであった。ただ，たとえ近年においてはいまだ小規模な動向でしかないとしても，そこにおいてファッションがいかに扱われているのかを考察することは，大変興味深いことである。というのも，メード・イン・イタリー製品に典型的にみられる革新性と創造性が，そこにおいて興味ある推移をみせているからである。

　イタリアにおけるスタイル・マガジンには，その内容からいって２つの基本的な発展パターンを認めることができる。そのひとつは，すでに『キング』にみられてきたような娯楽と消費に関するもので，とりわけダンス音楽とナイトライフを扱った『トレンド・ピープル・アンド・ディスコテーク[*Trend People & Discotec*]"（1989）（1998年に『トレンド・ウェイヴ[*Trend Wave*]』に改称），『テンダンス・エウロープ[*Tendence Europe*]』（1996），ミラノの『ゼーロ・ドゥーエ[*Zero2*]』（1996）などが挙げられる。とくに90年代半ばには，これらの雑誌によってダンスと夜の娯楽情報とともに独特の衣服――"テクノ・フリーク"といったクラブ文化が生んだ族的スタイルや，都市のナイトスポットが生みだす多様な個人的スタイルなど――に関する情報も提供されるようになる。娯楽もス

タイルを必要とし，夜と音楽はその培養体である，とこれら雑誌は主張するかのようである。しかしながら，スポーツウエアやストリートウエアを余暇情報のカテゴリーにいれるようなこの種の方向性とは別に，快楽主義的色彩の薄い自省的な都市の一般読者を対象にした，いっそう"高級感"あるスタイル・マガジンの潮流も見逃せない。1994年創刊の『ウイルス』誌を嚆矢とする，芸術や文化の世界と結びついたスタイル・マガジンである。同誌は，その根底に学術雑誌的な性格をもち，現代の芸術家や建築家，作家，映画監督の紹介や対談を掲載しながら身体に関するテーマに強い関心をむけ，とくに美術評論家，真の作家や芸術家としてのデザイナーとの対談記事をつうじてファッションを提示している。また同誌と類似の『インテルヴィスタ［Intervista］』誌（1996）においても，デザイナーはスタイルの創造者として主役を演じている。

1998年には芸術やファッション，音楽，演劇，デザインの情報月刊誌『クルト［Kult］』が創刊され，それによってスタイル・マガジンは見た目にもより高級感を醸しだすようになり，ファッション情報の高級路線は独自の道を歩み続けていくことになる。そのような路線は，『K-コード［K-Code］』（2000），『レイベル［Label］』（2001），『ピッグ・マガジン［Pig Magazine］』（2002）などにおいても基本的には変わらない。そこでは情報誌としての完成度がいっそう高められ，知名度が低い，ないし新人のファッションデザイナーに関する記事が掲載され，スニーカーといった特定部門への注目にみられるように，たんにファッションデザイナーだけでなく，まったく無名のアクセサリー製作者をも"作家"として発掘するような情報が盛り込まれている。

3 ファッション番組
―イタリアのテレビとファッション―

テレビとファッションの関係は，いくつかの研究［e.g. Censis, 1993］が明らかにしているように，戦後長期間にわたって比較的緩やかなかたちで展開していった。じっさいテレビにおけるファッションは，ながらく"芸術文化に関する番組"と結びつけられ，そこでは"まさにテレビの黎明期にみられる教育的色彩を帯び，一般向け内容として紹介されていた"［Scipioni, 2002：119］。ファッションが，テレビスターや"偶像"として崇められるデザイナーを介して，イメージ資源や消費の土壌という次元で登場するのは，つぎの時代を待たねばならなかった。そのような時代は，80年代，とりわけ公共放送と民間放送が番組としてというよりもイヴェント情報としてファッションショーを紹介するようになった1982-83年に到来することになる［Giacomoni, 1984］。そしてようやく80年代半ばに，ファッションに関する特別番組やいくつかの大規模なイヴェントがプライムタイムに放映されるようになる。

3.1 ニュースとイヴェント

80年代のはじめにファッション情報は，まずテレビ番組の"流れ"に挿入されるニュース番組――とりわけ，国営第2放送局［RaiDue］〔国営放送3局のひとつ〕のテレビニュース――の内容を"軽く"する必要性から，その理想的な解決策として導入された。テレビ番組表で大きな領域を占めるテレビニュースの"番組最後の項目"でそれを扱うことは，テレビニュース全体をある意味で"軽

い"ものにすると同時に、とくにプライムタイムでの聴視者を真面目な報道番組から娯楽番組へと移動させることを容易にした［Simonelli, 2000］。

　真の意味でファッションに特化した番組が最初に登場したのは、1984年4月に民放レーテ・クワットロ［Rete4］が夜間第2時間帯において放送開始した『ノンソーロモーダ［Nonsolomoda］』であり、それに続いて1985年に国営第2放送局がヴィットーリオ・コローナ［Vittorio Corona］の編集による同名雑誌をテレビ用に改変した番組『モーダ［Moda］』が放映される。とくに前者の番組は、テレビにおけるファッション番組全体の"代表役"を果たしていることからも、ここでもう少し詳しくみておくのがよかろう。同番組が長寿番組であること——現在も民放カナーレ・チンクエ［Canale5］で夜間第2時間帯において毎週放映されている——や、競合する放送局が類似の番組を放送し続けていることは、この番組の成功を証左するものに他ならない。あたかもグラビア雑誌のように多様なテーマを組み合わせた同番組は、建築や旅行、テクノロジー、芸術などにみる"最新動向すべてに関心を示しつつ、もっとも広義のファッション領域を網羅し"［Grasso, 1996］、新しく生みだされる"メード・イン・イタリー"を左右するファッションとデザインの調和的結合を具現している[*5]。そこでは、現実社会を解読する鍵としての"スタイル"という概念が、社会・文化的および美

[*5] まさにこの番組放送の前年にミラノ——『ノンソーロモーダ』の放送局の所在地であることは、なにも偶然ではない——で、トリエンナーレの機会にPAC〔ミラノの現代美術見本市の主催者〕がデザインとファッションに関する見本市を開催し、国際インダストリアルデザイン協議会［International council of Societies of Industrial Design］が国際会議を実施している［Calanca, 2002］。

第8章 イタリアン・ファッションとメディア/ニューメディア

学的な変化の中心に立ち現れる現象としてのファッションの支柱を揺り動かしている。また他方で『ノンソーロモーダ』では、ビデオクリップにみられるようなシンコペーションされたリズムによるモンタージュ——そこでは音楽が多用される——や、コマーシャル番組と同じような画面編集、まるで"演劇"をみるような音声の響きや細分化された台詞への注意など［Dall'Acqua, 2001/2002］にみられるように、メディアによるいっそう洗練された言語戦略の採用によって番組制作が進められている。さらにそのうえ、番組制作者側による新製品情報や展覧会、展示会の開催お知らせなどが、ファッションを"テレビの場"に根づかせることに拍車をかけている。『ノンソーロモーダ』では、しばしばテレビ・コマーシャルの制作現場が放映され、ファッションショーのバック・ミュージックのタイトルや作曲者、レコード会社名も字幕で流される。それは厚かましいほどの間接的宣伝といってよいが[*6]、80年代のファッションにみる出来事を着想した主人公たち——生産者だけでなく、ブランドや創造者を含む——の群像を語るには、実りある手法であった。

　90年代末には、民放レーテ・クワットロの『ティーヴー・モーダ [TvModa]』や国営第1放送局［RaiUno］の『エ・モーダ [E'…moda]』、Mtvの『スティリッスィモ [Stylissimo]』、国営第3放送局［RaiTre］の『バザール [Bazaar]』から地方放送局の番組に至るまで、ほとんどすべての全国ネットワーク放送において定期的にファッション番組が放映され、ファッションの世界の出来事はテレビ番組において欠くべからざるものとして日常化されることになった。いかにファッションがテレビ番組に深く統合されていったか

---

*6　ファッションの広告と記事の関係という、かつて女性雑誌の編集を巡って発生した問題が、ここで再びテレビにおいて浮上することになる。

は，イタリアでもっとも広く視聴されている番組——娯楽ニュース番組『ストゥリッシア・ラ・ノティーツィア[Striscia la Notizia]』——に登場する個性ある人物たちをみればわかる。同番組では，ヴァレンティーノ[Valentino]——1959年ローマのファッションショーでデビューして以来，ファッション界の"伝道者"であり，また風刺対象の"王者"であるデザイナー——の絶妙な物真似が登場する。いずれにしても，『ノンソーロモーダ』にみられるように，ショーやインタビューをリズム感と美的センスによって再構成していく番組形式が浸透していったことは，イタリアン・ファッションの発達過程の内部でテレビがいかに重要な機能を担っていたかを示している。じっさい，"ファッション・スター・システム"を奨励する情報提供の仕方を推し進め，同時にそのような情報に社会的価値を付与していくことは，社会から分離された"別"世界の出来事としてファッション界を語るこれまでのやり方を変化させてきたといってよい。それは，テレビやスポーツの世界にみる有名人の生活やナイトライフ，芸術・音楽にみる多様な"スタイル"への親近感を喚起しながら，エリートとの関係や若者の対抗的サブカルチャーとの関係ではなく，日常生活にみる消費の世界——ショッピング，アクセサリー，プレタポルテ，身だしなみ——や，"祝祭的な"装置が娯楽に果たす役割との関係を強化している。

　まさにこの祝祭的な次元こそが，イタリアのテレビにおけるファッションの歴史を独特な形に仕立てながら，それを発展させていくことになる。1986年以降，メディアの開催するもっとも独特なイヴェントとして，数多くの"ファッション・イヴェント"が実施されるようになるが，その最初のものがマーリオ・マッフッチ[Mario Maffucci]がプライムタイムの幅広い視聴者のために企画・

制作し，同年に国営第1放送局から放映された『ドンネ・ソット・レ・ステッレ [*Donne sotto le stelle*]』であった。印象的なスペイン広場を背景にヴァレンティーノやフェンディ [Fendi] 姉妹，ラウラ・ビアジョッティ [Laura Biagiotti] などのデザイナーが参加していることからも，それはイタリアの高級ファッション（アルタ・モーダ）の威信を再認識させるものであったといえる。舞台となった有名なトリニタ・デイ・モンティ教会の階段〔スペイン階段のこと〕は，番組内容の顕在的な趣旨――国内外の作曲家による音楽にあわせて各デザイナーのショーが順番に演じられた――だけでなく，その潜在的な趣旨――夕べに開催されたこのイヴェントをとおしてファッションのイタリア性を認識させること。したがって，そこに海外デザイナーが登場しないのは偶然のことではない――をも支えていた。『ドンネ・ソット・レ・ステッレ』は，たんに華やかさだけでなく，宣伝としての力をもみせつける絶好の機会を提供していたという点で，ファッション産業にとっての戦略的番組であった。このイヴェントを企画した全国ファッション会議 [Camera Nazionale della Moda] が，つぎなる1992年のイヴェントをライバル放送局カナーレ・チンクエに独占販売したことは，なにも偶然のことではない。90年代初期には，すでにイヴェント数は何倍にもなり，同チャンネルにおいても，その数は2倍，3倍にも達していた。カナーレ・チンクエが『モーダマーレ・ア・ポルトフィーノ [*Modamare a Portofino*]』といった番組を放送すると，国営第1放送局の方では1993年夏の番組スケジュールに『ローマの夏――ファッション・スターたち [*Roma d'estate: le stele della moda*]，『カプリ――太陽の薫りとタオルミーナ [*Capri: sapore di sole e Taormina*]』，『夏の一夜――月下のファッション [*Una notte d'es-*

tate: moda sotto la luna］』を組み入れ，民放グループ企業メディアセット［Mediaset］に横取りされたスペイン広場から会場をナヴォーナ広場に移しつつ，まさに対抗的な番組を制作することになる。最初に成功したものがその後に続く番組に対してある種のスタンダードを提供するというパターンは，このようなタイプのテレビ番組においてもあてはまり，この場合のスタンダードとは，高級ブランドと音楽，場所の魅力を集中的に結合するということであった。とくに最後の要素である場所の魅力を喚起することは，番組イヴェントを地域に誘致することによって地元の観光イメージを高めることを意味している。いずれにしても，このようなスタンダードのいくつかは"君主が民に与える祝祭"［Scipioni, 2002：121］としての性格を色濃く示していたものの，90年代末期になるとそれは，現場会場がより平凡なテレビスタジオの撮影セットへと移動したこと——国営第1放送局によって1999年に開催されたガッティノーニ［Gattinoni］のファッションショーなど——や，番組企画において焦点の絞り込みが図られたこと——Mtvの協力のもと国営第1放送局が99年にローマのポポロ広場を舞台に制作したイタリアの若者向けファッションショーなど——，国際的イヴェントの放映——99年の国営第3放送局による『国際ファッション賞［*World Fashion Awards*］』の放映——などによって，次第に"民主化"されるようになる。そしてこのような動きは，イタリア最大の番組イヴェントであるサンレモ音楽祭にまで飛び火し，97-99年の音楽祭においては，有名トップ・モデル——ヴァレーリア・マッツァ［Valeria Mazza］，エヴァ・ヘルズィゴヴァ［Eva Herzigova］，レティーティア・カスタ［Laetitia Casta］——が司会者の脇を固めることになる。

3.2　フィクション，ドキュメンタリー番組

　テレビ番組へのファッションの登場と浸透が，重要な社会領域（ファッションの話題性）と大衆娯楽の領域（テレビにおけるファション・イヴェント）とにおいて発展していったとするなら，その後の展開は，つぎにみる2つの方向性の複合化過程といってよかろう。そのひとつの方向性とは，すでに飽和状態にある番組欄をみればわかるように，情報番組の成熟化の方向性であり，もうひとつの方向性とは，テレビ番組にみるジャンルの拡大である。そのなかでもとくに顕著なのが，物語とドキュメンタリーとの2つの要素をあわせもつテレビドラマという広義のフィクションである。

　ドラマ性の高いフィクションについてまず念頭にあげられるのが，1986年に国営第2放送局が放映した，ファッション雑誌編集部の日常を描く『アトリエ [*Atelier*]』である。この全8回のエピソードからなる短いシリーズでは，ファッション産業とそのスターシステムの光と影が描かれていた。この番組で唯一創作されたものは編集部だけで，それ以外のものはすべて事実によって綴られていた。映しだされるファッションショーはミラノのプレタ・ポルテにみるそれであり，ビアジョッティ[Biagiotti]，フェンディ[Fendi]，フェレ [Ferré]，ミラ・ショーン[Mila Schön]，マリオ・ヴァレンティーノ [Mario Valentino]，ヴェルサーチェ [Versace] などが登場していた。映像写真はすべて本当のモデルが使われ，またビアジョッティやバロッコ [Barocco]，ミッソーニ [Missoni]，クリツィア [Krizia] など，メード・イン・イタリーを代表する有名デザイナーとの対談も盛り込まれていた [Dall'Acqua, 2001/2002]。そのなかには，元マヌカンで後にファッションデザイナーに転進したエルサ・マルティネッリ [Elsa Martinelli] の姿もあった。この

フィクションは，たんにファッションを経済的権力の策謀や"儚さ（エフィーメラ）の文化"として語るだけでなく，当時急激に拡大しつつあった消費の観点から，イタリアの産業とその創造力についても語ることによって，80年代の出版界がなしえなかった議論を浮上させていた。1990年に国営第2放送局によって放映されたアメリカCBS放送のテレビドラマ『ザ・ボールド・アンド・ビューティフル [The bold and the Beautiful]（イタリアのタイトル名はBeautiful）』——アパレル会社オーナーである富裕なフォレスター家の騒動を描いたドラマ——は，当初はあまり受けが良くなかったが，後にシリーズ毎回平均して6百万の視聴者を獲得するまでにいたる[*7]。フォスター家の人びととの縁戚関係をつうじて自らの社会的地位を獲得しようとするプチブル家族による陰謀，業界内でのライバル競争，ドラマシリーズの初期にみられたファッションショーをめぐって火花を散らす情熱など，これらはすべて身体と富とをオーバーラップする強い力をもっていた。すでに放映され成功を収めていたドラマ『ダラス [Dallas]』では，主役たちの富それ自体が独立した要素であったのに対して，このドラマにおいては身体こそが富そのものであり，ファッションは，それを身にまとい，着替え，美化するという"自然"からの離反過程をつうじて身体をまさに"財"へと変換するものとして描かれている [Colaiacono, 2000]。また1998年に国営第2放送局は，マルチェッロ・マストロヤンニ [Marcello Mastroianni] 主演，ルチャーノ・エンマ [Luciano Emmer] 監督作品のリメイク版ドラマ『スペイン広場の少女たち [Le ragazze di piazza di Spagna]』を放映した。そこでは，ファッション・モデ

[*7] 1993年より民放カナーレ・チンクエにて放送される。

ルになることを望む3人の少女たちが主役となり,ファッションの世界にスポットが当てられる。このドラマの成功をうけ,1999年と2000年に続編が制作された——当時と同じ主役たちが,卒業した同じファッション学校の教師になるという共通の運命をもって幕を閉じる——。近年ヒットした国営第1放送局制作のドラマ『女店員たち [*Commesse*]』——ローマ中心部の高級ブティックを舞台としたドラマ——にもみられるように,この種のドラマで設定されるファッションのイメージは,もはや社交や誇示,富,セックス,儚さといったそれではなく,むしろ"手の届く"夢,職場や人間関係の悩みから構成されるライフスタイルや仕事の世界にみられる現実性や日常性のそれであって,それは特異な物語としての対象というより,いつでもどこにでもみられる"コンテクスト"であった。

　イタリアでは伝統的にドキュメンタリー番組が少なかったことや,イタリアン・ファッションの急成長を歴史的に記録する必要性が高まっていたことなどから,1988年になってようやくテレビはファッション界についてのドキュメンタリー番組を制作・放映することになる。その最初のものが『ジャンニ・ヴェルサーチェ:美への欲望 [*Gianni Versace : voglia di belleza*]』である。そこでは,前年に殺害された彼の性格やデザイナーとしての革命的な人生行路が,アメリカ人の証言者たちやトップ・モデル,彼の親密な"助言者"であった舞踊振付師モーリス・ベジャール [Maurice Bejart] らとの対談をつうじて描かれている。このドキュメンタリーは,官能性と演劇性を備える彼の趣向とスタイルの過激さだけでなく,彼がクラウディア・シーファー [Claudia Schiffer] やナオミ・キャンベル [Naomi Campbel],リンダ・エヴァンジェリスタ [Linda Evangelista] といった"彼のお気に入り"のトップ・モデルをつくりあげ

ていった功績をも讃えている。この番組のつぎに挙げられるべきドキュメンタリーが，やはり国営第１放送局で制作された『アルマーニ：あるひとりの芸術企業家［*Armani:un artisita imprenditore*］』である。そこでは，「ファッション・ショーの情景に大物映画スターたちによる賛美の言葉が添えられる。彼らスターたちは，オスカー賞授賞式の夜に彼の衣服がもつシンプルで知的な優雅さを語ることに躊躇しない。ファッションショーの場面では，晴れ舞台においても手放すことのない彼の仕事着，ジーンズと"黒Ｔシャツ"を着ながら，モデルのメーキャップから舞台照明まで，全ての段階で自ら念入りにチェックするデザイナーとしての彼の姿が，バックステージにおいてとらえられている」［Scipioni, 2002：121］。これらドキュメンタリーの資料的な機能は，"芸術家の肖像"を描くという目的によって押しつぶされている。そこでは，悲劇的な死を遂げた人物の回想であれ，国中で愛される人物の功績であれ，まさに現代の神話を構成する真の断片としてのメード・イン・イタリーを代表するそれら人物たちが，歴史に足跡を残すことによって舞台を占領している。したがって，まさに1999年末に発表されたあるドキュメンタリー作品――それがイギリスで制作されたものであったことは，偶然のことではない――が，"成熟した"文化産業部門としてのファッションの新しい時代を，その構造的欠陥を隠すことなく，多くの情報資源と注意をもって切り開いていったことは興味深い。すなわちその作品とは，同年に民放レテ・ピュ［Tele ＋］で放映されたBBC制作の番組『アンダーカヴァー・ファッション［*Undercover Fashion*］』である。多くの新聞記事によって事前に話題作とされていたその番組は，イタリアン・ファッションの紹介の仕方において，ある種の"断絶"を与えることになる。その作品では，90年代

のミラノでの売春搾取や麻薬汚染といった不法活動が"秘匿"の世界から暴きだされ,メード・イン・イタリーの"伝説的"イメージが粉砕されている。当時はまだ,グッチ家の殺人事件やファッション界を巡っての金融界の贈収賄事件に関する記憶がいまだ鮮明に残っていた。これらすべてのことは,イタリアン・ファッションの成功物語に未知の複雑かつ不穏な兆候が浮上しはじめることを暗示していた。そしてイタリアン・ファッションは,衛星テレビやインターネットの登場を目前に自らの単一的なイメージを見いだすことなく,またメディアの世界において"主役"から"一般市民"へと地位を下げながら,あたかもプリズム通過光のごとく多様に成層化されたコミュニケーションのなかで必然的に分解されていくことになる。

4 ファッション産業とデジタル・メディア

文化と消費に関する情報伝達においてテレビが獲得した確固たる中心的地位を背景にしつつ,1990年代半ばからイタリアのメディア産業は,新技術の発達にともなう2つの方向での変化を経験することになる[*8]。そのひとつが,科学技術と通信におけるグローバル化という国境を越えた動きにイタリアが歩調をあわせていく方向であ

[*8] 1990年に,テレビ市場に初めて民間テレビ放送局が参入して以来はじめて,法律(「マンミ法[Legge Mammì]」と呼ばれる1990年法律令第223号)が放送体制の規制問題に取り組み,そこにおいて今日も続く国営放送と民放グループのメディアセットによる2極体制が承認されることになる。イタリアのメディア体制におけるテレビ支配は,この10年間の広告投資動向——年間投資額の50%以上がテレビに投資され,1994年でのそれは54%にも達している——をみればわかる[Aa. Vv., 2002]。

る。有料 TV（1991年）やデジタル放送（1995年）のサービスが開始され，ビデオゲームが爆発的に普及し（1994年），家庭用 PC の浸透も大衆的レイベルに達する（1998年に全人口の11%）。そして1999-2000年には，無料インターネット接続が提供され，インターネットを利用した大衆マーケットの時代が幕を開けることになる[*9]。また他方で，もうひとつの方向というのは，イタリアの文化産業におけるデジタル化の動きであり，携帯電話の場合をみればわかるとおり，1995-98年にかけてその動きは業者による表現豊かな宣伝と巧みな販売戦略もあって，急速かつ広汎な普及を果たすことになる［Borrelli, 2000］。このようなメディアを取り巻く新しい状況は，さまざまな主体によってその発展形態と時期を異にしながらも，イタリアのファッション界をも巻き込んでいくことになる。これからみていくように，なかでもインターネットは，今日まで続くこの変化の局面において，ファッション産業の主体間ネットワークのあり方においても，またファッション関連サイト固有の情報形態においても，これまでとは異なる情報通信戦略を構築していくためのひとつの機会を提供している。ここでの議論の最後には，ニューメディアとイタリアン・ファッションの動向との密接な関係，とくに近年のファッションと新しいテクノロジー，消費の場所とファッション消費との関係がはらむ重要かつ微妙な論点について触れることにする。

4.1　ブランド企業によるインターネット活用

　ファッション産業においてインターネットは一挙に普及したわけ

---

*9 イタリアにおける情報化とデジタル化の発達に関しては，ファッキノッティらを参照のこと［Facchinotti, et. al.］。

第8章　イタリアン・ファッションとメディア／ニューメディア

ではなく，げんに2000年の段階では，いまだオンライン活動とは無縁のイタリア企業もけっして少なくなかった。ただしその一方で，その他の文化産業部門にもみられるように新技術への注意は，企業の構造的次元から"ビジネス文化"へ──イタリアン・ファッションが職人工芸の段階から企業計画の段階へと推移してきたことは周知のことである──，またこれまでの慣習から個々のマーケティング部門による"ニューテクノロジー"の採用競争に対する企業の真の意味での情報統合力へ，という文脈において方向づけられてきた。ここでブランド企業だけを取りあげてみても──ファッション産業を構成する諸部門である教育訓練機関，繊維生産業者，卸売・小売業者，広報宣伝部門などは脇におくとして──，各企業のサイトが果たす"役割"は，以下のような4つの情報戦略によって概念化されるだろう。

　□展示戦略：いわゆるショーウインドウ・サイトに特徴的な戦略で，ネットワーク化の初期段階にあるファッション企業のオンラインに典型的にみられるタイプである。一般にこれらサイトは，ウェブ上に簡潔なブランド説明とカタログ・イメージ──たとえばロッコバロッコ［Roccobarocco］というブランドのサイト──，最近の宣伝キャンペーンを掲載する。とうぜんそこでの目的は企業紹介という点にあり，特定商品の表示をつうじて企業の基本的性格を提示するという"名刺"的な役割が，そこでは期待されている。

　□情報伝達戦略（商品・企業情報）：これはたんなる自社紹介だけでなく，自社を紹介する理念に企業やブランドのアイデンティティといった情報をも結合する戦略である。この戦略目的においては，サイトのコンテンツ，とくにその情報量や更新状況，企業イメージとサイト・デザインとの統一性，訪問・閲覧者とのコミュニケー

ションに必要なインタフェースの整備——ネット・コミュニティが形成されるかどうかにいたるまで——といった諸点がとくに重要なものとなる。すでに多くの企業が採用するこの戦略において，C.P. カンパニーにみる"ブランド志向"の事例は際立っている。同社は，全カタログ商品と最新の販売店情報を紹介するだけにとどまらず，過去のコレクションもアーカイブスとしてオンライン提供し，またオンラインでもオフラインでもブランド情報が伝達されるように企画された独自の文字フォントを提供している。またこの戦略は，総合アパレル企業グループのマルゾット［Marzotto］の"企業政策志向"型サイトにもあてはまるもので，同社は，経済・社会的動向に関するデータや情報の透明性について多大な注意をむけている点で，イタリア産業界でも際立った存在となっている。

　□販売戦略：この戦略は，ブランド情報の提供のみならず，それと関連する商品・サービスの販売を目的としたサイトに特徴的にみられ，おもに全国的な販売・流通網に任せる能力も意志もない中小メーカーによって採用されている。一般的には，「ミスターパイソン」（www.MrPython.com：ハンドバッグ），「カンフォラ」（www.Canfora.com：サンダル），「ケラッツィ」（www.Chelazzi.com：シャツ）といったニッチ市場を狙う企業や高度に専門的な——しばしば職人工芸的な性格をもつ——企業のサイトにみられる。さらにこの戦略方向には，「カンタレッリ」（www.Cantarelli.com）のように販売促進を"便利にする"ツールを備えたショーウインドウ型サイトも含まれ，そこでは情報内容の提供という従来の方法に加えて，ある一定の期間だけ"パーソナル・シルエット"と呼ばれるツールを用意し，利用者がオフラインでの購入以前に衣服が着られるものかどうかを確かめることを可能にしている［Scipioni,

2002］。

　□言語・象徴戦略：この戦略は，サイトの構成画面——画像やテクストの構成と配置のデザイン——をつうじてブランド・アイデンティティを提示し，かつそれを豊かにすることを企図するサイトにみられるものである。この戦略はその複雑さゆえにあまり実現されていないが，シーズン毎にサイトのフロント画面を全面的に変更するディーゼル［Diesel］のような一流ブランド企業では，この戦略が採用されている。じっさい，そこではメイン・メニューのバナー・タイトルのみが残され，キャンペーン毎にサイトの情報伝達スタイルが変更される——情報内容だけが変更されることはありえない——。たとえば2002年春夏のキャンペーン"スポンサリング・ハピネス［*Sponsoring happiness*］"では，一時的に制作された専用サイト（www.sponsoredbydiesel.com）が開設され，カタログ紹介以外にも，スポンサー活動をめぐって設置されたさまざまな項目——たとえば，架空のブランド・マスコットを紹介する専用ページ，"今月の社員"というコーナーを含む"利用規約"ページ，仮想通貨ディーゼル・ドルのみによって"購入可能"なmp3形式の音楽や壁紙などが手に入る娯楽コンテンツ，デジタル作家たちが制作した宣伝キャンペーンを紹介する"フレンドシップ・ギャラリー"など——が用意されていた。近年のディーゼルによるスポンサー活動もじつに示唆的で，ディーゼルの服を着た人物が登場するビデオゲーム『デビル・メイ・クライ2［*DavilMayCry2*］』の発表や，バルセロナのオンライン・フラッシュ・フィルム・フェスティヴァルでの"ディーゼル賞"——2002年の受賞者は子供服サイト（www.dieselkids.com）の制作に参加している——の創設などがその例といえよう。

4.2 ファッションとオンライン情報におけるイメージ

　最近10年間にみられるニューメディアとファッションの新しい関係は，情報サイトや娯楽サイトでのファッションという個別領域の扱われ方にあらわれている。これまでの"伝統的な"オフライン情報のオンライン化においてであれ，ウェブ情報サイトをつうじてであれ，ファッションをとりまく議論の内部で大きな変化が生じている。

　オンライン情報の実現により，紙媒体でのジャーナリズムに特徴な"素材"と内容，すなわちそこでの〈イメージとテクストとの関係〉に変化がみられるようになった。じっさい「モディタリア」（www.moditalia.net）といったファッション情報サイトや，「モーダ」（www.moda.it）あるいは「グラムール・コム」（www.glamouronline.it）のようなマガジン・サイトでは，写真画像と同じくらい，いやそれ以上にテクストによる豊富な内容が掲載されている。この両者にみるバランスは，最も発行部数の多いファッション雑誌の写真や広告ページのそれとは，かけ離れたものである。このような違いは，つぎのような3つの根本的な理由によっている。まず，"ウェブ情報の本来の性格"がイメージの絶対的優先を許さず，ファッション情報を含むオンライン情報は，視覚コードとテキスト・コードとの混成として提示されざるをえない，ということである。そのような「マルチメディアという職分」も，ジャーナリズムからけっして逃れることはできないのである［Stagliano, 2002］。また第2の点として"技術的な問題"がある。オンラインにおけるイメージは文章を圧迫することなく，"おおむねコンパクトである。というのも，画像は低解像度で処理されているため，そうしなければ画質が粗くなるからである"［Stagliano, 2002:39］。そして最

後にウェブ固有の"商業的形態"にかかわる点として，サイトでの宣伝広告——とくにバナーによる画像を利用した従来のそれ——があまり成功しなかったことで，別のビジネス形態がすぐさま導入されたこと——有料コンサルティング，サーチ・エンジンによる検索結果の表示など——が挙げられる。テクスト記事とのバランスにも"新しさ"が認められるとするなら，そのことによってもたらされた結果として，少なくともつぎの2つの点が指摘されよう。そのひとつは，ファッション情報の語り方を決定づけるイメージの役割が，単一の画像イメージの強調——雑誌にみられるような全面広告の効果は消えつつある——から，序列構造をもつページ構成でのもっとも微細なレヴェルでの意味の構築——ウェブ・ページにおいて写真画像が主役になることはありえず，それをなぜ，そしていかに活用するかが問題となる——へと移行したことである。そしてもうひとつは，オンライン情報の"形式"にみられるより一般的な変化で，そこではニュース情報サイト（企業間取引情報のそれを含む）や大規模イヴェント告知サイトの重要度が，消費者向け商品や商取引が優勢的な地位を占める"印刷"媒体の場合より高くなっている，ということである。

そしてこのような点に関して最後に指摘しておかなければならない点は，ファッションに関するオンライン情報にみられる〈イメージの性格〉についての問題である。じっさい，もともとは印刷媒体による情報——『グラムール[*Glamour*]』から『ドンナ・モデルナ[*Donna Moderna*]』にいたるまで——であっても，「マルゲリータ・ネット」（www.margherita.net）や「ファッションマガジン」（www.fashionmagazine.it）などのウェブ・サイト情報と同じく，旧来のファッション情報から図像の機能性を回復させるよう

な，イメージ上のなんらかの工夫がなされている。その点でまず重要なのは，使用されるイメージを"目立たない"ようにすることであり，そこでの"衝撃的な"イメージ——華麗な背景，大胆な造形的構成，複雑で不自然なフレームの利用など——は，"美的"感動を喚起しようとするあらゆる野心とは無縁なところにあり，あきらかに"控え目"かつ解説的なイメージに席を譲るようになる。このことは，たんに広告ページがなくなったことによるだけでなく，それと同時にこれまでの伝統的な写真画像の掲載がなくなったことにもよっている。ようするにそこでは，従来の広告イメージがもつ力が失われたということであり，弱体化したイメージでのシンボル生産というレヴェルで変化が生じているといってもよい。ファッション情報においてもっとも頻繁に登場するイメージが，いわゆる"ファッションショー"のそれであることは偶然のことではない。それは頻繁に開催されることのない特別な催しである一方で，もはやルーティーン化され，"技術的"なものとなっている。ショーである以前に現実の世界であるそこでは，衣服とそれを身につける身体とがクローズアップされることになる。しかしながら情報という観点からみるなら，そこには"記事"ないしイメージ——もちろん，ファッションのそれであることはいうまでもない——によって示される事実関係の記述だけでなく，"暴露されるべき現実"へと接近しようとする意図が認められる。ファッションの世界は，ますますその内部から，つまり新しさが提示される瞬間のみならず，トレンドが生みだされていく渦中において語られるようになってきたといってよい。ところが，このようなファッションショーの花道（キャットウォーク）での衣服がもつ中心性に対して，"商品サンプル写真"といった"平板な"画像イメージを多用することや，写真

による商品の詳細説明——アクセサリー商品やその使い勝手の説明によくみられる——などにみられるように，それとは真っ向から対立するオンライン上のイメージもやはり存在している。パンフレットの商品写真のごとく画像を表示することは，純粋な意味で美学的な問題たりえず，むしろ従来のカタログ販売商品の場合と同じように撮影されたファッション商品に対する"親しみやすさ"を引きだす，という隠された意図の問題となる。たしかにオンラインにおいて見世物的なイメージを構築していく能力が"弱体化"しているにしても，そこでのシンボル化の過程は，あいかわらず健在である。むしろその見せ場が変わっただけといってよい。見世物的なイメージがもつ強い衝撃力は，ファッションショーそのものへの参画によって獲得されるようになり，クリツィアが1999年に実践して以来，撮影技術やストリーミング技術の発達によって，ブランド商品と一般大衆との新しい関係がつくりだされつつある。いずれにしても，このようなオンライン上の画像コンテンツによってもたらされる新しい関係について，ある種のイメージ画像——クリックすることで説明がみられるように仕組まれたモデル写真のギャラリーなど——がウェブにおける覗き見趣味的なコンテンツと結合され，トップ・モデルの肉体をつうじてゴシップや裸体イメージ，新しいスターの形，すなわちモデルについての興味関心を集める役割をますます果たすようになっている，という点も最後に付け加えておこう。

4.3 ファッションとニューメディアの"ファッション性"

　新しい情報技術にみられるデジタル化のプロセスによって，メディアとファッションの歴史的関係のいくつかの側面が影響をうけ

てきた。とくにイタリアの場合，ニューメディアはファッションの社会情報としての役割を再定義することにおいて一定の役割を果たしており，そのことは，"身体とテクノロジー"および"ライフスタイルと消費行動"といった関係において認めることができる。

最初の問題に関しては，少なくともつぎのような2つの事例が興味ある問題を提起している。その第1のものは，アクセサリー業界における携帯電話の大衆的普及による影響であり，イタリアでは1999-2000年に爆発的に広がった現象についての問題である。鞄や日常用リュックサック，ショルダーバッグ，スキー用ジャケット，普段着用セーターなど，多くの商品が"携帯電話用ポケット"を備えるようになった。ニューメディアの力が衣服の機能と外観を変化させたこの明らかな事例は，その後に"Mp3用ポケット"付きジャケットなど，さまざまな形へと発展していくことになるが，これらの動きは，まさに90年代にマサチューセッツ工科大学（ボストン）によるウェアラブル・コンピュータに関する研究開発コンセプトで提起されていたものである。また身体とテクノロジーの関係に関する別の事例も，やはり携帯電話において実現された技術的次元にかかわるものである。2001年以後，従来の携帯電話とは機能的には変わらないものの，外観ボディに高価な素材を使用したもの（ノキア社製のVertuシリーズなど），携帯の仕方が異なるもの（首掛式など），特異な形状のもの（シーメンス社製Xelibriシリーズのような雫形や星形をしたものなど）といったように，スタイルやデザインが大きく異なる携帯電話が市場に出現するようになった。この点で興味深いことは，モノとしての携帯電話がもつデザイン機能が，とりわけ個人用情報端末としての域にとどまっていることである。じっさいこのような新しい携帯電話においては，外観的に"良

第8章 イタリアン・ファッションとメディア／ニューメディア

くつくられたもの"であることや，手のなかに収めるに値する"スタイリッシュなモノ"としての美しさをもつことが重要となる。これら携帯電話の新しいモデルは，人間工学の概念からいってもスタイルのひとつの要素を構成しており，情報技術をつうじて衣服のように"着飾る"こと可能にしている。このようなデザイン上の戦略は，エリクソン社製やノキア社製のブルートゥース用イヤホーンなど，携帯電話用アクセサリーにおいて完璧に実現されているといってよい。

また最後に残された問題，すなわちファッションに関連した消費行動へのニューメディアの影響については，多岐にわたる議論の方向性を考慮しつつもここでは，イタリアでのデジタル・テレビ放送の消費のされ方にみられるひとつの側面，すなわち街角での娯楽提供資源となっている衛星放送チャネル——商業デジタル放送から提供される無料放送を含む——の事例について概観しておくことにしたい。バールやカフェなど昼間の街角に以前から普及していたテレビは，90年代にはパブやディスコといった夕方・夜間に活況する多くの娯楽場所に新たに進出していった。このような状況は，高価な受像機（デコーダー）や受信契約によってのみ視聴可能であったデジタル放送が提供するスポーツ番組を契機としてもたらされたものであるが，その後，衛星テレビ放送によってもアクセスが可能となったことで，その普及が一挙に拡大していった。放送局テレ・ピゥ［Tele＋］やストリーム［Stream］との受信契約料金を償却するという単純な理由もあってか，多くのパブ経営者たちは，スポーツ試合のない夕方にも娯楽番組を流すようになった。Mtvがあたかもラジオのように流されていた——若者の嗜好にあわせた最新音楽を提供することができた——時期も当初あったが，まもなく多く

のパブやディスコは、とりわけ映像を中心とする番組――おもにビデオクリップ、ドキュメンタリー、ファッションショーといった番組――を流すために店内のテレビを"つけっぱなし"にするようになる。90年代末から今日まで多くのナイトスポットでファッション・テレビ[FashionTv]*10が成功しているのは、同番組チャンネルが情報提供というよりむしろ雰囲気づくりの道具――しばしば音声なしで、店内の壁をスクリーンにして投影される――として利用されているからに他ならない。この場合ファッションは、イメージや欲望、親密さのシンボル的世界として、パブやディスコでのコミュニケーションと共有しうる要素を含みながら、そこに溶け込むことになる。じじつファッションショー番組は、スター・モデルへの羨望のまなざし（舞台裏でのインタビュー）、肉体の中心性（衣服やアクセサリーの他に、エロティックなカット映像）、ショーの"独占性"（ときにショーの招待客である VIP がクローズアップされ、インタビューされる）を喚起しつつ、他方でパーティーやショーのセット、誘惑に満ちた役柄など、ナイトスポットにおけるコミュニケーションの場に典型的にみられる要素を鏡のように映しだす。これらすべての要素は"意図"の調和という"頂点を目指して"漂っているといってよい。創造性と趣味趣向を際立たせるための場所のデザインは、スクリーン上の衣服のデザインが示すスペクタクルと融合している。

---

*10　1997年米国で放送開始され、2000-2003年にイタリア語版が登場した。ただ当時は、まだスカイテレビによる放映ではなかった。

第8章 イタリアン・ファッションとメディア／ニューメディア

■文献

Aa.Vv., *L'industria della comunicazione in Italia : Sesto rapporto IEM*, Milano : Guerini e Associati, 2002.

Aa.Vv., *Il grande libro della stampa italiana. Edizione 2003*, supplemento a "Prima Comunicazione" n.328, aprile 2003.

Borrelli, D., "Il telefono," in M. Morcellini, (a cura di), *Il mediaevo*, Roma : Carocci, 2000.

Calanca, D., *Storia sociale della moda*, Milano: Mondadori, 2002.

Carrarini, R., "La stampa di moda dall' Unità a oggi," in C. M. Belfanti, F. Giusberti (a cura di), *Storia d'Italia. Annali 19 : la moda*, Torino: Einaudi, 2003.

Censis, *Moda e Comunicazione*, Milano : Franco Angeli, 1993.

Codeluppi, V., *Che cos'è la moda*, Roma : Carocci, 2002.

Colaiacono, P., *Tutto questo è Beautiful*, Roma : Luca Sossella Editore, 2000.

Colombo, F. e R.Eugeni (a cura di), *Il prodotto culturale*, Roma : Carocci, 2000.

Dall'Acqua, F., *La tv parla di moda*, tesi di laurea a.a. 2001/2002, Università Cattolica di Milano.

Facchinotti, L, F. Pasquali, e M. Stefanelli, "Discorsi sociali, soggetti mediali e costruzione del sapere tecnologic o: il caso della diffusione della cultura informatica in Italia," in L. Bovone e E. Mora (a cura di), *Saperi e mestieri dell'industria culturale*, Milano : Angeli (in corso di pubblicazione).

Giacomoni, S., *L'Italia della moda*, Milano : Mazzotta, 1984.

Grasso, A., (a cura di), *Enciclopedia della televisione*, Milano : Garzanti, 1996.

Lilli, L., "La stampa femminile," in V. Castronovo e N.Tranfaglia, *La stampa italiana nell'età della tv*, Roma–Bari : Laterza, 1994.

Pilati, A., "La pubblicità dei mezzi di comunicazione," in V. Castronovo e N.Tranfaglia, La stampa italiana nell'età della tv, Roma–Bari : Laterza, 1994.

Scipioni, D., *La moda*, Napoli : Ellissi, 2002.

Simonelli, G. (a cura di), *Speciale Tg : forme e contenuti del telegiornale*, Novara : Interlinea, 2000.

Testa, S., "La specificità della filiera italiana della moda," in C. M. Belfanti e F.Giusberti (a cura di), *Storia d'Italia. Annali 19 : la moda*, Torino : Einaudi, 2003.

Volli, U., "I settimanali," in V.Castronovo e N.Tranfaglia, *La stampa italiana nell'età della tv*, Roma-Bari : Laterza, 1994.

Volontà, P. (a cura di), *La creatività diffusa*, Milano : Franco Angeli, 2003.

第9章 永続する歴史的存在としての イタリアの地理的運命
――イタリアン・ファッションの審美的価値――

ジョヴァンニ・ベケッローニ
(フィレンツェ大学)

「……見つめ,見つめられ,そして喜び」
　　　　　　　　　　――ジャーコモ・レオパルディ『村の土曜日』
「おそらくイタリアほど豊かな国をヨーロッパでみつけることはできないであろう」
　　　　――ルッジェーロ・ロマーノ『イタリア史:その根源的性格』
「……私は自分の原稿が地中海的想像に由来するものであると信じる。私は,『姿』――人々,タイプ,修辞,スタイル――,つまり不完全で概念的な心理学に依拠した思考様式を取り戻す企てにおいて,ルネサンスのことを考えているといってもよい。

　物理的な地理と想像上の地理があるという事実……イタリア人の精神や心,魂が美学にもとづく思考に応じてあるという事実についての想像。私にとって,地中海的な想像において書くということは,審美的な感受性に重要な役割を与えることを意味している。

　我われが何を考え,どのように考えるかということは,イタリアにおいては極めて重要である。なぜならそのことは,我われがいかなる存在であるのかを決定するからである。

　イタリアには,何かを発展させることに熱中する一種の集合的な意識がある。

　私にとって西洋文化全体は小宇宙にあるが,このことは,他のいかなる場所よりイタリアにおいて,いっそうあてはまる。」
　　　　　　　　　　　　――ジェームス・ヒルマン『生活の言語』
「……自我もしくは他に何らかの機能をもちうるものを必要とせず,経験から独立した人間精神が示す唯一の能力は,論理的な推論である……たしかにそれは,経験を獲得し,生き,共有化された世界において自ら

の人生を知るために必要な相互信頼と共通感覚をひとたび喪失した人間に立ち返ることを可能とさせる唯一の『真実』ではある。しかしこのことは，空疎であり，実際にはまったく真実でないといわざるをえない。なぜなら，それはとくに何をも明らかにすることがないからである（近代の論理にみる方法によって一貫性を真実と定義することは，存在ないし真実を否定することを意味している）。」

——ハンナ・アーレント

1　はじめに

　この章では，私が現在進めている研究を精緻化するであろう新しい視座において，イタリア文化の理解にむけたアプローチを素描することを試みる。この視座のおもな特徴は，国民国家の形成と関連しながら19世紀のヨーロッパにおいて構築されてきた国家主義的視座と対立することで組み立てられ，また，グローバル化や個人主義化への不断の過程とに関連づけられる。

　筆者のアプローチが負う重要な課題は，人間が他の動物や生物と比較して，いかなる典型的な特徴をもっているのかをより良く理解するための方法を見いだすことである。すべてに共通するものが何であり，また何が現在の相違をもたらしているのか，ということである。そこでの考え方の中心は，次の２点に関係している。すなわち，1)学習し，コミュニケーションし，考え，自分が何を行っているのかを意識する人間の能力，2)個人的および集合的に人間のアイデンティティが形成される過程に果たす場所や記憶，危険への覚悟および意思決定の役割，である。

　私の考察は，地球規模の世界において明確に区分できる共通の領土的場所，すなわちアジアやアフリカ，ヨーロッパ諸国と接する海

洋の中心に位置する半島に住むという事実を共有する人びととして，イタリア人を洞察することである。イタリアやイタリア人をそのような観点からみるなら，永続する彼らの歴史的存在について理解することで，今日にみられる多くの対立的問題をよりよく理解することが可能となろう。私の仮説によると，これら問題のほとんどは，民族性や血統，文化に対する不変的ないし静態的な考えに強固に結びついているアイデンティティや複数のアイデンティティに関する，厳密な概念規定によって作りだされている。

ここにおいて我われは，イタリアがなぜ長期（11世紀から17世紀）にわたり西洋世界の経済的・文化的な中心地たりえたのか，なぜ今なおイタリアがファッションや贅沢さの中心地であるのかをも理解することができるだろう。そのことによって最終的には，イタリアと日本との共通点が何であるのかを見いだすことになろう。

2 魔法の瞬間

まず私は，イタリア人であることに関する個人的な経験を物語ることから紐解くことにしたい。

2003年8月末，ブラジルのサンパウロ市に滞在していた私は，イタリアのフィレンツェから7ページにわたる手書きの手紙を受け取った。その手紙は，95歳になるパレンティ神父からのもので，彼はカトリック司祭であるバルナバ会修道士であった[*1]。1048年当時，私の家族がシエナ地方[*2]の南部の片田舎に住み，私と弟を権威あるカトリックの寄宿学校へやることを決意して以来，彼は私の先生であった。ギムナジウム時代（1948-1956年）に私たちは，寄宿学校の司祭でありながら，またさまざまな科目を担当する教師たちの

ことをパードゥレ〔神父かつ父親という意味〕と呼ぶのが常だった。パードゥレは，我われにとっては教師であると同時に宗教的指導者でもあった。ギムナジウムを修了し，政治科学部での大学生生活を開始したとき*3，私は宗教に関する考え方を変え，彼と接触することはなくなった。近年になってはじめて私は，人間に対する宗教の重要性について深く考えるようになり，自分が10代の頃にもっていたカトリックへの愛着のようなものを再び感じ始めていた。そして私は，いまなお非常に活動的で良識に溢れているその旧知の教師と，ことあるごとに面会するようになった。彼は，私の仕事やイタリア文化に関する研究のこと，またさらに，私がブラジルの近代化に貢献したイタリア人について研究するためにブラジルに渡航しようとしていることを知っていた。そこで彼は，私の研究プロジェクトに役立つ人びとを紹介するために私に手紙を書いたのであるが，その手紙に私は強く感銘をうけることになった。それは，とりわけ次の一文にであった。「君は若く，来る数十年を見ることができる

*1　16世紀に創立されたバルナバ修道会は，イエズス会より小規模で力の弱いカトリックの一会派であるが，イタリアや海外（今日では，とくにブラジルやアフリカ諸国，フィリピン）においてカトリック教育を精力的におこなっている。国民国家としてのイタリア統一（1861年）後の長い間，バルナバ修道会の学校は，イエズス会のそれと同様にイタリアの上流貴族やブルジョア家庭の子弟が進学する高等学校（ギムナジウム）であった。そこでは，学生のほとんどは8年間の全教育課程をつうじて寄宿生活を送りながら，勉学に励むことになる。国家統一後の5年間（1865-1870年），首都が置かれていたフィレンツェに，これら学校のひとつ（「アッラ・クェルチェ」[Alla Querce]という名前の学校）が開校した。この同じ時期，新生イタリア王国の初代貴族院（上院）議長を務めたピエモンテ地方の由緒ある貴族が，パリ大学でのヨーロッパ初の政治科学部をモデルに，私立大学として社会学術院[Istituto di Studi Sociali]をフィレンツェに開学（1875年）し，新しい国家に必要な秀逸な人材を養成することを企図する．

　この両学校――「アッラ・クェルチェ」と学術院（後に「チェーザレ・アルフィエーリ」[Cesare Alfieri]という貴族の名前が冠される国立フィレン

第9章　永続する歴史的存在としてのイタリアの地理的運命

だろう。私は君の研究が成功することを確信している」。

この手紙を読むまで私は，65歳の老人として，これまでのように人生のゲームを楽しむ余裕などないと感じていたし，自分の研究プロジェクトが完成するにはなおも多くの年月を要すると考えていた。私は，残された時間からの圧力を感じていたのである。恩師の手紙は，まさに「魔法の瞬間」と新しいエネルギーを私に与えるものであった。私はそれを好機ととらえ，自分の進める研究が，私自身だけでなく後に続く者たちにとっても有益なものとなることを実感した。

ブラジルにおいて私は，現在ローマ大学から留学中でポルトガル語に堪能な28歳の長女とともに，現地のイタリア系ブラジル人に関する面接調査や視察，資料収集とその解読などを精力的に進めていった。

そのころ，私がここで新しい視座と呼ぶものに従いながらイタリア文化について考え，原稿を書き始めたとき，別の「魔法の瞬間」

ツェ大学政治科学部となる）は，その後100年もの間，権威ある指導的な教育機関として，イタリア国内のあらゆる地方から学生を呼び寄せていた。
*2　そこはチェトーナ［Cetona］というエトルスコ時代の名前をもつ場所であった。1559年（それまでの約4世紀間，貴族制によって非常に強力で繁栄していたシエナ共和国が崩壊した年）から1861年まで，トスカーナ大公国とローマ教皇領との境界は，チェトーナからほんの2マイルほどの距離にあった。トスカーナ公国の成立期に，最初の大公であるメディチ家のコージモ1世は，トスカーナ軍の将軍ヴィテッロッツォ・ヴィテッリ［Vitellozzo Vitelli］の所領地であるチェトーナに城郭区域を建設し，彼をチェトーナの侯爵に任命した。この侯爵は，3つの城門（夜間は閉門されていた）をもつ城壁に囲まれた丘陵地にある城郭より低い場所に，まもなくルネサンス様式の自邸を構えることになる。16世紀後半に建てられたその邸宅があった場所には，広大な広場が数世紀をかけて形成され，私の家族は，私が幼少の頃その地に住んでいた。
*3　つまり私は，新しい国民国家イタリアを構築する目的をもって創設されたフィレンツェの2つの教育機関で教育を受けたことになる。

第Ⅱ部　ファッションと文化・コミュニケーション

を私は回想することになる。

　それは1982年の初秋だった。当時私はナポリ大学社会学部長として教鞭を執っていたが，その学部はイタリア社会学に多大な貢献を果たしたジーノ・ジェルマーニ［Gino Germani］を称え，彼の名前を冠していた。彼は，長年アルゼンチンにおいて研究生活を送り，近代化のプロセスに関して社会学に重要な功績を残している。その時期，私はジャーコモ・プッチーニの有名なオペラ『トスカ』が初演された教会（サン・アンドレア・デッラ・ヴァッレ［S. Andrea della Valle］教会）の近くにある，ローマ中心部の小さなアパートで週の何日かを過ごしていた。私は，２人の娘の良き父親であるべく，1978年に彼女たちのフランス人の母親と私が離婚して以来ローマに住んでいた。

　10年間にわたるイタリア南部での研究・教育の経験（私はナポリに来る前にバーリ大学で４年間教鞭をとっていた），ナポリ東洋大学の仲間たちとの交流や読書から培った東洋文化に関する知識，ヨーロッパ全体にまたがる研究活動，ジーノ・ジェルマーニからの影響による南アメリカへの興味や，私の母がカナダ人であったこともあり北アメリカに対する生来の関心など，これら異なる経験のすべてによって，現在私が追究する一種の比較論的視点が私のなかで形成されつつあった。追究する新しい考え方が私のなかでどのように成長し始めたのかを確認することは，じつに興味深いことである。

　週３日，２人の子供とローマに滞在している時（この忘れがたい経験が始まる時，娘のマシューは８歳，バルバラは３歳であった），娘たちが寝る前によく彼女たちに本を読んで聞かせていた。もっとも人気があったのは『ピノッキオ』で，彼女たちが望めば続

第9章　永続する歴史的存在としてのイタリアの地理的運命

けて2回も読むことがあった。この不思議な物語には、〈遠いアメリカ〉についての一節がある。訪れたいと望む場所であると同時に、訪れなければならない場所でもある地を前にしたような非常に複雑な心境のもと、この物語を子供たちに読み聞かせた後に私は、自分の人生の時空間を遥かに飛び越え、1948年にチェトーナを離れてからの出来事を一種の移民プロセスのようにさせている、その地での幼少時代を思い起こした（フィレンツェからミラノ、ローマ、バーリ、ナポリへという私のイタリア国内での移動は、あたかも多くのイタリア人が〈遠いアメリカ〉へ海外移住していった移民のプロセスかのようである）。そして私は、自分と娘たちにとってチェトーナに帰郷し、私や祖父から聞かされてきた場所がその地であることを彼女たちに教えることの重要性を考えていた。

1981年にチェトーナに小さな家（積み重なる3つの部屋からなる）を借りる機会に恵まれた。その家は、古い地区を囲む城壁の3つの城門のひとつを少し出た場所にあり、小さな庭がついている。私たちは週末にチェトーナを訪れるようになり、ほとんどの時間を3人で過ごし、人生のひとときを共に経験するようになった。

ところでサンパウロでの日々では、私は神父先生が威厳に満ちた95歳の視点から私に書き伝えたことの意味を噛みしめながら、いまだ「若者」としての立場から、自分がそこにいる理由や何を本当に求めているのかを考え始めていたが、そのとき私の心には別の魔法の瞬間が訪れ、いわば郷愁とでもいうような満たされた当時の感覚がよみがえってきた。

それは10月末の日曜日のある朝であった。私たちがチェトーナでの週末を過ごしているとき、私はいつものように早く起き、木製の階段を下りて衣装箪笥で仕切られた別々のベッドで寝込んでいるマ

第Ⅱ部　ファッションと文化・コミュニケーション

シューとバルバラに接吻をしてから，1階に下りて小さなストーブに薪をくべた。そして自らコーヒーを入れ，子どもたちの部屋に戻ることにした。私は，いつも彼女たちが学校の宿題をしている小さな机の前に座り，彼女たちがまだ寝ている間に原稿を書くことにした。私が毎週日曜日の朝に書くことにしている原稿というのは，トリノの日刊紙『ラ・スタンパ』が2年間ほど連載している記事で，毎週月曜日の第3面全体を使って〈変化するイタリア〉に関する広範なテーマをさまざまな観点から論じるものであった。私の仕事は，週ごとの特定のテーマに関して，この30年間に起こった社会変化を社会学的な観点から，その巻頭文を書くことであった[*4]。

　机の前の私の位置からは，こぢんまりとしたとした菜園に向かって開かれたフランス窓を通して，外にある小さな2本のオリーブの木と3本の古いブドウの木が見える。ブドウの黄色い葉が風にそよめき，灰緑色のオリーブの葉は近くの家の古い壁に溶け込んでいた。その背後には，緑の谷と黒ずんだ緑色をした巨大な山が見える。私はしばらくドアを開けっ放しにしていたが，聞こえるのは，ただ風ささやきと，時々鳴き声をあげる犬と雄鳥の声だけであった。

　最近30年間の変化について思いを巡らしていたが，それが物事や態度の表層でしかないことは明らかであったので，私の心は過去数世紀にまで立ち戻っていき，思考がいっそう大きく広がっていった。小さな家や窓から見える大きな山は，4千年前に造られた洞窟や集落の跡（イタリアでもっとも古い史跡），エトルスコ時代の墓，ローマ時代の路，中世の教会など，私が幼い頃に見つけた古代

---

*4　これら論考の幾つかは，1986年刊行の拙稿に所収されている［Bechelloni, 1986］。

の痕跡をすべて残しながら、私の目の前に姿を現していた。私は、現代のイタリア人のアイデンティティをより良く理解するためになすべき研究のことを考えるようになり、比較論的立場に近づいていった。言い換えるなら、非常に長期にわたる期間と、広大な場所的距離とにみられる類似点と相違点とを明らかにするべく、多角的な研究計画を着想し始めていた。

人類すべてに共通するものは何か？ 異なる時間と空間に住まう異なる人間集団を分かつ特徴とは何か？ これら特徴のうちの何が、そしていつ、移住プロセスや知識・経験の世代間を通じた伝承によって空間と時間を越えることになったのか？

1982年秋のある日曜日の朝、このような問題を心に抱かせた魔法の瞬間において、私は机の前に広がる景色と、私がその瞬間まで人生において得た個人的経験の意味とを理解しようと努めた。私は比較社会学への現象学的アプローチと歴史へのコミュニケーション・アプローチを考えていた。

3 地理的運命と歴史的存在

比較論がもつ利点を活用しうるためには、長い実践が必要となる。時間と空間をまたぐ旅の経験を獲得しなければならないし、旅をすればするほど、人びとや場所、構造や出来事に対する眼差しの方法が変化していくことを認識しうることになる。いかにして、これまで慣れ親しんでいたことが疎遠なものとなり、逆に疎遠なものに慣れ親しむようになるのかを、少しずつ理解するようになる。ある種の新しい物語を作り上げつつ、最終的には世界観を拡張することになる。それと同時に、社会的世界に対する全体論的見方や、瑣

末な事実や出来事に対する分析的アプローチを獲得しうる視点に到達するようになる。

　旅の経験をいかに得るかという点については，多くの異なる方法がある。とくに18世紀から19世紀のヨーロッパにみられた古典的な方法に，イタリアへの〈大旅行〉[Gran Tour] というのがあった。裕福な貴族ないしブルジョア階級の息子たち（娘は極めて稀であった）は，二十歳前後になると自らの教育を完成させるべくイタリアへ長期間旅にだされた。彼らにとってそれは，歴史的世界（エトルスコ時代やローマ時代の遺跡，中世都市，ルネサンス期の壮観）や美的世界（芸術の傑作，景観の色や調和），地中海的生活様式（音楽，食事，人びと，太陽の光），そしてさらなる壮大な世界（歓喜や誘惑）など，異世界に全面的に没入するためのまたとない機会であった。

　この〈大旅行〉とほぼ同じような方法が，19世紀後半にアメリカ大陸を中心とするヨーロッパ以外の国々で，裕福な青年に対する教育の一環として取り入れられていた。

　比較論的視野を得るためのより安価ではあるが有効な方法は，古代史の学習に熱心に取り組むことである。イギリスの著名な歴史家（アーノルド・J・トインビー）は，ギリシャおよびローマの古代史を学ぶことが文明の存立と繁栄，消滅への理解を深める重要な経験となることを指摘している。またそのような学習がもつ別の利点は，現代社会を考察するときにともなう情報過剰に煩わされることがないという点である。

　またその他にも，まだ利用可能な方法がある。20世紀の人類学的研究がもたらした，世界中の地域にまたがる経験である。ルネ・ジラール [Girard, 2002] の指摘する方法論的自覚をもって今日の人

第 9 章　永続する歴史的存在としてのイタリアの地理的運命

類学者の多くは，文化の類似性より差異点を強調する傾向にある。また，これまで述べてきたこと同じくらい重要なものとして，異文化および異時代の偉大な作家による小説や歴史書を読むことによって比較論的視野を得るよう努める，という方法がある。これらすべての方法は，研究対象に過度に包摂されることなく，自らの文化を観察し，解釈するために必要な視点の獲得に役立つだろう。ドイツの偉大な社会学者ノルベルト・エリアスは，理解しようとする対象からの分離と包摂の重要性について，我々に教えている。

　これらの方法論的前提をもとに，イタリアやイタリア人に関して比較論的視点から検討するなら，イタリア文化がもつ幾つかの重要な特徴を明らかにするのに役立つ 2，3 の主だった事実に，すぐさま気づくことになる。

　第 1 の点は地理に関するものであり，第 2 のそれは歴史に関する点である。この 2 つの点からみると，約千年（広義の歴史的概念では少なくとも 4 千年）ものあいだイタリアと呼ばれてきた場所は，地中海という閉ざされた大海の中心に位置する半島と島嶼から構成されていることがわかる。そこは，少なくとも 2 つの事実，すなわち温暖な気候と，周囲にあるアジア・アフリカ・ヨーロッパの 3 大陸からもっとも接近しやすい位置とによって特徴づけられる。

　また次のような事実にも留意しなければなるまい［Diamond, 2001; Nolte, 2003］。1)アフリカを起点として人類の進化が起こったこと，2)人類は東方へと移住していったこと，3)歴史は約 5 千年前に〈肥沃な三日月地帯〉と呼ばれるアジアにおいて開始されたこと（農業の分業や文字，都市），4)人間は中東から東方と西方への二股に移動したこと，5)中央アジアの砂漠・山岳地帯と比較して地中海はもっとも利用しやすいコミュニケーション手段となっていたた

321

め，西方移動が一層容易であったこと，である。

　地理的観点からいって，こんにちイタリアと呼ばれる場所が地中海域に位置する他の場所よりも戦略的に優位な場所あったことを断定することは，さほど困難ではない。そこは安定した温暖気候にあり，世界中の異なる場所から航路によって到達可能であった（広大な海岸線による）。そのため，非常に長い時間をかけて異なる場所（アジアやアフリカ，ならびにヨーロッパ北方）から人びとがイタリアに入り込み，ある時期より，海洋性の温暖気候の場所で生活を共にする異なる民族の間での複合化プロセスが起こり，生産的な革新プロセスが開花していくことになる。

　まず南イタリア（プーリア，バズィリカータ，カラーブリア）においてメッサピア文明が誕生し，そこでは農業が発展し，アジアから都市のモデルが輸入された。

　そしてその後，アジアと先住民族とのあいだの複合化過程の結果として，エトルスコ人による一層複雑な文明が続くことになる。ローマとフィレンツェのあいだに広がる中央イタリアに居住していたエトルスコ人（ただし彼らは，北はボローニャ，南はナポリからも移住していた）は，西洋文明の祖と考えられており，紀元前7世紀から2世紀に繁栄している。そこでは，農民（ギリシャからオリーブや葡萄を持ち込んでいた）や都市建設者（半円アーチの「発明」），抗夫，船員などによって，貴族的規律による文化が生み出されることになった（いわゆる「エトルスコの規律」はローマ時代においても非常に重要視され，ローマ貴族たちはエトルスコ人都市の学校へ子女を送りだしていた）。

　さらにイタリア南部にギリシャ人が入植してくると，彼らはそこに移住地・大ギリシャ［Magna Grecia］を形成し，アテネの5世紀

第9章　永続する歴史的存在としてのイタリアの地理的運命

モデルをもとに，市場と商人，学園と哲学者，劇場と俳優，貴族的市民による討議と意思決定の場としての評議会［aeropago］など，重要な社会制度や社会的規律を「発明」していった。これら制度や社会的規律は，その後幾世紀にもわたって人類の歴史，とりわけ西洋文明において中心的な役割を果たすことになる。これらの諸前提なくしては，コミュニケーションや民主主義を語るときの個人の近代的概念は考えられまい。

　今日イタリアと呼ぶ場所において，ローマ文明以前に起こったこれらすべての歴史的出来事は，記憶されるべき重要性をもっている。というのもそれらは，地理と歴史との相互依存を説明しようとする考え方に合致しているからである。地理は，すでに与えられたものであり，人間がその場所の利便性や有益性を見いだす以前から，また有史以来，異なる民族や文化の住人たちが長年の移住プロセスによって現在の姿を形成するに至る以前から，存在している。私の理解する限り，そのような仕方で創造された場所は他にはない。そこは，地中海域の他の場所（もしくは，さらに別の場所）と類似しつつも，今日の世界にみる多様な場所のなかでも，とくに複合化プロセスが顕著にみられる場所であったといえる。

4　移動性と複合化，貴族社会と贅沢さ

　歴史書に記されている幾世紀の過去に対する深い洞察をもって，今日のイタリア人の個別的な経験（それは，日常生活において彼らを取り巻く祖先たちへの生き生きとした記憶によっても形作られている）をみるなら，イタリアン・ファッションにおける審美的な価値，すなわち〈メード・イン・イタリー〉の源流をより深く理解す

ることができる。まさにそれは，コミュニケーションと劇場性，つまり広場と建物，教会と劇場，喜劇と悲劇，オペラと音楽をつうじた人生のゲームを演じる人びとの富と幸福とに関する長い歴史に由来している。

イタリアは，労働と生活に快適であるがゆえに多くの人びとを引き寄せ，我われが歴史的存在と呼ぶような場所であり続けている。既存の利便性をうまく活用するために，彼らは共同生活の仕方や，都市生活および農業，商業，航行での協力方法，異文化間でのコミュニケーションの仕方などを生みださなければならなかった。また，紛争や戦争によって協定が締結され，平和が維持されていた。複雑な政治制度は，おもに貴族共和制によって発明されたものである。

豊かな場所としてのイタリアでは，貴族の生活様式が職人や芸術家，農夫，奴隷，建築家，煉瓦工，商人，船員，左官，彫刻家，哲学者，文学者の仕事を活性化していた。とくにエトルスコ人やギリシャからの入植民，ローマ人の時代はそうであったし，幾世紀にもわたり東方と西方を結んできた商人や船員たちの仕事は，大きな役割を果たしていた。イタリアの繁栄［fortuna］の源泉である地中海は，ローマ人にとって〈我われの海〉［mare nostrum］となる。ローマ帝国の時代に移住プロセスが大規模に進み，ローマ人の支配がおよぶあらゆる場所（ヨーロッパ，アジア，そしてアフリカ）へ人びと（兵士や統治者，船員，商人，貴族，知識人）が移住していった。

約8世紀間ものあいだ，ローマ人が〈力と法〉［vis et lex］をもって帝国を築き統治しえたのは，強い軍隊と経済，政治力をあわせもつ強大な貴族政体によるものであった。

このエリート組織の核心には、もっとも重要な制度である家族があり、それは宗教の母胎でもあった（家族と共和国の守護神［Penates］である家族神が、最高の神であった）。そこでの女性は、大きな支配力をもつものの、家長［pater familiae］である男性に服従するものとされていた一方で、ローマ帝国を統治するエリート集団は、富と権力の獲得を欲する新参者を受け入れうる開放性をもち、そこでの民族的な区別はなかった［Le Bohec, 2002］。

エリートたちは、私邸や別荘、公共の場である広場や集会所、寺院、劇場など、公的ないし私的な生活場面にかかわらず、富と贅沢を誇示する生活様式に志向していた。

ローマ貴族の生活様式には、厳格さ（家族と共和国への責任）と強い宗教心、人生を楽しむ方法であると同時に権力と地位の象徴としてのコミュニケーション手段でもある贅沢さなどが、独特な形で結合していた。

アフリカ・アジア・ヨーロッパ3大陸からの異文化複合体であるローマ文化の特徴の大部分は、とりわけ地中海域のヘレニズム文化によるものである。

西ローマ帝国崩壊後、新しい民族集団（北方のゲルマン、東方のスラブ、南方のアラブとユダヤ）がイタリアに到達し、とりわけ11世紀以降のイタリアやポルトガル、スペインにおいて新たな文化的複合化のプロセスがもたらされることになる。

なかでもイタリアでは、それら数世紀の新たな局面においてもローマの遺産が引き継がれ、新しい宗教制度であるローマカトリック教会は、ローマ文化のもつ普遍性を発展させていくことになる。そして、まさにこの紀元後第2の千年間において、今日でもみられる特徴を近現代のイタリアが備えることになるのである。

これら過去のあらゆるプロセスに対する理解を一層深めるには，プロテスタントの宗教改革以後におけるヨーロッパでの国民国家の構築と社会学的概念を構成する諸カテゴリー，とくに西欧の合理化と近代化の過程としての資本主義や，北ヨーロッパに由来する社会的現実としての国家概念であるカルビニズム，イギリス産業革命，フランス革命などに関するウェーバーの諸カテゴリーを変更しなければなるまい。

　そのためには，以下の4つの前提に留意する必要がある。1)ローマ文化および文明は非常に複雑かつ複合的な世界を構成しており，その遺産の多くは現在でも存続していること，2)資本主義や商業の近代的形態は産業革命よりかなり以前から存在していたこと，3)それら両者は東方と西方，北方と南方の異文化を複合する不断のプロセスをとおして誕生したローマ人やイタリア人，地中海人によって創造されたこと，4)文化や宗教，民族や生活様式の複合化は，とりわけローマ時代やルネサンス時代（すなわち，このことはギリシャ人やローマ人による古典時代にまで遡ることを意味する）にみられるように国富と贅沢の源泉であること，である。

　著名な歴史家であるフィリップ・ジョーンズ［Jones, 1974］やジャック・ルゴフ［Le Goff, 1974］，フェルナンド・ブローデル［Braudel, 1986］，オスカー・ヌッチョ［Nuccio, 1995］らが明確に指摘しているように，イタリアおよびイタリア人は，西洋世界に地殻変動をもたらし，近代文明を構築するという壮大な歴史過程の主役であった。紀元後第2の千年間が始まる頃から交易が発展し，シエナやフィレンツェ，ヴェネツィア，ジェノヴァ，ルッカ，ピサなどの商人や航海者，銀行家たちが，近代の資本主義を構築していった。とくにルネサンスやバロック時代（15-17世紀）の繁栄期に，イ

第9章　永続する歴史的存在としてのイタリアの地理的運命

タリアの諸都市では力をもつ貴族および資本家の一族たちが大きな指導力を発揮し，イタリアすなわちヨーロッパと西洋文明の中心を築いたのである。アジアとヨーロッパ，北欧と南欧，ヨーロッパ大陸とアメリカ大陸との間での商業交易は，実質的には5世紀以上もイタリア人による独占的な支配下に置かれていた。彼らのうちには，イタリアに住むイタリア人だけでなく，商・工・農業といった経済活動によって富を得る可能性を秘めた世界中のあらゆる場所に移住していったイタリア人も含まれている。ローマ時代およびルネサンス期の最盛期に創造された美しく洗練されたあらゆる文化的創造物は，貴族的共和制の精神からもたらされた産物なのであった。

イタリアの風景や都市を賞賛し評価する審美的な価値やイタリア料理にみる〈崇高な簡素さ〉[divina semplicita]，〈外見的美しさ〉に対するイタリア人の典型的態度，人前での外出着にみる趣味の良さ，現代の産業デザインの品質，高級ファッション産業の成功[*5]など，〈メード・イン・イタリー〉を形作るこれらすべてのものは，イタリアの遺産と結びついた類まれなる創造性によっている。

そのような遺産は，複合化の過程による社会的構築物として，かつてはエトルスコやローマ，中世，ルネサンス，バロックの人びとによる，そして今日ではイタリア人と呼ばれる人びとによる特殊な文化・文明の源泉となっている。現在においてもイタリア人の財産であり続ける「エトルスコ人の微笑」[sorriso etrusco]という他者への微笑みかけも，そのような複合化のプロセスによって構築された特異な社会性といってよく，それは，他者と交流し，彼らを受け

[*5] 高級ファッション産業は世界中で急成長しているが，2001年において約1千億ドルといわれる世界市場のうち，イタリア企業はその3割を占めている[Centorrino, 2001:59]。

入れ統合するための巧みな技法であった。以上のことは，1)富と贅沢の起源，2)洗練さと好趣味の精通者である貴族名望家の形成，3)世界でのイタリア人の拡散，4)歓待の精神などに対する，おもな理由となっている。

今日，長い歴史の結果として，イタリアに起源をもつ人びとが両アメリカ大陸やオーストラリアを中心に世界中に広がっているが*6，このことは，彼らが歴史的存在となって以来，あらゆるコミュニケーション方法を活用しながら人生のゲームを演じることによって，他者との接触方法や他者との統合の仕方を習得し，集合的で無意識的な記憶や感情の内で生きた遺産を血肉化してきたことによる。イタリアン・ファッションは，そのことによるひとつの結果であり，またコミュニケーションをつうじた処世術のひとつの手段といってよい。

■文献

Arnaldi, G., *L'Italia e i suoi invasori*, Roma : Laterza, 2002.

Bassetti, P., *Globali e locali!*, Lugano : Giampiero Casagrande, 2001.

Bechelloni, G., *Diventare italiani : Coltivare e comunicare la memoria collettiva*, Napoli : Ipermedium, 2003.

Bechelloni, G., *Svolta comunicativa : Sette lezioni*, Napoli : Ipermedium, 2002.

――*Mutazioni : Sentimenti, mentalità, generazioni nella struttura sociale dell'Italia che cambia*, Napoli : Società editrice napoletana, 1986.

Beck, U., *Lo sguardo cosmopolita: Prospettive dell'epoca postnazionale*,

---

*6 ここでイタリアを起源とする人びととは，すくなくとも両親の一方がイタリア人の先祖をもつ人びとのことを指している。イタリア人による他民族ないし他国籍者との結婚は多く，じっさいイタリアに居住するイタリア人口約5千7百万人に対し，国外のそれは約2倍に上る。とくにオーストラリアやカナダ，アメリカ合衆国（約2千万人），ヴェネズエラ，アルゼンチン，ブラジル（約2千5百万人）に多くのイタリア人が居住している。

Bologna : Il Milano, 2003.

Bloch, R., *La civiltà etrusca*, Milano : Xenia Edizioni, 1994.

Braudel, F., *Il secondo Rinascimento : Due secoli e tre Italie*, Torino : Einaudi, 1986.

Cassano, F., *Il pensiero meridiano*, Roma : Laterza, 1996.

Centorrino, M., *Il valore del lusso*, Soveria Mannelli : Rubbettino, 2001.

Coccia, M., *Concerto italiano*, Soveria Mannelli : Rubbettino, 1999.

De Mauro, T., *L'Italia delle Italie*, Roma : Editori Riuniti, 1987.

Diamond, J., *Armi, acciaio e malattie : Breve storia del mondo negli ultimi tredicimila anni*, Torino : Einaudi, 1998.

Elias, N., *Reflections on a Life*, Cambridge, MA : Polity Press, 1994.

Franzina, E., *Gli italiani al nuovo mondo : L'emigrazione italiana in America 1492-1942*, Milano : Mondadori, 1995.

Freyre, G., *Casa-grande e senzala : Formação da familia brasileira sobre o regime da economia patriarcal*, Rio de Janeiro : Global editora, 2003.

Germani, G., *Sociologia della modernizzazione*, Roma : Laterza, 1979.

Girard, R., *One Long Argument from the Beginning to the End* (tr. it. Cortina 2003), 2002.

Girard, R., *La voix méconnue du réel : Une théorie des mythes archaiques et modernes*, Bernard Grasset, 2002.

Jones, P., "La storia economica : Dalla caduta dell'Impero romano al secolo XIV," in Aa.Vv., *Storia d'Italia*, Vol.2, t.2, 1974 : 1469-1810.

Hall, E.T., *Beyond Culture*, New York : Anchor Books, 1989.［岩田慶治・谷泰 訳『文化を超えて』TBSブリタニカ, 1993年］

Hall, E.T., *The Dance of Life : The Other Dimension of Time*, Anchor Books, 1989.

Haussmann, G., "Il suolo d'Italia nella storia," in Aa.Vv., *Storia d'Italia*, Vol.1, Torino : Einaudi, 1972 : 63-162.

Hillman, J., *Inter Views* (tr. it. *Il linguaggio della vita*, Milano : Rizzoli 2003), 1983.

Ianni, P. and McLean, G., *The Essence of Italian Culture and the Challenge of a Global Age*, Cardinal Station, 2003.

La Capria, R., *L'armonia perduta*, Milano : Mondadori, 1986.

Le Bohec, Y., *L'esercito romano*, Roma : Carocci, 2002.
Le Goff, I., "L'Italia fuori l'Italia," in Aa.Vv., *Storia d'Italia*, Vol.2, t.2, 1974 : 1935-2084.
Lentini, O., *Saperi sociali, ricerca sociale 1500-2000*, Milano : Franco Angeli, 2003.
Medioli, G., "Consumi : La fine di un'epoca," *L'impresa*, n.5, 2003 : 18-45.
Nakamura, H., *Il paese del Sol Calante*, Milano : Sperling & Kupfer, 1993.
Nolte, E., "*Esistenza storica :* Fra inizio e fine della storia?," *Le Lettere*, 2003.
Nuccio, O., *La civiltà italiana nella formazione della scienza economica*, Milano : ETAS, 1995.
Perniola, M., *Del sentire cattolico: La forma culturale di una religione universale*, Bologna : Il Mulino, 2001.
Perniola, M., *Transiti*, Bologna : Cappelli, 1985.
Postrel, V., *The Substance of Style: How the Rise of Aesthetic Value is Remaking Commerce, Culture and Consciousness*, Harper Collins, 2003.
Romano, R., *Paese Italia: Venti secoli di identità*, Roma : Donzelli, 1997.
Romano, R., "Una tipologia economica," in Aa.Vv., *Storia d'Italia*, Vol.1, 1972 : 256-308.
Tomlinson, I., *Globalization and Culture* (tr. it. *Sentirsi a casa nel mondo: La cultura come bene globale*, Milano : Feltrinelli, 2001), 1999.
Toynbee, A. I., *Civilization on Trial* (tr. it. *Civiltà al paragone: Un classico della storia comparata*, Milano : Bompiani, 2003), 1949.
Valli, B., Calefato. P. e Barzini, B. (a cura di), *Discipline della moda: L'etica dell'apparenza*, Napoli : Liguori, 2003.
Veyne, P., *La società romana*, Roma : Laterza, 2000.

第10章　《変則的雪崩現象》
——流行の普及分析——

ジェラルド・ラゴーネ
(ナポリ大学)

1　流行と準拠集団

　現代の流行現象に関する分析は，2つの弱点によって特徴づけられる。第1のそれは，少数の例外を除いてこの分野の研究では，絶えず哲学的・人類学的分野からの挑戦をうけながら，つねに歴史学的・文学的なアプローチが優勢を占めてきた，という点である。今日の流行研究の大部分は，あらゆる側面でこのような学問的環境に置かれてきたといってよい。このようなアプローチから強く影響を受ける社会学的分析が，もっぱら記述的なものに終始するならば，そのこと自体は，なんら問題とはならないであろう。じじつ，おおよそこれまでの社会学者たちは，流行を説明することより，むしろそれを記述することに自らを限定し，その原因と結果，内部メカニズムの問題を放置してきた。ただ，そのような流れにあっても2つの例外があり，つまり，流行を集合現象として，または経済的現象として捉える場合には，分析的な方向性が見失われることはなかった。しかしそうはいっても，それら例外にも問題がまったくないわけではなく，前者においては心理学的変数が過度に強調されてきたし，また後者では，流行は商品に対する需要の形成過程の一変種としてのみ取り扱われ，現象内部のメカニズムに関わる問題は，やは

り未解決のままにされてきたのである [Leibenstein, 1950]。ようするに，流行現象の社会学的研究は，他の社会現象を研究する場合と同じく，文学的，美学的，歴史学的，心理学的なアプローチに依拠することで，重要な知見をもたらすこともなく，その場その場をうまく切り抜けてきたといえる。

流行研究が抱える第2の弱点は，ある部分で第1の弱点から直接もたらされるものであるが，それは，流行が集合過程として，つまり，なんらかの信念に突き動かされた選択の集積，個人の他者への結びつきとしてみなされてきたことである。いわば，成長し拡張していくなんらかのもの，多かれ少なかれ殺到という形において生起するものと考えられてきた。記述的でなく説明的な流行研究は数少ないが，いわゆる疫学的モデルへと指向する研究は多くみられる。しかし，諸個人の集合過程は問題の一側面でしかないだろう。この章で検討するように，流行は個人の"参入"という局面だけでなく，あきらめ，放棄，"離脱"といった問題をも含んでいる。まさに流行は，これら2つの対抗する力の組み合わせによる産物といってよく，それによって，諸個人は多数派の選択を受容するか回避するかを迫られることになる。このコインの裏表であるような問題は，ジンメルによって提示された問題そのものである。じっさい，諸個人による集合ないし受容といったコインの片面だけをみることは，現象がいかに発展していくのかという問題のみに拘泥し，現象がいかに生成・消滅していくのか，また，それが非常に多様性に富むライフ・サイクルをたどるのはなぜか，という問題への説明を妨げることになる。以下では，このような現象の相互矛盾的な側面，受容と放棄の関係について，ひとつの考え方を提起することになる。

第10章　《変則的雪崩現象》——流行の普及分析——

　そこで本章では２つの項目に分けて議論を進めることにし，最初のそれでは，あらゆる文学的・美学的・歴史学的な議論を退けながら，流行をイノベーションの普及過程としての観点に絞って考察する。とくに，そこでの論点は，ａ）流行品は，それがいかなる性質のものであろうと，社会的に有意味な集団が自らの集団的アイデンティティや集団の内部結束を強化するために形成する相互承認的なシンボルであること，ｂ）それらシンボルが当該の集団に魅了され，そこに自らを同一化する諸個人によっても承認されるような事態が生起すること，ｃ）そのような事態が明白となると，当初のシンボルはその価値を喪失し，革新的な集団によって新しいシンボルへと組みかえられること，である。さらに，そこでの議論においては，つぎの２点についても同時に明らかにされるであろう。第１の点は，流行が上流階級から下流のそれへと一方的に波及していくというような過去に提示されてきたモデルとは異なり，今日では社会集団の複数性が認められ，それら集団が各々の仕方であらゆるタイプの流行に力を加えていること，そして第２の点は，そこでの過程がどのような性格をもつものであろうと，その普及のメカニズムはつねに同一であること，である。

　また本章の２番目の項目では，流行現象の図式を提示することを企図している。この企てにおいては，すでに〈イノベーションの普及過程論〉で部分的になされているように，あらゆるタイプの普及過程に援用可能なひとつのシミュレーション・モデルを，とりわけ〈商品ライフ・サイクル論〉において構築することが，最終的に目指されている。ただここでは，そのほんの第一歩として，そのような過程の単純な図式を提示するにとどまるであろう。少なくともここでいえることは，社会現象を理解しようとする社会学は，自然科

学で採用されているのと同じ方法を活用すべきであること，つまり，現象に対して単純なモデルを構築し，そこでの主要な特徴を分離抽出していかなければならない，ということである。そのようなモデル構築は，発生した事象や発生しつつある事象をたんに記述するのではなく，説明理論を手に入れるための最良の方法となろう。今日の社会科学においては，そのようなモデル構築に手を貸すシミュレーション技術がすでに用意されている。

1.1 流行品

　流行品とはなんであるか，という問いからはじめよう。そのもっとも単純な答えは，ある一定期間，市場において流通した後に，明確な理由もなく消滅し，同じような種類の別の対象によって代替される事物，ということになろう。流行していない対象ないし財ですら同じような宿命を負っていることはいうまでもなく，そのことは〈商品ライフ・サイクル論〉において指摘されているとおりである。ただこの場合，その消滅には理由があり，しかもそれは非常に明確である。流行商品でない財の市場からの離脱は，まさに老朽化や技術的な劣化によるものである。したがって，この種の財は，より技術的に優れた財と比較されたときにのみ交換されることになる。他方，流行財の方は，いっけん説明不可能な理由によって市場から離脱し，おおよそ類似した他の財によって頻繁にとって代わられる。まさにこの最後の側面こそが，流行現象の論理を説明するのに役立つことになる。流行財が多かれ少なかれ同様の特徴をもつ他の財にとって頻繁に代わられるということは，財の取り替えが，対象それ自体ではなく，その内部に含まれている望ましさに関係していること，つまり，客観的に望ましいわけではないにしても，それ

第10章 《変則的雪崩現象》——流行の普及分析——

によってやはり同じような望ましさをもたらす何ものかによっておこなわれる，ということを意味している。いわゆるこの何ものかが，シンボル的価値ないし対象が取り替えられるところのものである。したがって諸個人は，財の使用価値からでなく，またその美的価値からですらなく，ただ他の財との違いにおいて，そのようなタイプの財に関心をもつことになる。では，これらの財が具体的に表象するものはいったい何か。ここでは，ただつぎの点にのみ注意をむけておくことにしたい。すなわち，非流行財の陳腐化は財それ自体と関係する一方で，流行財での陳腐化は，それが表象するもの，すなわちその意味に関係づけられている[Barth, 1970]，ということである。ようするに流行品とは，まさにそのシンボル的要素を支える容器といってよく，それによって，市場にでまわっている他の財との明らかな差異がもたらされているのである。

しかしここで，これら特定の対象にみる市場での採用と衰退とを説明するとき，大きな難点が浮上する。つまりこの場合，ある単一の特定財が市場において明確な動機なしにたち現れ，そして消えてゆくというダイナミックな過程を活性化するような社会構造や社会階層，社会的価値体系など，いっそう複雑な要因が絡んでくることになる。また，この困難性を増大させるさらなる別の論点もある。極端な場合を除いて，市場にある財には，そもそも流行しているかそうでないかによって区別される財だけでなく，シンボル的価値ないし流行価値とも呼べるような価値をさまざまな程度で含む財が含まれている，ということである。今日では，もっぱら流行対象となる商品と使用価値のみを備えた商品とを両極とする〈連続体〉が存在する，といってよいだろう。この2つの極限値の間において，異なる程度にシンボル的要素を含む財，言い換えるなら流行対象とし

て異なる強度をもつ財が広範に布置している。現代市場のほぼ全域に広がるこのような使用価値とシンボル的価値との混合は、伝統的社会においては存在しなかったか、存在したとしても非常に限られた領域に限定されていた。じっさいそこでは、高いシンボル的価値を含む贅沢品のカテゴリーと、そのような価値づけにおいて基本的には中性的である必需品のカテゴリーとの間の差異は、非常に明確であった。この2つの価値の混合は、経済的に進化した西欧社会に典型的にみられるものであり、そのような社会では、ほとんどの消費財がシンボル的要素によってそれへの需要を喚起している[Baudrillard, 1972]。たとえば、自動車の新型モデルが市場に登場するとき、その成功は、採用技術の完成度だけによるものではなく、一連のシンボル的要素によって技術面での品質に付加された魅力によっても、間違いなく左右されるだろう。そしてこのことは、なにも耐久消費財だけにあてはまるわけではなく、非耐久的な日用品や食品についてもいえる。今日、程度の差こそあれ、あらゆる消費財においてこれらのシンボル的要因を見いだすことができ、またそのことが、流行の普及と衰退を支配するメカニズムを説明することをいっそう困難にしていることは、明らかである。

　流行という社会現象を説明するには、さらに2つの難問がまだ残されている。最初のそれは、ある商品の流行がしばしば他の商品との組み合わせによって生じることからもたらされる問題、すなわちシンボル的価値が複数の商品の集積によって支えられるというより複雑な問題とライフ・スタイルのシンボル的価値といった問題である。この点については後に触れることになろう。2つ目の難問は、なんらかの流行品の媒介なしに人びとのある種の行動や態度、価値、信念が流行しうること、つまり大衆市場にあっては、異なるタ

イプの流行が同時発生している，ということである。それらタイプとは，狭義の意味でのモノの流行，そして後に検討することになるモノの流行と類似した仕方で生産・流通される商品の流行，モノを媒介としない行動や態度の流行，ライフ・スタイルの流行，である。これら流行の諸タイプは，しばしば市場において相互に絡み合い，流行の説明をいっそう難しくさせている。しかし先にも触れたように，流行のタイプがいかなるものであれ，その普及過程を支配するメカニズムがつねに同一のものであることは，強調されてよい。

1.2 流行品，制服，徽章

　流行品の発生と消滅という２つの中心的な問題局面に取り組むまえに，うえで触れた論点，つまりこれら流行品が腹蔵する意味とは何か，という点に答える必要があろう。この問いに対する答えは比較的単純なものであり，それは，流行品が階級や階層，カテゴリー，あらゆるタイプの社会的集合を含む社会集団を決定づけるシンボルとして理解される，ということである。シンボルは，このような集団帰属を表示するがゆえに望まれるのであり，流行品は，男性がよく上着の襟に付ける金属製バッジとしての識別機能を果たすといってよかろう。徽章がある集団への所属を表示するのと同じく，流行品は，大規模なものであれ小規模のものであれ，また公式的なものであれそうでないものであれ，なんらかの社会的集合への帰属を表示する。いずれにしても徽章や流行品は，ともに承認の記号に関係していることになる。このようなタイプの承認は，それが社会関係の安定維持に効果をもつという点で基礎的な社会的欲求といえる。この承認への欲求がとくに重要性をもつ場合には，シンボ

ルは可視性を強め，その採用をたびたび強制的なものにする。たとえば，軍服はこのタイプの承認のシンボルである。軍隊は，戦闘行為においてのみならず，市民生活においても相互承認を必要としている。軍服は，それを着る者に与えられる職務の性格からも，むやみに譲り渡すことのできない帰属性を表示しなければならない。これと同じような価値が，裁判官の法務服やときに学園行事の際に着られる教授服に与えられており，それは門衛や客室乗務員，接客係などの業務用制服にもあてはまる。承認への欲求が強い場合には，制服の例のように識別的記号も強化されることになる。集団の境界線が容易に判別し難いような社会集団への帰属を表示するときには，流行品の場合のように，シンボルもいっそう曖昧なものとなる。制服や徽章，流行品は，いずれも帰属表示といった同様の機能をもち，フォーマルな集団であるほど承認のシンボルは強力かつ可視的なものとなり，それだけ集団そのものも，より持続的に安定することになる。

1.3　外部準拠集団

　流行品が，自分の所属しない集団，いわゆる外部準拠集団［Merton, 1966］に対する個人の自己同一化にも効力をもつとするなら，何がそのような同一化の欲求を促進するのかを問わなければならないだろう。ただそのまえにまず問うておく必要があるのは，この種の欲求を構成する条件とはいかなるものか，についてである。この問いに対しては，いくつかの異なる答えがある。まず第1のそれとしては，自分の所属集団とは異なる集団への自己同一化の欲求は，社会構造のうちに準拠しうる地平が複数存在するということを示唆している。じっさい伝統的社会において人びとが魅了される集

第10章 《変則的雪崩現象》——流行の普及分析——

団は，概してヴェブレンが「有閑階級」と呼ぶような支配階級にみられる集団しか存在しなかったのであり，じつに数少ない者たちのみがそれに対する憧れを満たしえたのであった。かたや現代社会，とりわけ豊かさに満ちた社会においては，人びとを魅了しうる集団は無数に広がり，多元的な欲望や魅惑が喚起されている。このような外部準拠集団の存在が，流行の前提となる自己同一化のプロセスをもたらす最初の条件といってよい。

またそれとは別の条件として，経済的な余裕を挙げることができる。じっさい流行は，かならずしも贅沢品であるわけではないが，一般的に必需品とはいえない財と関係し，それに対する欲求は，ある程度の自由裁量にある経済的余裕を必要とする。流行にとっては，たんに集団帰属を表示するシンボルを生産し，またそれを望ましいものとさせる社会階級や社会集団が存在するだけでは十分ではなく，それらシンボルを含む消費財や商品を獲得するのに必要な資源が個人において調達可能でなければならない。そして最後の条件は，人びとにこれらのシンボルを理解するだけの能力，すなわち教育の程度や文化，ブルデューが「文化資本」として定義するような能力が求められる，という点に関係づけられる。

ようするに，自己の外部にある準拠集団への方向づけ，ないし現代の流行への方向づけにとっての条件は，次の3つに整理されることになろう。すなわち，a）非常に細分化された社会階層が存在する状況において上流階級だけに限定されないシンボル化の能力，b）それらシンボルを獲得するための経済的余裕，c）シンボルをつうじた自己同一化に必要な文化資本の調達能力，である。豊かな社会にあっては，これら3つの条件がすべて揃っており，このことは，そのような社会の内部において流行現象が頻発することを証左

している。

1.4　外部準拠集団への方向づけ

　ここで先に指摘したように、諸個人がいかなる理由でそのような外部の準拠集団に魅力を感じるのか、という問題に立ち戻ることにしよう。この点について、じっさい流行現象に関わる社会学では異なる知見を提示してきたのであるが、それらには、ある共通するひとつの動機づけが見いだされる。それは、ある集団に帰属する個人はその集団よりも自己同一化を望む集団になんらかの優越性を感じる、というものである。このような優越性にはさまざまなものがあり、上流階級への同一化の場合にみられる「地位のステイタス」というものひとつの例であろう。また別の例としては、文化的ないし知的エリートと一般に定義される集団に対する同一化にみられるような、魅惑的な対象集団がもつ文化内容の質、さらには、共同社会全体が注目するような、なんらかの集団や社会的カテゴリーがもつ多種多様な性格、またそれとは逆に、共同社会に対して反抗的ないし代替的な価値をもつ準拠集団にみられるような対抗的性格、などがある。この最後の場合にみられる優越性は、前世紀の70年代に頻発した流行にみられるように、魅惑の対象集団が抱える政治的価値に結びつけられることになる。

　以上のように、外部準拠集団に与えられる優越性は非常に多岐にわたるものであるが、その優越性は社会学的観点からみてとくに興味深いものである。というのも、まさにそのような見かけ上ないし実際上の優越性によって諸個人の帰属欲求が喚起されるからであり、そのような欲求によって諸個人はそれら集団へと方向づけられるか、集団がもつシンボルを獲得するよう仕向けられるからであ

る。ただここで注意しなければならないことは、これら外部準拠集団の多くは実際に存在するというより、むしろ集合的イメージのなかだけに存在する観念的・理念的なものであるため、しばしばそれら集団へ個人を実際に包摂することなく、ただシンボルの獲得だけですまされる場合がある、ということである。たとえば現代社会に典型的にみられる「現代の女性」という理念は、たしかに多くの女性をそれへの同一化へと惹きつける抽象的な集団を形成しはするものの、これら集団が惹起する魅力は、優越性のシンボルをたんに獲得させるだけのものである。現実に集団帰属をもたらすような魅力も確かに存在はするものの、すでに指摘したように大衆社会では観念的な準拠集団が無数に生みだされる状況にあり、まさにそこは、市場やマス・メディアの側において流行商品をめぐるビジネス競争の場と化している。いやむしろメディア自身が、あらかじめ用意された商品を消費者に提供することを狙って、それら観念的集団を創出する場合の方が圧倒的に多いといってよい。このことは、こんにちの流行には2つのタイプがあること、すなわち、対立する社会集団間での対抗や競争から自然発生的に生みだされるタイプと、現実には存在しない観念上の準拠集団を利用しつつ意図的に市場において創出されるタイプとが存在することを意味している。いずれにしてもこの点については、あとでまた検討することになろう。

1.5 なぜ流行は発生するのか

これまでの議論によって、はじめに提示した2つの中心的な問いのうちの最初のそれ、つまり流行はなぜ発生するのか、について考察することができよう。結局のところこの問いは、帰属ないし承認のためのシンボルを形成する社会集団は、なぜ別の集団に帰属する

諸個人にとって魅力の対象となる,ないしなりうるのか,という問題に関係している。そしてこの問題に対する答えは,以下にみるようにアイデンティティの問題へと収斂していくことになる。

ここではまず,社会集団のアイデンティティが,そこでの文化とその共有度に結びついていることを想起しておきたい。そして,その文化がそれ自身を生みだしている集団の境界を明確に維持していればいるほど,そのアイデンティティ形成力はいっそう強いものとなる。このことは,集団のシンボル的要素が集団外の主体に認識され,採用される場合にみられるように,そのような文化ないしその構成要素が当該の集団が示す境界を越えて外部へ漏出するなら,それだけ集団のアイデンティティは低減する,ということを意味している。したがって,がいして社会集団は,できるだけ自文化を保護し,外部への漏出を防ぐためにそれを管理することに関心をもつことになる。そして,そのことがもはや不可能となると,集団は,過剰に産出されて価値の下がったシンボル的要素を同じ機能を果たしうる別の要素と交換しようとする。シンボル的要素の全部またはその一部が当初の機能を喪失するとき,このような文化の交換ないし代替のプロセスは頻繁に生起することになろう。また,このような代替への欲求が強ければ強いほど,そのことは,喪失した要素の価値がいっそう高いものであったことを明らかに示すことになる。これとは逆に,このようなシンボル的要素がアイデンティティの維持において低い価値しかもちえない場合には,集団はその代替を企てることなく,それら要素を他の主体や社会集団と共有することに甘んじるであろう。またさらに,集団がなんらかとの交換として,これらシンボル的要素のいくつかを外部に浸透させることに関心をもつ,ということもありうる。この種の社会的交換は,観光地の振興

第10章 《変則的雪崩現象》——流行の普及分析——

にそのひとつの例をみることができ，そこでは，観光者を受け入れる地域社会が，自らの維持と発展に必要な経済的資源を獲得するのと交換に，自文化やシンボル的資産の一部を訪問滞在者に切り売りすることになる。

以上のことは，一般に社会集団が自己のシンボル的資産を保守する傾向にあることを示唆している。そしてこのことは，狭い意味での社会集団だけでなく，社会成層や社会階級，うえでみた観光の場合のような地域社会にもあてはまるだろう。さらにまた，市場が帰属性のシンボルないし流行品の過剰をもたらす場合においては，先に述べた観念上の集団に対しても同じことがいえるだろう。これらすべての集団は，現実のものであるにせよ観念上のものであるにせよ，社会階級や社会的カテゴリーの場合には自然発生的に，他方，観念上の共同体の場合には意図的に，帰属表示機能をもつ承認のシンボルを創出することになる。それら承認のためのシンボル的な諸要素が集団外部の主体にも利用されるようになると，その価値は低下し，ときにすべて消失するまでになる。まさにこのことが，流行のプロセスにみる基本メカニズムといいうるものである。

ここで，上流階級のような現実の集団によって操作される帰属表示シンボルの創出／保守と，観念上の準拠集団をつうじて市場によって操作されるそれとの違いについて，しばらく検討してみたい。いうなればそれは，これら２つの集団タイプそれぞれの異なる性格からもたらされるいちじるしい差異，すなわち自然的流行と人為的流行との間にみられる差異に関係する問題といえる。じっさい上流階級は，経済的資源や特定職業へアクセスするための重要な権限を共有しており，自らの集団成員を容易に判別するためのシンボル，つまり流行品となりうる可能性をもったシンボルを創造する諸

個人からなる全体集合とみなされる。他方，すでに指摘してきたように観念上の共同体は，しばしば自らのあり方を定義するシンボルがなければ共有するものがなにもない諸個人の全体集合である。前者の場合には，承認のシンボルである潜在的な流行品は集団の閉鎖性を促進するという点で道具的価値をもつが [Parkin, 1989]，後者の場合には，それら物品はもっぱら表出的価値のみをもつことになる。この差がまさに重要であるのは，前者の場合，それらシンボルが集団外部に漏出することは既存集団に対してネガティヴな影響を与えるがゆえに，当該集団はそれらシンボルを即座に別のシンボルへと代替しようと企てるのに対して，後者では，シンボルの外部漏出はかならずしも脅威を引き起こすわけではなく，むしろ，シンボルの即時的代替のメカニズムを発動することなしに，しばしば成功をもたらすからである。そこでの流行は，観念上の共同体の場合にとりわけゲームとしての性格を帯びることで，じっさいに統制されることのない強力な普及過程を開始し，それによって発生と消滅からなる流行のライフ・サイクルが加速されることになる。これとは逆に，流行がゲームではなく社会的閉鎖のひとつの道具である場合には，それは，可視性と模倣に晒される機会を低下させ，より持続性の高いものとなろう。このことは，その拡大に成功する流行がもっとも表層的で脆弱的であるのに対して，普及の範囲が狭く，ほとんど拡散しない流行が基底的で耐性的であることを意味している。ただ，このような差異にもかかわらず，シンボル的要素の普及を規定しているメカニズムは，やはり両者において類似しており，そこでは集団外部からのシンボルの承認と採用の度合いが高いほど，それだけその価値喪失の程度が大きくなり，その消滅に向けての速度が高まることになる [Dorfles, 1962]。"滴下"という言葉で

表現されるような，上流ないし特権階級から下流へと広がる流行であれ，それとは異なる集団や社会的カテゴリー，観念上の共同体の内部において"吸引的"ないし"交差的"に拡散する流行であれ，普及プロセスの形態は同じであり，両者を区別することにはあまり意味がない [Sassatelli, 1995]。両者のプロセスは，ともに中心から周縁への流れであって，ただその流れの規模と速度においてのみ違うだけである。

ここで，価格のメカニズムが，上流階級などの実際の集団によって創造される帰属シンボルの保守にとって，ひとつの有力な道具となっていることを確認しておこう。じじつ，これらの集団で発生する流行品は一般に非常に高価であり，またそうであることが望まれてもいる。流行品が非常に目立つ場合，その価格の高さは，過剰な普及を阻止するよう働きかけるであろう。このようなメカニズムは，「社会的欠乏」に関するハーシュの研究において鋭く指摘されている。彼によると，「地位表示財」としての高級品の地位は，まさに競売の価格上昇メカニズムによって保全されることになる [Hirsch, 1981]。

1.6 なぜ流行は消滅するのか

我々が回答すべき2つの問いのうち第2のそれは，多かれ少なかれ市場で成功した流行品がなぜ消滅することを運命づけられているのか，というものである。前節において，流行品に典型的にみられるアイデンティティや承認のシンボルの可視性と価値との間の逆比例的関係を指摘した段階で，この問いは，すでに部分的な回答を得ている。じっさい，非常に可視的なシンボルの場合，それは共同体外部へと急速に普及し，その価値を低下させることは十分考えら

れることである。ここで注意をむけておきたいことは，このようなアイデンティティを措定するシンボルの価値とその社会的可視性との間にみられる逆比例的関係が，伝統的社会においてはあまりみられることはなかった，という点である。というのも，そこでのシンボル的価値は，その可視性と直接的な正比例関係にあるからである。じっさい，ヴェブレンのいう「顕示的浪費」の原理は，まさに強烈な可視性――「見せびらかし」という彼の言葉で表現されるもの――がシンボルに特定の価値を与えることを説明している。伝統的社会にみるこのような差異的特徴は，そこでは上流階級への帰属シンボルの可視性が模倣や普及による危険性に脅かされることはけっしてなかった，という事実によって容易に説明されることになる。17世紀ならびに18世紀前葉にかけて，下流階級によるそれらシンボルの採用は奢侈禁止令などによっても制限されていたが，その規制が消滅しはじめると，今度はそのようなシンボル的商品はその高い価格性をもって，普及からの脅威を回避していた。じじつ贅沢品の購買層は，富裕な有閑エリートに非常に近接した社会階級に属し，シンボル的価値を危険に晒すことのない者たちに限定されていた。このようなシンボル的価値の自己防衛メカニズムや，シンボルの可視性と価値との関係を破壊するような普及への可能性は，大衆消費社会の到来によって急速に高まっていくことになる。

　流行品は，それを生みだした社会集団のアイデンティティを強化するという本来の機能を喪失した段階で市場から姿を消す。また，それを創造した集団の部外者たちにより多く所有されるほど，その機能はいっそう失われることになる。創造者である集団内部に流行が留まる限り，流行はより長期的で持続的なものとなり，逆に，そのような集団から流行が溢れだすほど，つまり市場で成功を収める

ほど，流行は急激に消滅へとむかうことになる。流行の成功がまさにそれ自身を抹殺する，としたジンメル以降，多くの論者が議論してきた流行のパラドクスは，まさにこのことによるものである。このパラドクスは，経済学用語をもってしては非常に単純な形で説明されることになろう。少なくとも新古典派の経済理論では，財の価値はその希少性に依存し，市場において財がより供給可能であるほど，その価値はいっそう低減すること，また，その逆の関係も成立することが知られている。市場への財の供給可能性に関しては，市場の需給原理からも，財の供給が需要を上回ると財の価格と価値が下落し，逆に需要が供給を上回ると財の価格と価値は上昇することになる。つまり，市場において流行品が過剰に普及する場合，需要を超えた供給のごとく，その価値は低下することになる。

1.7 まとめ

これまでの考察をまとめると，以下のようになる。a）一般に諸個人は，なんらかの点において優位とみなされる社会集団に対して魅力を感じ，その優位性を表示するシンボルを獲得しようとすること，b）それらシンボルは，あらゆるタイプの集団が自らのアイデンティティや内部結束を強化するために集団内部において創造するモノないし商品，行動であること，c）シンボルの創造集団の内部にそれがとどまる限り，シンボルの普及はなんら問題を発生させないこと，d）逆にこれらシンボルが創造集団の外部の者たちによって認識・採用され，シンボルを創造した者たちからあまりにもかけ離れた周縁領域にまで拡散する場合には，その価値はすべてを失うまでに至ること，e）このような現象に関わる集団は，上流階級，狭義の社会集団，そして我われが「観念上の共同体」と呼ぶような

集団，すなわち現実には存在しないものの，まさに自らが生みだす豊富なシンボルによって魅力的な対象となる集団の3つに区別されること，である。以上の5つの点は，次節での検討に役立ついくつかの考慮すべき点を導くことになる。

まず第1のそれは，流行の問題とされてきたものに関係しており，ヴェブレンの理論に従いながら，趣味趣向や消費の領域における創造的な働きを上流階級のみに帰属させる論者と，それよりむしろそのような固有の機能を今日の市場に特化して認める論者とのあいだでの，消費をめぐる古くからの社会学的論争に決着をつけうるものである。その決着とは，外部準拠集団による魅力について論じてきたように，これらシンボルの創造と普及の過程が，ただ上流階級もしくは他の社会階級からだけでなく，市場からも同じ程度に突き動かされる，という点で両者ともに妥当性をもつということである。したがって，上流階級の果たす重要性に関する理論化でのヴェブレンの貢献が，まったく無に帰してしまったということではない。彼の貢献は，歴史学的・人類学的な側面を越えた別のさらなる重要な側面に対するものであり，流行には中心性があること，つまり流行が発生・普及し，ある期間を過ぎた段階で消滅するか他の流行に代替されるかして分岐していくような基点があることを証左したことにある。これらの問題に取り組むヴェブレンやその他の古典的論者（G.タルド，E.ゴブロ，H.スペンサーなど）らの真の貢献は，まさにこのような代替プロセスへの洞察にあり，特権階級から流行が生みだされるとした点にあるわけではない。ヴェブレンが有閑階級に与えた重要性は，アメリカの経済学者が注視する社会において，それが社会的関心を惹きつけうる唯一の社会集団，つまり他の諸個人や集団の羨望や欲望を集める唯一の社会的地平であるこ

とを意味しているにすぎない。したがって，もはや彼が議論の中心におくエリートだけがこのような機能を果たすわけではないという事実をもって，彼の理論に反論することはできないだろう。他者を魅了する今日の諸集団やカテゴリーの存在は，彼の議論の有効性を損なうものではない。

　現代の流行現象における上流階級の役割に関しては，さらに別の考察が必要となる。伝統的社会に生起していたことは疑いもなく変化し，今日ではそれら階級は，もはや個々の財において革新的機能を果たすのではなく，すでに指摘したように，より複雑なライフ・スタイルにおいてその機能を発揮している。じっさい，ヴェブレンが『有閑階級の理論』を著した19世紀末から20世紀初頭にかけて，消費財は特権階級の内部だけで流通する希少性をもつ場合が多かった。したがって，それら消費財を所有することができる者たちにとって，それらがまさに地位のシンボルとなっていたことは驚くにあたらない。他方，豊かな社会にあっては，逆にそれらがもつ希少性とシンボル的価値は，まったくといっていいほど失われることとなった。高級車や高級ブランド服，無数の高価な商品やアクセサリーは，いまやそれだけでは上流階級に対する同一化を保証しえなくなっている。このことは，しかしながらそれら階級の流行現象での役割がすべて消滅したことを意味してはいない。エリートへの上昇をもたらす流行は個々の財によってもたらされるのでなく，それらの全体集合によってもたらされるのであり，まさにそれが，新しいタイプの希少性をつくりだしているのである。現実に存在するエリートへ自らを同一化するためには，いかに高価なものであれ，もはや個々の財によっては十分でなく，態度や行動，ならびにそれら消費財によって複雑に構成される，まさにライフ・スタイルを表象

するものを必要としている。したがって今日では，市場からは個々の商品や消費スタイルだけが提供される一方で［Sorokin, 1960］，上流階級からはいっそう複雑なライフ・スタイルと呼ぶべきものが提供され，それら階級によるライフ・スタイルの防衛と外部階級によるその収奪のメカニズムが活発化している［Parkin, 1989］。たしかに現在の富裕な階級は，もはや個々の消費財によってシンボル的な闘争を繰り広げることはせずに，ライフ・スタイルという市場が介入しないか，もしくは遅まきながら介入してくる複雑なものをめぐって競い合っている。

　これらすべてのことは，先に指摘したe）に関係する論点，すなわち，現在の豊かな社会においては3つのタイプの流行が並存している，という第2の点に関する考察へと導くであろう。まず第1のタイプは，生産領域において創造・普及・消滅させられる商業的流行といいうるものである。このタイプは人為的な流行といってもよく，そこでの目的は，継続的に消費財への需要を維持し，我われが規定するところの「観念上の共同体」でのシンボル的財を絶えず豊富にしていくことにある。このような流行は，人びとがそれを採用したり，その伝達するメッセージを信じるふりをしながら楽しんだりすること以外には，なんら意味をもたないものである。それは，あらゆるタイプの階級，社会階層を横断し，そこでの飛跡は"交差的"なものとなる。また，このタイプの脇には，「少数者の流行」および「上流階級の流行」という社会的な源泉をもつ2つのタイプの流行が存在する。前者のタイプは，なんらかの理由で知名度を獲得し，自集団のアイデンティティを強化するようなシンボルを備えた，一般的に小規模な集団や社会的カテゴリーの内部において生起する流行である。このタイプは，クレイズやファッド，ないし小規

第10章 《変則的雪崩現象》——流行の普及分析——

模マニアとして言及される流行としばしば関連づけられるように，集団固有の対象物を生みだし，最初のタイプと異なりそこでの社会過程は，社会成層において低層から上層へと「吸引」されるような形をとることになる。そして最後の自然的ともいえる流行は，いわゆるヴェブレン流のそれであり，個々の財ではなくライフ・スタイルが上流階級から下流へと「滴下」するように普及していくタイプである。ようするに，豊かな社会における流行は，上層から発生するもの（上流階級の流行），下層からのもの（少数者の流行），中心ないし市場から発生するもの（商業的流行），によって構成されていることになる。これら異なるタイプの流行の間には，しばしば相互関係がみられるが，その点については，紙幅の都合により別稿を参照されたい［Ragone, 2000］。

すでに指摘した5つの論点に関する最後の考察は，流行の普及過程に2つのタイプ，つまり流行を創造する集団の内部におけるそれと，集団外部へと拡がるそれとが存在する，という点についてである。先述したように最初のタイプは，集団内部での同一化のシンボルの普及は集団統合と連帯を強化するだけで，とくになんら問題を発生させることはない。それに対して，集団内部での流行の普及が飽和状態に達したときには，集団境界を超えて外部へと普及が漏出していくという第2の過程が進むことによって，問題が発生することになる。その場合，それがとりうる方向性としては，次の2つの状態がありうるだろう。第1のそれは，流行対象の可視性が欠如することによってさらなる普及が困難となる場合や，過剰な需要が価格設定によって鎮静化させられる場合において，普及過程が停止状態に入ることである。そして第2の状態とは，普及過程が流行の創発集団の境界で止まることなく，その範囲を限定しえないほど拡大

していく場合である。まさに防疫システムを欠いた伝染病の場合と同様に，それは，ある環境から別の環境へと最終的に集合体全体にまで拡散することになる［Douglas and Isherwood, 1984］。伝染病に対して免疫をもつ人びとが存在するのと同じく，そこでの流行の初期採用者や創造集団の成員たちは，シンボルがもつ同一化の能力や機能の弱化を理由に，それを廃棄しはじめるようになる。ただ，このような市場からの撤退という意思決定は，時間の経過とともに自然に形成された普及範囲の境界が曖昧になるにしたがい，顕在化する場合もありうる。またさらには，初期採用者たちが，ある特定の対象に対する過剰な需要を認識しつつも，その使用を継続していく場合にみられるように，そもそもこのような撤退の事態が生じないこともあるだろう。そのような時期尚早の撤退が回避され，流行がその普及過程をすべて完遂するとき，それは集合体全体において慣習化されることになる。

　以上に述べてきたことは，2つの論点を示唆している。最初のそれは，伝染病との類似性からいっても，流行はただ感染的な現象として扱われるだけでなく，本章のはじめにも指摘したように，それから逃れる局面である免疫的な現象としても考慮されるべきであり，ときに流行過程に巻き込まれる人びととそこから「離脱」する者たちとの割合を一定に保つような側面からも考察される必要がある。需要理論における相互依存性の問題に関する分析においてライベンシュタインは，まさに「消費の外部要因」という外部性の典型例として流行を紹介しているが，それは発展的な「参入」（"バンドワゴン"効果）と他に先んじることによる離脱（"スノッブ"効果）として読み取ることができよう［Leibenstein, 1950］。彼の理論的関心は，現象の拡大と反動との関係，ないしは参入と離脱との関

第10章 《変則的雪崩現象》——流行の普及分析——

係を分析することにあった。

　第2の論点は，ここでのこれまでの主張が正しいものであるなら，流行はいかなるタイプであろうとも，つねにある特定の社会集団において発生し外部へと普及していくこと，つまりそのダイナミズムは，需要の局面よりむしろ供給面から議論をはじめることによって効果的に説明されうるであろうことを示唆している。ある流行が発生するかどうか，またどの程度普及するのかを理解するには，それを導入することになった集団において，その価値がいかなるものであるのかを知る必要がある。もしその価値が高いものであるなら，流行は防御され，集団の境界を越えて普及することはないだろうし，普及するにしてもせいぜい限定的なものにとどまるだろう。またその逆の場合には，流行は無制限に普及し，その慣習化すら起こるであろう。ようするに普及の範囲は，流行の創発集団がそれを共有しうる外部主体の量的規模に大きく依存するといってよい。そのような共有化と関係づけられる流行では［Douglas and Isherwood, 1984］，共有度が高いほど創発集団からの離脱者が少なく，それだけ普及規模はより大きなものとなり，逆に共有度が低いほど，それとは反対のことが起こるであろう。

　これらすべてのことは，流行が社会的な制約のもとに置かれた過程であること，そしてそのように捉えることによってのみ，その性格は説明され，その成り行きが記述されうることを示している。流行は，あたかも雪崩のごとくである——ただ雪崩の場合，谷間へと流れ込む雪量は山上で失われたそれと同量ではあるが——。そこで次節においては，このようなある種の雪崩現象が，どのような展開をたどりうるのか，という点について考察していくことにしたい。

2 モデル化への試論

　ある現象に関してモデルを構築するということは，その現象の本質的な性格を取りだし，実際に観察される現象をいっそう単純化した形で提示することを意味している。そのような手続きは自然科学においては典型的なものであるが，今日の社会科学においても，それを踏襲しうることは周知のものとなっている。ここでは，流行現象のモデルを構築することよりも，むしろその現象にみられる主要な特質を抽出することに我われの注意を限定し，狭義のモデルを構築するための準備作業を展開することにする。その場合，とくに前節での考察を踏まえながら，流行の普及過程がとりうる展開パターンを明らかにすることに努めたい。

　このような展開過程のパターンを取りだす作業にあたって，もっとも参照すべき研究は，よく知られている「商品ライフ・サイクル論」であるが，それは，マーケティング研究において広く活用され，またイノベーションの普及理論［Rogers, 1995］の一部を構成している。またさらに，ここでは普及過程のいくつかの局面を提示するために，経済人類学やとくに消費研究において適用されてきた「疫学的」モデルにも注意をむけることにする。ここで提示する一連の普及過程のようなダイナミックな現象が，いわゆる「ロジスティック」曲線による数学的表現によって有効に説明されることも確認しておきたい。ただすでに指摘したように，ここでの作業は流行サイクルに関するモデル化にむけた第一歩でしかなく，その点で，我われは普及過程にみられる主要な特徴のいくつかを抽出することに注意を集中することになる。

2.1 普及の基本モデル

現象の記述を単純化するには，いくつかの前提をおく必要があろう。それら前提は以下の3つの点にまとめられる。a）ここで問題とする過程に関与する諸単位（個人，集団，社会階級）は，相互に異なる位階レヴェルにあること，b）イノベーションに対する認知と採用に必要な時間（R.ケーニヒのいう「信号時間」）は，すべての単位毎に一定であること，c）各々の単位は，より上位の位階レヴェルにある単位からだけ必要な情報を受信すること，である。

ここでイノベーションの普及過程に関与する主体要素を以下のようにa，b，c，d，eの5つに限定するなら，そのもっとも一般的な普及モデルは，次のように図示されるだろう。

```
時間  t1  a
 〃   t2  a  b
 〃   t3  a  b  c
 〃   t4  a  b  c  d
 〃   t5  a  b  c  d  e
 〃   t6     b  c  d  e
 〃   t7        c  d  e
 〃   t8           d  e
 〃   t9              e
```

容易にわかるとおり，そこでは単位時間毎に前段階にある主体に新しい主体が付加されるようになっているが，時間t5において最大の普及状態となった後に，時間t6からは各単位時間において市場から関与主体が離脱していくようになっている。ライベンシュタイン

にしたがうなら，この時間t5までがバンドワゴン・タイプの過程，そしてそれ以後がスノッブ・タイプの過程ということになろう。そこでは，流行サイクルからの離脱過程（スノッブ効果）は参集過程（バンドワゴン効果）のそれと鏡像関係になっている。

流行の展開過程におけるこのタイプは，もっとも規則正しいシークエンスを示しているがゆえに，その他のタイプのシークエンスを把握するために準拠しうるパラメータとなる。さらに，このタイプでは一連のシークエンス全体をつうじて，すべての関与主体が同時に存在する時点（つまり，この場合は時間t5）が少なくとも存在することから，これを"民主的シークエンス"を定義することにしたい。

また，これら流行の過程がとりうるその他のパターンを明示するのに必要な変数を，以下のように規定しておこう。

- M ："過程に関与する主体の数"（ここでは，5となる）
- S ："シークエンス"，すなわち普及プロセス全体の展開過程
- P ："シークエンス全体をつうじて関与主体が出現する回数"
- St ："下位シークエンス"，すなわち過程全体において異なる主体構成をもつ段階
- nSt ："下位シークエンスの数"
- N ："ひとつの下位シークエンスに関与する主体の数"
- nSs ："基本モデルの下位シークエンスと同じ主体構成をもつ下位シークエンスの数"
- Stmax ："もっとも関与主体の数が多い最広範域の普及段階にある下位シークエンス"

nStmax ："もっとも関与主体の数が多い最広範域の普及状態にある下位シークエンスの出現回数"

Sd   ："民主的シークエンス"，すべての主体がイノベーションを同時採用している局面が少なくともひとつは存在するシークエンス

nSd   ："民主的シークエンスを構成する下位シークエンスの数"

A   ："離脱タイミング"，最初の採用主体が離脱の開始を決定する時点から最大普及時点までの単位時間数，もしくは最初の採用主体とイノベーションを共有することのない関与主体数。

これら諸要素は，たんに流行の普及にみる一連の段階を構成する諸過程を説明するためだけでなく，流行現象のモデル化に要請されるその基本的性格を把握するためにも必要となる，ということに注意したい。

これら諸要素をもって，先に"民主的シークエンス"として規定したのと同様に，流行普及に関する"原理的"なモデルとなるいくつかのバリエーションについて，ようやく検討することができる。

2.2 第1のバリエーション

"民主的シークエンス"という基本モデルをもとに，その他のシークエンスを考察し，そこでの下位シークエンスの数（nSt）やシークエンス全体での各々の関与主体が出現する回数（P），基本モデルと同様タイプの下位シークエンスの数（nSs）といったいくつかの変数について，その規則性を算出することができる。

まず基本モデルの第1のバリエーションとしては，普及の範囲が

最大時点に到達する直前,つまり時間t5の1単位時間前に最初の採用者がイノベーションの破棄を決定する,という場合が考えられる。この場合,"離脱タイミング"の値(A)は1となる(普及最大時点より1単位時間前)。このバリエーションは,以下のように図示されよう。

```
時間    t1   a
 〃     t2   a  b
 〃     t3   a  b  c
 〃     t4   a  b  c  d
 〃     t5      b  c  d  e
 〃     t6         c  d  e
 〃     t7            d  e
 〃     t8               e
```

基本モデルと比べてこのプロセスは,より早く終了することになる。また,第1番目の採用者(a)と最後の採用者(e)とが並存する時局(下位シークエンス)がないという点で,より選択的なシークエンスとなっている。後述することになるが,基本モデルにおいては最大範域をもつ下位シークエンスはひとつ(つまり,時間t5のそれ)であるが,この場合には,それは2つ存在することになる(時間t4とt5の局面)。

そこで,先に挙げた3つの要素,すなわち下位シークエンスの数(nSt),各採用者が出現する回数(P),基本モデルの場合と同一の主体構成にある下位シークエンスの数(nSs)の値を求めるとすると,以下のようになる。

第10章 《変則的雪崩現象》——流行の普及分析——

まずこのタイプのシークエンスの規則性をみると，nStは，つねにnSd－Aと等しいため，nSt＝9－1＝8，となる。

またPの値については，P＝M－Aであることは明らかであるので，P＝5－1＝4，となる。

そして最後のnSsの値は，nSs＝2Pが成り立つことから，nSs＝2×4＝8，となる。

2.3 第2のバリエーション

普及に関する基本モデルの規則性と，最初の採用者が段階的に離脱を早めていくことを前提にすると，次に以下のような過程が示されることになる。

```
時間   t1   a
 〃    t2   a  b
 〃    t3   a  b  c
 〃    t4      b  c  d
 〃    t5         c  d  e
 〃    t6            d  e
 〃    t7               e
```

先に触れたようにすべての採用者は，つねに先行する採用者と同様に振舞うことが前提されているため，この場合には，aが時間t4で離脱した後に，bはt5で同じような行動をとることになる。そのときのsSt，P，nSsの値は次のように算出される。

nSt ＝ nSd － A ＝ 9 － 2 ＝ 7

P ＝ M － A ＝ 5 － 2 ＝ 3

$nSs = 2P = 2 \times 3 = 6$

2.4 第3のバリエーション

イノベーションが直近の採用者との間のみで共有される場合，シークエンスはより単純で短期的なものとなる。関与主体の総数が5であるこの事例では，aはイノベーションの共有において他の3主体を排除すること，もしくはAの値が3となることを示している。

時間	t1	a				
〃	t2	a	b			
〃	t3		b	c		
〃	t4			c	d	
〃	t5				d	e
〃	t6					e

このバリエーションでの各変数の値は，以下のとおりとなる。

$nSt = nSd - A = 9 - 3 = 6$

$P = M - A = 5 - 3 = 2$

$nSs = 2P = 2 \times 2 = 4$

2.5 第4のバリエーション

規則的なタイプとしての最後のバリエーションは，最初の採用者が他のいかなる主体ともイノベーションを共有しない場合である。Aの値は4で，下図のようなシークエンスをとることになる。

第10章 《変則的雪崩現象》——流行の普及分析——

時間	t1	a			
〃	t2		b		
〃	t3			c	
〃	t4				d
〃	t5					e

　このバリエーションの場合には，流行品は採用主体をつねに替えながら普及していくことになる。5つの主体の各々を構成する個人の数が同じである場合を想定するなら，その場合の普及は消費者の数を増やすことなく普及していくことを意味することになり，流行品への需要は時系列において一定で，関与主体のタイプだけが変化していくことになる。なお，各変数の値は以下のとおりである。
　nSt = nSd − A = 9 − 4 = 5
　P = M − A = 5 − 4 = 1
　nSs = 2P = 2 × 1 = 2

2.6　普及のパラドクス

　ここで，上記にみる普及過程のモデルについて，シークエンス全体において最大規模の下位シークエンスが出現する回数（nStmax）の値を求めると，以下のとおりとなろう。

　　Sd　　　　　　　　　　　　　：　nStmax　= 1
　　Sd-1（第1バリエーション）：　　〃　　= 2
　　Sd-2（第2バリエーション）：　　〃　　= 3
　　Sd-3（第3バリエーション）：　　〃　　= 4
　　Sd-4（第4バリエーション）：　　〃　　= 5

第Ⅱ部　ファッションと文化・コミュニケーション

じっさいこのことは，関与主体の広がりが最大となるシークエンスを各バリエーションについて以下の図をみても明らかであろう。

〈民主的シークエンス〉

 a
 a b
 a b c
 a b c d
 a b c d e
  b c d e
   c d e
    d e
     e

〈第1バリエーション〉

 a
 a b
 a b c
 a b c d
 b c d e
  c d e
   d e
    e

第10章 《変則的雪崩現象》——流行の普及分析——

〈第2バリエーション〉

  a
  a b
 a b c
    b c d
      c d e
        d e
          e

〈第3バリエーション〉

  a
 a b
    b c
      c d
        d e
          e

〈第4バリエーション〉

  a
    b
      c
        d
          e

以上のように，各バリエーションにおいて，関与主体数が最大である下位シークエンスの数は，nStmax = A + 1 によって求めら

れ，民主的シークエンスからその他のバリエーションへと規則的に増大していることがわかる。この規則性は，一連の普及過程が選択的であればあるほど，最大普及を示す下位シークエンスの数が増加する，という明らかに矛盾した事実を示している。このことを社会学的にいうなら，流行サイクルがより選択的な商品をめぐるものであればあるほど，つまり採用からの離脱がより早い段階で発生する商品を対象とするほど，いっそう多くの人びとがそれを可能なかぎり共有するというより，むしろいっそう消費集団の集合的まとまりが数多く形成される，ということを意味している。じじつ，民主的シークエンスの Stmax は 1 回であるのに対して，より選択的なバリエーションほど，各々の下位シークエンスでの関与主体数は減るものの，最大普及時点での下位シークエンスの出現回数は増大していくことになる。このことは，普及時の採用者規模やその構成が変化するにしても，選択的な流行は，イノベーションの主体間での共有時局を拡大させる，ということをも示していよう。

2.7　M＝5の場合の値マトリクス

基本モデル（民主的シークエンス）から派生する4つのバリエーションの各変数の値をまとめると，以下のようになる。

A	nSt	P	nSs	nStmax
1	8	4	8	2
2	7	3	6	3
3	6	2	4	4
4	5	1	2	5

2.8 その他の考察点

これまで摘出したバリエーションの各シークエンスの変数値は前項のようにまとめられるが，その他にもいくつかの考察をおこなうことができるだろう。たとえば，nSn = 2P においてP値が不明な場合には，nSn = 2(M − A) と置き換えることができ，またAの値は nSt = nSd − A から，A = nSd − nSt となるので，けっきょく nSn について，nSn = 2(M − (nSd − nSt))，という式がえられることになる。

2.9 まとめ

ここでは，以下の2点について確認しておきたい。

まず第1に，ここで示したモデルは，流行現象がとりうる展開過程のほんの一例に過ぎない，という点である。じじつ，その現象には不規則で非対称的，つまりカオス的ともいってよい無数のシークエンスが含まれうるが，本章ではそれについて考察していない。強調すべき点は，規則的シークエンスの場合，いかなる流行のタイプであれ（社会階級や集団から発生する自然的なそれであれ，商品生産の領域で人為的に作りだされるそれであれ），その普及過程の原理はつねに同一である，ということである。そのような過程は，多かれ少なかれ一定の期間にわたり持続するが，そこで流通するモノや行動は，普及すればするほどその価値を喪失していくことになる。

第2の点は，本章のはじめにも指摘したように，流行現象は参入と離脱の展開過程として把捉され，その両者の間の関係は過程全体の様相を決定づけている，ということである。流行は，多くの研究が指摘するようなたんなる集積的な現象なのではなく，ある過程をつうじて形成される集合的まとまりが，まさにその同じ過程におい

て自らの「漏失」を作りだしてしまう現象といえる。つまりそれは，雪崩のごとく次第に自らを巨大化させていくような現象ではなく，先に進むにつれて自ら蓄積してきたものの部分を失っていくという点で，「変則的雪崩現象」といってよい。

■**文献**

Barth, R., *Il sistema della moda*, Torino: Einaudi, 1970.［佐藤信夫 訳『モードの体系：その言語表現による記号学的分析』みすず書房，1972年］

Baudrillard, J., *Il sistema degli oggetti*, Milano: Bompiani, 1972.［宇波彰 訳『物の体系：記号の消費』法政大学出版局，1980年］

Dorfles, G., *Simbolo, comunicazione, consumo*, Torino: Einaudi, 1962.

Douglas, M. e Isherwood, B., *Il mondo delle cose*, Bologna: Il Mulino, 1984.

Hirsch F., *I limiti sociali allo sviluppo*, Milano: Bompiani, 1981.［都留重人 監訳『成長の社会的限界』日本経済新聞社，1980年］

Leibenstein, H., "Bandwagon, Snob and Veblen effects in the Theory of Consumers' Demand," *Quarterly Journal of Economnics*, no. 64, 1950.

Merton, R. K., *Teoria e struttura sociale*, Bologna: Il Mulino, 1989.［森東吾［ほか］共訳『社会理論と社会構造』みすず書房，1961年］

Moretti, S., *Processi sociali virtuali*, Milano: Franco Angeli, 1999.

Parkin, F., "La chiusura sociale come esclusione," in Schizzerotto, A. (a cura di), *Classi sociali e società contemporanea*, Milano: Franco Angeli, 1989.

Ragone, G., "Mode di élite e mode di massa," in Curcio, A.M. (a cura di), *La Dea delle apparenze*, Milano: Franco Angeli, 2000.

Rogers, E.M., *Diffusion of Innovations*, New York: Free Press, 1995.［藤竹暁 訳『技術革新の普及過程』培風館，1966年］

Sassatelli, R., "Processi di consumo e soggettività," *Rassegna Italiana di Sociologia*, no.2, 1995.

Sorokin, P., *La mobilità sociale*, Milano: Comunità, 1960.

―解説― 《イタリアン・ファッション》へのまなざし

土屋　淳二
(早稲田大学)

　"イタリアン・ファッション"という言葉が，その意味内容がどのようなものであるかは別として，少なくともなんらかの強烈なイメージを喚起する力をもっていることは否定しがたい。イタリアン・ファッションというひとつのイメージが，"イタリア"社会に対するイメージと"ファッション"という世界が描くイメージとが重層的に織りなされたものであるとするなら，もとよりそのイメージはじつに多様性に富むものとなろう。じっさい「イタリアン・ファッションとは何か」という問いは，本書の議論からもわかるとおりけっして単純なものではありえないし，またそれをどのような視点からとらえるかによってその内容も大きく異なってくる。そもそも現実との対話においてはじめて生成されるイメージにあっては，現実をいかなる観点や見方から認識するかによってイメージ像は異なる点を結ぶであろうし，また逆にそのようなイメージは，偏見やステレオタイプの問題をみるまでもなく，しばしば現実認識そのもののあり方を拘束することになる。そこで以下では，本書のこれまでの議論をふまえながら，社会学的なまなざしをとおした現実の断片をもとに，イタリアン・ファッションの背景から浮かびあがってくる実像をいくつか拾っておくことにしたい。

戦前から戦後へ

　ファッションという現象が、時代性と強く手を結びながら歴史や社会を変化させていく変革力をもつとするなら、今日のイタリアン・ファッションが醸しだすイメージを語るとき、その歴史的背景や時代精神、社会状況とファッション現象とのダイナミックな関係を多角的に議論していくことは避けて通れまい。じっさい衣服のモードが服飾史としてその歴史的変遷が辿られるとき、それは衣服のあり方や着方にみられる様式の変化と社会変動との関係が必然的に語られるだろうし、また衣服を含むあらゆる事物対象が示す文化様式と歴史的文脈のなかにおかれた日常社会の生活様式の変容が分かちがたく癒着していることが、たちどころに判明することになろう。

　古代の衣服が民族や自然環境に大きく支配されていたことが確かだとしても、すでにメソポタミヤ文明期には多様な生地や様式が認められていたし、ルネサンス期には、とくに女性の衣服の大きな発達があり、生活環境とは独立したさまざまなスタイルが浸透し、衣服が社会的な意味をますます強く獲得することになる。文化様式としてのモードの変容は、つねに時代性に拘束された生活様式や伝統・慣習のあり方の変化として読み解かれることになる。ラテン語由来のモード（イタリア語ではモーダ）という言葉の今日的意味は、17世紀中頃にイタリアでも採用されるようになったといわれているが、この言葉は、コスチュームの語源である習慣や慣習、生活様式を意味するカスタムと同じく、生活様式、生き方、人びとの価値観そのものを本来意味している。

　したがってここでの問題は、むしろイタリアン・ファッションやイタリアン・モードという場合のイタリア的という言葉のほうにあ

—解説—《イタリアン・ファッション》へのまなざし

る。なぜなら，多くの服飾史研究によって指摘されるように，1861年の国家統一までの幾世紀のあいだ小国分裂・群雄割拠にあったイタリアに"固有"の服飾史を認めることはそもそも困難であって，そこではいっそう広義の「西洋」という枠組みや「地中海文明」という分析フレームが必要となってくるからである。地中海国としてのイタリアが，ギリシャ文明，ケルト人やゲルマン人の文化，エジプト文明などのオリエント文明（東方的世界観）やイスラム文化による複雑な統合過程のなかで生きてきたことは確かだろうし，げんに古代から近代（19世紀まで）までの衣服のスタイルも，古代ローマ様式からロマネスク，ゴシック，ルネサンス，バロック，ロココ時代を経て，新古典主義の時代，ロマン主義（イタリアでは近代化に立ち遅れる現実感覚からロマン主義よりも真実主義［verismo］へ傾いていた），リバティ様式期（アールヌーヴォないし花の様式［stile floriale］）へ，という西洋文化様式の潮流のなかにあった。

近代までの西洋衣服にみるモードからある種のイタリア性ないしイタリア的スタイルをみいだすことの難しさは，衣服と社会との歴史的関係についてもあてはまる。たとえば社会の階級的な位階構造と衣服規制（贅沢批判や奢侈禁止令など）との関係について，これまで近代化過程論の文脈で数多の議論がなされてきたが，古代から中世，そして近代へとむかう社会変動ないし歴史過程において多様な服飾規制や訓戒が繰り返し実施されてきたことは周知のとおりである。古代ローマの「十二表法」（前480頃）にある喪服規制から，13世紀以降18世紀にいたるまでの夥しい数の奢侈禁止令，ローマ帝国にまでさかのぼる「制服」制度（聖職者・騎士・王侯貴族・家臣・使用人の地位識別としての役割をもった中世から近代国家の軍服，近代産業体制下における労務管理としての作業着へ）などが，

369

イタリアに限られたエピソードでないことはいうまでもない。

　今日のイタリアン・ファッションを特徴づけるイタリア性の源流は、やはり近代から現代への歴史的コンテクストにおいて、つまり「身分的地位が生活様式を決定づける」という伝統モデルから、「生活様式が身分的地位を決定づける」という近代モデルへと転換されていった産業化と民主化の時代、まさに奢侈批判の存在意義が消滅し、服飾規制が次つぎと廃止されていった時代を経て以降に認めることができよう。20世紀には、男性的な角張った肩の強調とスカートの短縮化を除くと比較的自由な体型にそったラインが提案されるようになり、婦人服もSラインから開放されていった。とくに第一次世界大戦後は、政治や労働の世界への婦人の参加機会が拡大し、機能的なスタイルへの要望が強まっていった。まさにその時期、イタリアはフランスとは異なるスタイルを提示しはじめるようになる。服飾デザイナーであるローザ・ジェノーニ［Rosa Genoni］はフランスの過剰装飾でなくシンプルなスタイルを強調し、フランスで流行したアントラーヴ（膝部分が細くなったスカート）やキュロット・スカートは、イタリアでは批判の対象となっていた。ただイタリアでも多くのクチュリエによるオート・クチュールが萌芽的に誕生する黎明期にあったが、それらが開花するのは第2次世界大戦後まで待たねばならなかった。

　第2次世界大戦期にムッソリーニが服飾の純国内生産化（アウタルキー政策）を図るため、国立モード局［L'Ente Nazionale Moda］を設置し、衣服の素材だけでなくデザインにいたるまで国産化を徹底させる政策をとったことは、よく知られている。ローマ教会との協定の範囲内でスカート丈は短くなり、直線的で柔らかいラインが強制され、男性は髭を剃り、柔らかい襟と帽子、ダブルスーツなど

―解説―《イタリアン・ファッション》へのまなざし

を着用するようになるが、ムッソリーニの服装規制は成功したとはいえなかった。というのも、1930年代にアウタルキー政策をとったものの、イタリアの仕立職人たちはそれを無視して、相変わらずフランスに見本型紙を買いつけにパリにいき、フランス仕立てのスタイルを模倣していたからである。大戦末期の40年代にはイタリアの服飾産業はほとんど消滅し、大部分が仕立職人の手によるオーダー・メードとなっていた（1946年では9割、1955年で83％）。

イタリアの服飾産業は、"メード・イン・イタリー"の立役者ジョヴァンニ・バッティスタ・ジョルジーニ［Giovanni Battista Giorgini］侯爵が戦後1958年ローマに設立した「イタリア・ファッション組合協議会」［Camera Sindacale della Moda Italiana］、1962年にローマのメゾンが中心となってその組織を改組した「イタリア・ファッション全国評議会」［Camera Nazionale della Moda Italiana］、服飾繊維産業の業界団体「システーマ・モーダ・イタリア（イタリア・テキスタイル・アパレル産業協会）」［Sistema Moda Italia : l'Associazione Italiana delle Industrie della Filiera Tessile Abbigliamento)］などの活動のもと、素材・品質の高さ、シンプルなデザイン、フランス製品より低価格を売りに成長していくことになる。

戦後イタリアン・ファッションを動かす力

本書第Ⅰ部で紹介されているように、戦後のイタリアン・ファッションは、戦後復興期から高度経済成長期へ、そして60年代末から70年代にかけての社会紛争期、オイルショックを契機とする長期的危機の時代から新たな経済成長期へ、さらに東西冷戦構造の終焉による神話の崩壊、EU時代の開幕期、グローバル化の時代へと歩む経済情勢の軌道にあわせて、その姿を変容させてきた。そしてその

歴史的経緯において，イタリアにおけるファッション産業を含めた生産部門の構造的変化がもたらされ，イタリア社会の消費スタイルや価値観も大きな変貌をとげていくことになる。イタリアン・ファッションにおけるイタリア性は，そのような一連の変容プロセスのなかに見いだされることになろう。

伝統的職人工芸に起源をもつオート・クチュールの世界からプレタ・ポルテ産業への転換によって，1970年代にイタリアン・ファッションは世界的成功を収めるが，その背景には消費者のライフスタイルとそれを支える価値観，機能性と審美性を兼ね備えた衣服スタイルへの強い要望，時代感覚を先取りする進取の精神と高度なデザイン能力を糧とした商品生産体制があったことは間違いない。周知のとおり輸出依存型のイタリアのファッション産業システムは，とりわけ80年代以降における商業グローバル化の急展開の潮流にあって，高付加価値商品を生みだす特異な生産能力を発揮していくことになる。その典型がイタリア国内における産地システムである。

グローバル化による低人件費国の低価格・品質製品との棲み分けや，人件費コストの安い国々へ繊維・衣服製造業の生産シフトの拡大は中国や東欧諸国などの新しい強力なライバルを登場せしめたが，それらグローバル商品経済によるイタリア製品のシェア剥奪は産地システムによって部分的なものにとどまっている。中小企業を基盤とするイタリア産業構造は，とりわけイタリアのファッション産業部門（テキスタイル，皮革製品，ニット製品，ボタン具，履物類，靴下・下着製品，仕立て，包装，工作機械，加工製造など）での国内製造体制の維持と地場産業化に有利な環境をもたらし，今日のグローバル市場においてイタリア製品の製造・販売戦略の前提条件となっている。

—解説—《イタリアン・ファッション》へのまなざし

イタリアの産地規模

部　　門	産地数	従業員数
食品	17	109,528
テキスタイル・アパレル	69	733,514
皮革・靴	27	198,274
木工・家具・インテリア	39	377,384
金属	1	2,354
機械	32	588,364
石油化学	4	65,508
製紙・製本	6	17,534
金細工・宝飾・楽器・玩具	4	81,341
全体	199	2,173,801

出典：CLUB DEI DISTRETTI INDUSTRIALI-UNIONCAMERE

ところでイタリアにおける産地［DI：Distretti industriali］は，法的には「小規模事業者が高度に集中し，事業者全体で生産専門化が図られ，かつ事業者・居住者間に考慮すべき特別な関係がある地域」（1991年法律第317号36条）と一般的に定義され，産地としての認定基準（1993年4月21日，商工省令）を満たし，「中小企業を中心とする事業者の高度な集中と特異な内部組織化とに特長づけられる同質的生産体制」（1997年法律第266号）が認められる場合に法的措置の対象とされる。産地認定の基準とは，以下の5指標である。①製造工業化指数［Indice di industrializzazione manifatturiera］：地域経済活動の全体に占める特定産業従業者数の割合が全国平均より3割高いこと（州の平均が全国より低い場合は州単位が基準となる），②事業者密度指標［Indice di densità imprenditoriale］：地域の人口規模に対する特定事業者割合が全国平均より高いこと，③生

産専門化指標［Indice di specializzazione produttiva］：地域製造業全体に占める特定の製造業従事者数の割合が全国平均より3割高いこと（この指標は国立統計局［Istat］の公式統計での「専門職従事者」を指す）。④専門職集中度指数［Indice di concentrazione］：地域の特定製造部門全体に占める専門職従事者数の割合が3割を超えること，⑤小規模事業所集中度指数［Indice di concentrazione dimensionale］：地域の特定製造部門全体に占める小規模事業所（従業員200名以下）従事者数の割合が過半数であること，である。

　一般にイタリアの産地システムはつぎのような特徴をもっている。すなわち，①中小企業の集積システムとしての特徴である職人工芸的な生産基盤，家族経営中心，企業間ネットワークの発達，パフォーマンスの柔軟性，②地場産業としての特徴である地域資源の活用——物的資源としての原材料・中間製品（半加工品）の地域内調達，人的資源としての地元従業員の調達・育成，時間資源としての企業立地の近接性と生産工程の時間短縮，関係資源としての人脈・社会的絆（縁故・紹介）・企業間ネットワークの活用，経済資源としての地元銀行からの資金融資，情報資源としての知識・技術共有とノウ・ハウの蓄積・活用——，地域アイデンティティの精神的土壌と同朋意識，地域産業振興政策——経営コンサルティング，情報提供，調査研究，人材育成など——，産地全体での製品の品質保証と信頼性構築，③分業システムと生産工程の企画・管理調整（分散化：生産工程の細分化と外部企業へのアウトソーシング，専業化：生産工程の特定部門への高い志向性，商品の専門特化：品質・価格帯，消費者ターゲット，参入市場の特化，産地コーディネータの専門職業化：商品企画・計画と産地企業の調整——プラート地域のインパンナトーレやコモ地域のコンバーターなど——），と

―解説―《イタリアン・ファッション》へのまなざし

いった地域密着型産業としての構造条件を備えていることである。
　このような産地システムは、中小企業のみによる販売流通能力の限界や経営基盤の世代間継承と人材確保の問題、地域産業政策への政治的介入の不足、グローバル企業による地域産業・生産基盤の空洞化圧力という問題点とリスクを背負いながらも、それは国内産品の輸出志向性とグローバル市場への進出に強く動機づけられた中小企業だけでなく、巨大ブランド企業によっても世界市場戦略上、非常に有利な構造条件として位置づけられ、新たな産地形成が不断に模索され続けている。
　ところでイタリアン・ファッションを動かす力を象徴するイタリア的要素として、またイタリアの産地システムを維持発展させ続けている重要な要因――逆にいいかえるなら、今日の産地システムが抱える最重要課題のひとつである人材育成問題ともいえる――として、イタリアのファッション産業における職業専門教育体制を無視することはできまい。イタリアン・ファッションという言葉とイメージが、職人工芸、ものづくり、イタリアン・デザインという概念といかに密接に結びついているかはもはやいうまでもないが、それら両者の関係は、イタリアのファッション産業と人材育成・職業教育制度との連結によってはじめて保証されている、といってよい。
　30年代のアドリアーノ・オリヴェッティ［Adriano Olivetti］による一連のデザイン政策から50‐60年代のイタリアン・デザインの黄金時代にみるカッシーナ社［Cassina］やアルフレックス社［Alflex］の家具デザイン、60年代のフロス社［Flos］の照明デザイン、70年代のラディカル建築家集団スーパーストゥーディオとアルキズーム、80年代のポスト・アヴァンギャルド集団メンフィスとア

ルキミア（アレッシ社［Alessi］のキッチン用品で有名）の時代までの輝かしい系譜を指摘するまでもなく，デザイン立国イタリアの産業デザインは，たんに審美的な世界を創造するだけでなく，メード・イン・イタリー製品を高付加価値商品へと変える錬金術でもあり続けている。このようなイタリアン・デザインの戦略は，ある意味でイタリアン・ファッションの企画・製造・販売の全領域でのイメージ創造にかかわるさまざまな装置（商品モデルから宣伝広告の仕方，店舗レイアウトにいたるまで）と完全に接合されている。

そのようなイタリアン・ファッションに不可欠なデザイン力，ものづくりに対する考え方や専門技能を生みだす源泉が，まさに職能専門教育制度ないし人材育成制度であり，そこから輩出される人材の豊かさが産地システムないし地場産業を支えているといってよい。しがたってイタリアの場合，地域社会に根づく産地教育が非常に重要視され，地場産業の人材育成を目的とした各種の教育機関や企業派遣・インターンシップ制度などをつうじた実務・実践的な教育活動がきわめて積極的に展開されている。教育機関としては，全国に設置されているテキスタイル・アパレル部門の国立専門職業訓練学校［Istituto Professionale di Stato per i Servizi Sociali-Abbigliamento e Moda］，商工会議所地域支部や工業連盟支部［L'unioni industriali］（全国），業界団体（イタリア・ファッション全国評議会やシステーマ・モーダ・イタリアなど）などによって設置されている各種の専門教育コース，専門学校（州認可学校［L'A.S.P.A.R.（Associazione Scuole Private Autorizzate Regione］を含む）や大学教育機関での取り組みなど，公的機関・民間組織を問わずきわめて多彩な専門教育・職業訓練機会が提供され，イタリアのファッション産業を基礎から支える人的資源が調達されている。

―解説―《イタリアン・ファッション》へのまなざし

批判的消費とライフスタイル

　世界を魅了するイタリアン・ファッションのイメージの輪郭は，なにもファッション産業や業界団体，デザイナー，マスメディア，教育機関といった各種の社会的部門によってのみ形づくられているわけでなく，消費者としてのイタリア人，生活者としてのイタリア人の社会意識や価値観，ライフスタイルによっても描かれる。「没個性の時代」や「アイデンティティの喪失」が指摘される現代社会にあってイタリアはなおも「個性豊かな国」といわれている。すでに指摘したようにファッションやモードがほんらい事物一般のあり方や存在様式を意味することからも，今日の"イタリア人"としてのアイデンティティや"イタリア的"ライフスタイルの特徴が，戦後イタリア社会にみる消費行動やコミュニケーションのあり方，モードの創造力といかに関係しているのかを問うことは，じつに興味深い問題である．

　ある特定のファッションの背後に隠れている見えざる価値観や社会意識のあり方，すなわちある型をもった思考パターンや生活様式がモードやスタイルとして実現され，社会に広く浸透していくためには，そこにかならずなんらかのコミュニケーションのプロセスが必要となる。ルネサンス時代にはイタリアに滞在する異国人が「親しき者のアルバム」［albi amicorum］といわれるイタリア人を描いた絵や仕立師の見本帳を祖国にもちかえることや手紙などの私文書をつうじて，イタリアのモードは海外へ伝達されていたといわれる。また16世紀にはプーパ［pupa］という衣装人形が製作され，19世紀末にはモード雑誌が登場する――当時イタリアでは『ジョルナーレ・デッレ・モーデ［*Giornale delle Mode*]』誌や『コッリエーレ・デッレ・ダーメ［*Corriere delle Dame*]』誌，『マルゲリー

タ［*Margherita*］』誌などが水彩スタイル画を掲載していた――。その後の近代化の過程をつうじて新聞や雑誌メディアが登場し、そして1924年にラジオ放送、1952年にテレビの試験放送が開始されることになる。ニューメディアに関しては、1970年代の地上波商業放送の普及から衛星放送やケーブルテレビ、デジタル放送へと電気通信技術の発達とともにマスメディアも多様化の時代に突入し、とりわけ近年のインターネットと携帯電話の普及は、イタリアン・ファッションをとりまく旧来のメディア状況とイタリア人のライフスタイルに決定的な変容をもたらすことになる（本書第8章参照）。

　情報通信のグローバル化がもたらしたひとつの帰結であるインターネット時代を生きる現代社会は、商品経済に例示されるようなモードやスタイルの画一化や世界標準化をもたらしながらも、これまでにない規模で価値の多様化と文化多元主義の世界をネットワークによって構築し、グローバルレヴェルでの世界観やライフスタイルの変容を惹起している。そのような潮流にあっては、もはや国家概念やそれを前提とした"国民性"概念を問うこと自体無意味なものになりつつあるが、そのことはなにも"イタリア人"や"イタリア的ライフスタイル"という言葉に対する主観的イメージの世界が消滅してしまったとことを意味するものではもちろんない。問題なのは、いかなる現実認識の断片からイタリア人やイタリアン・ライフスタイルというイメージが生成され維持されているのかを吟味することである。

　かつて日本とイタリアにおいてマスメディアを巻き込んでの「イタリア人は世界一バカ」騒動という事件があったことを記憶する者も多いだろう。その騒動は、日本のある週刊誌［『Dime』1986年11月6日号］が娯楽記事において実施したアンケートでイタリア人が

―解説―《イタリアン・ファッション》へのまなざし

「世界一バカ」という評価があたえられたという結果を掲載し,その記事内容をイタリア側メディアが大きく報じたことで両国のステレオタイプと偏見にまみれた国民イメージをめぐって激しい応報が展開した,というものである。国民性評価において"典型的"という言葉は,つねにステレオタイプの危険性と背中合わせにあるが,そのことはイタリアン・ファッションという言葉にイメージされるイタリア性を考えるときにも留意する必要がある。先にも述べたようにファッションという現象の背後には,それに巻き込まれる人びとの思考パターンや価値体系,生活様式のあり方が潜伏していることをふまえるなら,消費領域や日常生活領域と分かちがたく結びついたイタリアン・ファッションは,イタリアにおける消費態度や購買行動,価値観やライフスタイル,アイデンティティをめぐる議論と無縁ではありえない。

この点に関してここで詳しく触れることはできないが,代表的な調査研究機関――国立統計局［Istat］,社会投資研究センター［Censis］,エウリスコ［Eurisko］,世論分析・統計調査研究所［Doxa］――によるマクロ統計資料から,ステレオタイプとは相容れないイタリア人の行動様式,ライフスタイル,社会意識,アイデンティティの実像とその変貌を断片的ないし大概的にではあるがつかみとることができる――とくに1975年以来,毎年エウリスコによって調査報告される要覧［Sinottica］（調査対象者1万人；14歳以上の男女）やライフスタイル分析,社会文化的属性による人口類型図である大地図「Grande Mappa」は,イタリア人の消費行動や価値観,社会意識の傾向を把握する巨大マクロ・データとして数多くの研究で利用されている――。いずれにしても本書の全体をつうじて議論されているように,今日のライフスタイルや社会意識は,グ

ローバル化とローカル化のダイナミズムのなかで拡大し続ける多元的価値の世界において，アイデンティティの複数性や流動性を日常的に経験しつつ，自らの社会的態度や行動様式，生き方を選択していく不断のプロセスのなかで解読されることになる。

そのような観点から近年のイタリア社会にみる消費領域の動向をみた場合，そこでの行動様式や態度の際立った特徴は，反グローバル化運動やフェアトレード，倫理銀行 [Banca Etica]，スローフード運動，アグリ・ツーリズムなど，オルターナティヴな"生き方"を模索する消費者たちの姿であり，「批判的消費」[consumo critico] や「責任ある消費」[consumo responsabile]，社会的な責任と公正を自覚した市民的存在としてのイタリア人たちの姿である。それら市民的消費者たちがけっして後戻りすることのない決意で歩みはじめたその道のりが，イタリアン・ファッションが切り開いていくべき新たな方向性を指し示しているかどうかはいまだ確かではないが，グローバル市場を席捲するイタリアン・ファッションの巨大ブランド企業ですら，その世界市場戦略において「批判的消費者」という自らの足元で生まれた新しい生命の胎動に無関心ではいられないことは，間違いない。

■参考文献

Allen,B. and Russo, M. (eds.), *Revisioning Italy*, Minneapolis, Minnesota. : University of Minnesota Press, 1997.

Bull, M.J., *Contemporary Italy*, Westport, Conneticut : GreenWood Press, 1996.

Firpo, M., Tranfaglia,N. and Zunino, P.G. (eds.), *Guida all'Italia Contemporanea*, III Politica e Societa, Garzanti, 1998.

Forgacs, D. and Lumly (eds.), *Italian Cultural Studies*, Oxford : Oxford

University Press, 1996.

Galgano, F. e Tota, A. (cur.), *50 anni di Moda Italiana*, Tokyo : Odakyu Museum, 2001.

Giocca, Pierluigi e Toniolo,G. (cur.), *Storia Economica d'Italia*, Roma : Laterza, 2003.

Gilbert, M. and Nilsson,K.R., *Historical Dictionary of Modern Italy*, Kent : The Scarecrow Press, 1999.

Gubert, R. (ed.), *La Via Italiana alla Postmodernità*, Milano : Franco Angeli, 2000.

Haycraft, J., *Italian Labyrinth: Italy in the 1980s*, London : Secker & Warburg, 1985.

Martinelli,A., Chiesi,A.M. and Stefanizzi,S. (eds.), *Recent Social Trends in Italy 1960-1995*, London : McGill-Queen's University Press, 1999.

Mingone, M.B., *Italy Today*, New York : Peter Lang, 1994.

Moliterno,G. (ed.), *Encyclopedia of Contemporary Italian Culture*, New York : Routledge, 2000.

Turner, B. (ed.), *Italy Profiled*, New York : St.Martin' Press, 1999.

Vergani, G. (cur.), *Dizionario della Moda*, Milano : Baldini & Castoldi, 1999.

White, N., *Reconstructing Italian Fashion*, Oxford : Berg, 2000.

Zigmunt, G.B. and Lumly, R. (eds.), *Culture and Conflict in Postwar Italy: Essays on Mass and Popular Culture*, London : Macmillan, 1990.

Zigmunt, G.B. and West, R.J., *Modern Italian Culture*, Cambridge : Cambridge University Press, 2001.

【執筆者紹介】

土屋　淳二 (Junji Tsuchiya : 1965-)

早稲田大学文学学術院助教授。同大学イタリア研究所長。博士（文学）。ローマ大学，ローマ第3大学，フィレンツェ大学，パドヴァ大学，ヴェローナ大学，イウルム大学，ミラノ・カトリック大学客員教授（2005年）。

専門分野：集合行動論，文化変動論，社会学史。

主　　著：『集合行動の社会心理学』（北樹出版，2003），T. パーソンズ『知識社会学と思想史』（学文社，2003，共訳），「モード概念の社会学的省察」（2004，論文），「流行概念の社会学的定義：相互行為形式としてのモードの集合的操作」（2003，論文）など。

イタロ・ピッコリ (Italo Piccoli : 1947-)

ミラノ・カトリック大学経済学部助教授。

専門分野：消費社会学，組織社会学，職業社会学

主　　著：『マルペンサと郊外』（アンジェリ社，2001），『環境のための労働』（アンジェリ社，2002），『欲望と消費：社会学的分析』（ミラノ・カトリック大学，2004），『今日の都市：芸術・文化財・制度』（アンジェリ社，2004，共著），『グローバリゼーションにおける消費』（アンジェリ社，2004）など．

ヴァンニ・コデルッピ (Vanni Codeluppi : 1958-)

イウルム大学（ミラノ自由大学）教授。

専門分野：消費社会学，広告社会学

主　　著：『消費とコミュニケーション：現代社会における商品・メッセージ・広告』（F. アンジェリ社，1989），『広告：メッセージ解読のためのガイド』（アンジェリ社，1997），『商品のスペクタクル：パサージュからディズニーランドにみる消費の場所』（ボンピアーニ社，2000年），『ブランド力：ディズニー，マクドナルド，ナイキなど』（ボリンギエーリ社，2001），『ファッションとは何か』（カロッチ社，2002）など。

ラウラ・ボヴォーネ (Laura Bovone : 1946-)

ミラノ・カトリック大学政治科学部教授。同大学ファッション・文化生産研究センター長。イタリア社会学会文化過程・文化制度研究部会長。

専門分野：都市文化論，コミュニケーション論。

主　　著：『コミュニケーションを創造すること：ミラノにおける新しい文化メディア』（アンジェリ社，1994，編著），『都市におけるファッション：ミラノの若者たちが出会う場所』（アンジェリ社，1997，共編），『ファッション地区：ミ

ラノ・ティチネーゼ地区のイメージと語り』(アンジェリ社, 1999, 編著),『コミュニケーション：実践, 過程, 主体』(アンジェリ社, 2000),『文化を創造する：都市再生にむけて』(アンジェリ社, 2002, 共編) など。

ドメーニコ・セコンドゥルフォ (Domenico Secondulfo: 1950-)
ヴェローナ大学文学・哲学部教授。
専門分野：ファッション・消費論, 健康・医療社会学, 社会変動論, 調査方法論。
主　　著：『踊る社会：ポスト産業社会における商品のコミュニケーション機能』(アンジェリ社, 1990),『花をもって語ってくれ：消費構造と社会的コミュニケーション』(アンジェリ社, 1995),『社会変動と新しい健康文化』(アンジェリ社, 2000, 編著),『近代から脱近代への現象学』(アンジェリ社, 2001),『近代後期における健康と病気』(2002) など。

アンナマリーア・クルチョ (Anna Maria Curcio: 1941-)
ローマ第3大学教育養成科学部教授。同大学モード現象研究所長。
専門分野：社会変動論, ファッション研究, 社会学史。
主　　著：『モード：否定されたアイデンティティ』(アンジェリ社, 2002),『外見の女神』(アンジェリ社, 2000編著),『社会学提要』(モノリテ社, 2002, 分担執筆),「モード：必要なものとしての幻想」(1997, 論文),「衣服・態度・言葉：モードのコミュニケーションとコミュニケーションのモード」(1996, 論文) など。

マリセルダ・テッサローロ (Mariselda Tessarolo: 1946-)
パドヴァ大学心理学部助教授。
専門分野：シンボリック相互作用論, メディア・コミュニケーション論, 音楽・芸術社会学。
主　　著：『音楽表現とその機能』(ジュフレ社, 1983),『少数言語と言語イメージ』(アンジェリ社, 1990),『コミュニケーション・システム：社会学的アプローチ』(クレウプ社, 1991),『情報の構築』(クレウプ社, 1996),『映画音楽』(ブルゾーニ社, 1997),『ファッションとコミュニケーション：衣服に関する研究』(ポリグラフォ社, 2000) など。

ファウスト・コロンボ (Fausto Colombo: 1955-)
ミラノ・カトリック大学政治科学部教授。同大学コミュニケーション・ニューメディア研究所長。
専門分野：情報社会論, メディア・コミュニケーション論。
主　　著：『文化商品：理論・分析技法・事例研究』(カロッチ社, 2001, 共編),『テレ

ビの時代』(ヴィータ・エ・ペンスィエーロ社, 2003, 共編), 『メディア研究入門』(カロッチ社, 2003) など。

マッテーオ・ステファネッリ (Matteo Stefanelli : 1975-)
ミラノ・カトリック大学同大学コミュニケーション・ニューメディア研究所員。
専門分野：メディア史研究, 視覚文化論, アニメ研究, 消費社会論。

ジョヴァンニ・ベケッローニ (Giovanni Bechelloni : 1938-)
フィレンツェ大学政治科学部教授。
専門分野：コミュニケーション論, メディア論, 文化社会学。理論社会学。
主　著：『洒落：言葉の職人にみる認識スタイル』(メディアスケープ社, 2003), 『世界市民になるために：コミュニケーションと責任性あるコスモポリタニズム』(メディアスケープ社, 2003), 『文化としてのテレビジョン』(リグォーリ社, 1995), 『ジャーナリズムかポスト・ジャーナリズムか？』(リグォーリ社, 1995), 『政治文化と宗教』(コムニタ社, 1972) など。

ジェラルド・ラゴーネ (Gerardo Ragone : 1938-)
ナポリ大学社会学部教授。
専門分野：経済社会学, 理論社会学。
主　著：『消費心理学』(ISEDI, 1974), 『ファッション現象の社会学』(アンジェリ社, 1976), 『イタリアにおける階級社会学』(リグォーリ社, 1978), 『地位不均衡の理論』(リグォーリ社, 1981), 『経済変動と二重労働』(ムリーノ社, 1983), 『イタリアにおける消費とライフスタイル』(グイーダ社, 1985), 『相互依存志向』(アンジェリ社, 1992), 『不完全な社会成層化』(グイーダ社, 1997) など。

イタリアン・ファッションの現在

2005年3月30日　第1版第1刷発行

編者　土屋淳二

発行所　株式会社　学文社

発行者　田中千津子
東京都目黒区下目黒3－6－1（〒153－0064）
電話 03 (3715) 1501(代)　振替 00130-9-68842
http://www.gakubunsha.com

定価はカバー，売上カードに表示〈検印省略〉
（落丁・乱丁の場合は本社でお取替えします）
© 2005 TSUCHIYA Junji　Printed in Japan

ISBN 4－7620－1414－1　印刷／東光整版印刷(株)